航天科技图书出版基金资助出版

空间科学预研项目汇编
(2009—2017年)

吴　季　王　赤　编著

中国宇航出版社
·北京·

图书在版编目（CIP）数据
空间科学预研项目汇编 ：2009—2017 年 / 吴季，王赤编著. -- 北京 ：中国宇航出版社，2024. 10. -- ISBN 978-7-5159-2414-4
Ⅰ. V1
中国国家版本馆 CIP 数据核字第 2024QL6960 号

责任编辑 王杰琼　　封面设计 王晓武

出版发行 中国宇航出版社
社 址 北京市阜成路 8 号　邮 编 100830
(010)68768548
网 址 www.caphbook.com
经 销 新华书店
发行部 (010)68767386　(010)68371900
(010)68767382　(010)88100613（传真）
零售店 读者服务部　(010)68371105
承 印 北京厚诚则铭印刷科技有限公司

版 次 2024 年 10 月第 1 版
2024 年 10 月第 1 次印刷
规 格 787×1092
开 本 1/16
印 张 23.5　彩 插 4 面
字 数 384 千字
书 号 ISBN 978-7-5159-2414-4
定 价 139.00 元

航天科技图书出版基金简介

航天科技图书出版基金是由中国航天科技集团公司于2007年设立的，旨在鼓励航天科技人员著书立说，不断积累和传承航天科技知识，为航天事业提供知识储备和技术支持，繁荣航天科技图书出版工作，促进航天事业又好又快地发展。基金资助项目由航天科技图书出版基金评审委员会审定，由中国宇航出版社出版。

申请出版基金资助的项目包括航天基础理论著作，航天工程技术著作，航天科技工具书，航天型号管理经验与管理思想集萃，世界航天各学科前沿技术发展译著以及有代表性的科研生产、经营管理译著，向社会公众普及航天知识、宣传航天文化的优秀读物等。出版基金每年评审2次，资助30～40项。

欢迎广大作者积极申请航天科技图书出版基金。可以登录中国航天科技国际交流中心网站，点击“通知公告”专栏查询详情并下载基金申请表；也可以通过电话、信函索取申报指南和基金申请表。

网址：http：//www. ccastic. spacechina. com

电话：(010) 68767205，68767805

序

空间科学研究的历史表明，产出重大成果或取得显著成就的空间科学项目，往往具有敏锐把握研究前沿的科学思想、有创意的探测或实验方法、运用开创性或特色新技术、最终工程上又能够确保实现等特点。这些重要因素的结合及其体现的不断创新和不断超越的精神，造就了空间科学的辉煌。

在已有研究成果的基础上提出创意后，为进入太空开展研究，实现空间科学任务立项开展预先研究是十分必要的。通过仿真、计算分析和研究、开展地面模拟（含亚轨道）实验和验证，不断深化科学概念，明确科学目标，优化探索和研究方案，突破关键核心技术，确定重要技术指标，最终形成空间任务的工程技术方案，是预先研究的主要内涵。通过开展多层次的空间科学任务预先研究，分阶段评估预研结果，滚动迭代优化筛选，对夯实空间科学任务基础、提高任务科技水平具有不可替代的作用。国外一些重大空间科学项目的预先研究经历十年或更长的时间；国际空间站开展生命和物理科学实验实行项目培育制，往往 3～5 个项目进入培育后，优选 1 个进入太空。

中国科学院空间科学先导专项在空间科学任务的预先研究方面进行了重要而有效的实践，从 2009 年起，其先后部署实施了多批次的预先研究项目，并取得了丰硕的成果。

专项的预先研究分为概念研究、预先研究和背景型号研究，形成了分层递进、分步推进的策略，分阶段预先研究路线图对应了里程碑节点目标。首先，通过空间科学任务概念项目，面向全国征集了大量概念项目，激发了科技工作者参与空间任务的热情，涌现出不少具有创意的项目建议进入后续研究；预先研究项目对科学概念进行了深化，并开展了大量关键技术研究和攻关，夯实了研究基础，提出了重要的任务实施方案；背景型号凝聚了具有重大科学意义并基本具备技术条件的项目，加大投入，开展了深化总体方案研究和解决关键技术成熟度和工程化问题，为任务立项进行了深入准备。目前，大部分背景型号项目已经立项研制或成功发射，开始产出源源不断的科学成果。这种分层次的预研布局大多实现了其相应阶段的里程碑节点要求。

本书汇集的预先研究成果内容丰富，涵盖了空间科学任务概念研究、关键技术攻关等多种研究类型，以及空间天文、太阳物理、空间物理、行星科学、生命和物理科学等空间科学各学科领域，也是相关空间科学任务持续推进并最终实现目标历程的忠实记录，是广大空间科学工作者集体智慧的汇集。相信从事空间科学研究的相关人员总能从中发现感兴趣的内容并有所收获，激发出进一步的创新思想并付诸实践，共同推动空间科学事业的快速发展。

期待从事该研究的专业人员、热爱科学的青少年学生通过阅读本书了解空间科学，投身于空间科学事业，成为发展空间科学的中坚力量。

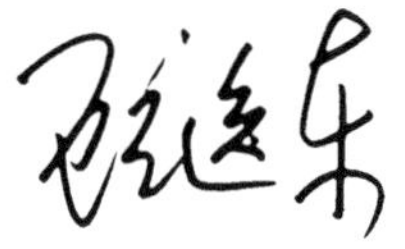

2024 年 10 月 30 日

前　言

——加快孕育空间科学新任务的金种子

习近平总书记指出，探索浩瀚宇宙，发展航天事业，建设航天强国，是我们不懈追求的航天梦。而每每谈及在创新发展“快车道”上高歌猛进的中国航天，空间科学先导专项却是大家有点儿熟悉又略感陌生的名字。说熟悉，是因为“悟空”“墨子”“慧眼”“实践十号”“微笑计划”等系列科学卫星已越来越频繁地出现在党和国家的重要文件中，它们的科学成果也被各类新媒体关注和传播，成为青少年和公众热追的高科技“网红”，而这些仅是空间科学先导专项攻关创新的部分成果；说陌生，是因为空间科学先导专项是中国航天空间科学拼图的新生力量，从2011年“呱呱坠地”至今也就13岁，与近70年发展史的中国航天事业相比，可谓“阳光少年”一枚。

“少年强则国强。”空间科学先导专项实施伊始，就确立了坚持科学目标牵引、实现重大原创突破的初心，扛起了加速我国空间科学发展的历史使命。十余载光景值得总结，空间科学先导专项既有系列科学卫星工程任务，更重要的是建立了促进空间科学持续健康发展的完整创新价值链，孕育了一大批空间科学任务的“金种子”，有力支撑了21世纪以来我国的空间科学探索和实验。限于现阶段资源等方面的约束，科学家们提出的众多空间科学任务还未能争取到工程实施的机会，但它们构成了我国空间科学跨越腾飞的坚实基础。我们编著本书，既是记录空间科学研究的历史，也是推介空间科学任务的概念。

（一）空间科学的突出特征是利用航天器产出新知识。

与历史悠久的天文、地理、生物等传统基础学科相比，空间科学是依托航天器平台研究宏观和微观世界的前沿交叉学科，是1957年人类社会进入太空时代的产物。其突出特征是利用科学卫星、深空探测器或空间站等平台，进行空间天文、日球层物理、行星科学和空间地球科学观测与研究，开展空间环境下的科学实验，促进天体生物学、系外行星探测和地外生命探寻，支持载人深空探索。其核心价值在于产出“四新”，即新发现、新规律、新理论和新知识。自20世纪60年代以来，空间科学在基础科学前沿催生了诸多诺贝尔奖级的重大发现和原创科学成果，拓展了人类对自然世界的认知边界，不断更新人类的知识图谱，日益成为基础研究原创突破的“策源地”。

（二）空间科学任务是科学目标牵引科学产出导向的航天任务。

空间科学是中国航天活动的三大领域之一，空间科学任务与应用卫星任务不同，是一类具有鲜明特征的航天任务。简而言之，空间科学任务指的是为了实现既定的科学探索目标，针对科学卫星（广义，包括地球轨道科学卫星、深空探测器和空间站等航天器，以下同）或搭载其他航天器平台的科学载荷（如“天宫二号”搭载的伽马暴偏振探测仪POLAR）所开展的，从规划、遴选、立项、研制、发射，到科学运行或实验、完成数据分析、产出原创成果的全生命周期的科研活动。

可以看出，空间科学任务构成了完整的创新价值链，具有体现国家意志、投资大、用时长，瞄准基础研究从0到1重大突破，必须久久为功的特点。为遂行科学高效的管理，常从投资占比和研发耗时的角度，将其分为空间科学预研和空间科学工程两大类项目。实际上，为便于国际合作交流，对比美国和欧洲的相关管理实践，可以看出前者相当于美国国家航空航天局（National Aeronautics and Space Administration，NASA）所称的Pre－Formulation（策划前，Pre－Phase A）；后者相当于Formulation（策划/方案）＋Implementation（实施），即从Phase A到F的阶段。

（三）任务带学科打通空间科学创新价值链最后1公里。

为推动我国空间科学发展，在国家相关部委的支持下，中国科学院经过长期的探索和创新，强化了对空间科学发展战略规划和基于科学数据的基础研究，创新发展了“首席科学家＋工程两总”的科学卫星工程管理体制，以科学卫星系列为抓手，通过“任务带学科、学科促任务”，建立和完善了我国空间科学任务创新价值链，并成功辐射带动了国家相关重大航天工程任务的空间科学与应用。

回眸过往，早在2009年，中国科学院就开始通过院创新重要方向项目，支持面向全国高校院所和行业研发机构的空间科学研究课题，形成了中国至2050年空间科技发展路线图。2010年3月，国务院第105次常务会议审议通过，同意中国科学院组织实施战略性先导科技专项。2011年1月，经中国科学院党组会审议通过，空间科学先导专项立项启动实施，旨在最具优势和最具重大科学发现潜力的科学热点领域，通过自主和国际合作科学卫星计划，实现科学上的重大创新突破，带动相关高技术的跨越式发展，充分发挥空间科学在国家创新驱动发展中的重要战略作用。

"十二五"期间，空间科学先导专项部署了暗物质卫星、量子卫星、"实践十号"和HXMT卫星4个科学卫星工程项目；同时还部署了一批空间科学背景型号和预先研究项目。为加快实现重大原创突破，空间科学先导专项提出并补齐了中国航天空间科学基础研究的空白，通过中国科学院-国家自然科学基金委空间科学卫星科学研究联合基金支持了"悟空""墨子""实践十号""慧眼"的科学数据分析研究，并推动在科技部重点研发计划设立"空间科学"重点专项规则项目，支持我国科学卫星、深空探测和载人航天的空间科学基础研究，打通了空间科学任务创新价值链的最后1公里。

（四）空间科学预研主要完成任务概念研究和关键技术攻关。

如上所述，空间科学预研项目是与空间科学卫星工程相对的一类研究项目和课题。它覆盖了空间科学任务全生命周期的前后两端，具有重要的意义，具体包括5种：空间科学发展规划和政策研究、空间科学任务概念项目、空间科学预先研究项目、空间科学背景型号项目和空间科学基础研究项目。

实际上，迄今空间科学先导专项已部署支持了逾260项空间科学预研课题，60家以上的中国科学院及相关院所、高等院校，作为牵头单位或参加单位承担了各课题、子课题研究任务，支持我国科研工作者大胆设想、小心求证，从探索宇宙奥秘的原创科学思想出发，通过严慎细实的预研工作，不断凝练科学目标，优化探测方案，完成关键技术原理验证和初步攻关，使之转化为有望工程实施的创新型空间科学任务。

如果说空间科学任务概念项目是科学家探索宇宙和生命起源演化的"金种子"，那么空间科学预先研究项目就是供给它们的"试验田"，空间科学背景型号项目就是未来空间科学任务的“孵化器”，而空间科学基础研究则是收获辛勤探索成就的“晒谷场”。播一粒粟，收满仓谷。实践证明，这些空间科学预研工作自身成果产出远超预期，为推动空间科学卫星系列的起步和工程实施奠定了重要基础，同时亦为深空探测和载人航天空间科学任务遴选提供了有效输入，为我国科学家开展世界级研究提供了支撑。

（五）本书特色。

应该说，本书汇聚的科学成果是我国空间科学工作者集体智慧的结晶，彰显了他们面向世界空间科学前沿，面向国家空间科学发展重大战略需求，在探索浩瀚宇宙奥秘、发展先进空间探测技术道路上的辛勤努力。从本书可以看出，我国空间科学家勇于直面极端宇宙、时空涟漪、日地全景和宜居行星探索的最前沿难题，矢志在我国有基础、有优势的宇宙起源和演化、太阳系与人类的关系等科学主题上，既有独到的思考和大胆的创新，也有与航天强国同台竞技、只争朝夕的勇气。

作为本书编著者，我们力求尊重科研创新的实际过程，记录历史，保护原创。实际上，每一个课题都形成了较完整的科研档案，几乎可以单独成册。但是限于篇幅，我们仅撷取课题亮点，给出了进一步检索的参考，为感兴趣的读者提供入口。我们相信，创新要站在前人的肩膀上，进一步提出空间科学任务的新方案，拓展认知宇宙的新窗口，做出中国人的新贡献。

（六）致谢。

为加速我国空间科学发展，2015年中央机构编制委员会办公室批复同意原中国科学院空间科学与应用研究中心正式更名为中国科学院国家空间科学中心（简称空间中心），作为我国空间科学及其卫星项目和中国科学院月球与深空探测任务的总体性研究机构、我国空间科学领域的研究中心和创新高地，负责组织开展国家空间科学发展战略规划研究，具体负责中国科学院空间科学先导专项的组织与实施，开展空间科学及相关应用领域的创新性科学研究与技术发展和实验工作。

空间科学与深空探测规划论证中心（简称论证中心）作为负责空间科学先导专项管理的总体部门，具体负责了空间科学预研项目的管理。在我国空间科学界的大力支持下，空间科学先导专项已成功实施两期，科学卫星系列及其成果产出已产生了重要国际影响，空间科学预研项目为“十四五”乃至 2035 年空间科学任务的遴选和实施提供了重要的输入。

为了总结和回顾我国空间科学发展的历程，并记录空间科学任务发展全生命周期中极为重要的前期工作，负责先导专项预研工作的论证中心，在专项负责人吴季、王赤的领导下，历时 1 年，以科研和管理档案为基础，并在近 160 位课题负责人、近 30 位责任专家的支持下，动议并具体承担了本书的编辑工作。在此特别感谢前后三任论证中心主任孙丽琳、范全林和曹松，以及承担了大量项目管理工作和具体编辑工作的白青江、李明、时蓬、宋婷婷、魏海燕、尤亮和王琴等。范全林负责了全书的统稿。

限于项目众多且距离各项目结题时间较长，书中可能仍存在不少遗漏，我们恳请各项目负责人和读者一批评指正，以便再版时做出更正。

衷心感谢中国宇航出版社对本书出版的支持，感谢各位读者对中国空间科学事业的关注。建设航天强国、科技强国，我们一直在努力。

吴 季 王 赤

2024 年 5 月 30 日

目　录

第 1 章　空间科学预先研究项目

1.1　项目概要

预先研究的主要使命是对空间科学任务概念进行深化，为其通过遴选转入背景型号研究奠定基础，是空间科学任务全价值链的基础环节。此外，其也部署部分先进空间探测技术创新研究。

“空间科学预先研究项目”是空间科学先导专项专门设置的一种空间科学任务预研项目类型，旨在通过部署空间科学预先研究课题集群，对未来 5～15 年拟开展的空间科学卫星计划和必需的关键技术进行先期预研，推动空间科学领域的创新概念研究、前瞻技术预研和关键技术攻关①。其研究内容主要是对已建立任务概念的新空间科学任务的科学目标进行凝练，及开展相关有效载荷的关键技术研究②，可视为我国空间科学任务的“试验田”。

为厘清概念，空间科学预先研究项目与民用航天技术预先研究项目略有不同，前者是以空间科学任务为牵引，是为了特定的空间科学探索对象及其亟需的先进探测技术所开展的科研创新实践活动；后者主要包括开展新型运载火箭和卫星（含探测器）先期系统总体和分系统关键技术攻关、重点专业技术集成研究与试验验证、核心产品的工程化和产品化研究、专业技术产品成熟度验证等③。

空间科学是航天国际合作的重要窗口和主要平台。需要说明的是，为促进

---

① http：//www. nssc. ac. cn.

② 吴季．空间科学概论［M］. 北京：科学出版社，2020.

③ 民用航天技术预先研究项目管理实施细则．［EB/OL］．［2023 - 07 - 18］. https：//www. cnsa. gov. cn/n6758823/n6758839/c6802366/content. html.

与航天强国的交流，空间科学先导专项的预先研究项目处于空间科学任务全价值链的上游端①，大致对应美国空间科学任务项目生命周期（Project Life Cycle，PLC）的 Pre－Phase A 阶段前半期，即概念研究/任务建议的预先研究，属于任务概念研究工作内容的一部分。

部署过程：根据最新的空间科学发展战略研究与规划成果，由空间科学各领域方向责任专家起草编制所属领域方向预先研究课题申请指南，评审后面向全国发布；对征集到的课题申请书，组织相应领域专家择优评审；通过遴选的课题，报经主管部门批准后，签署任务书，支持开展相应的预先研究工作。

部署原则：支持根据新科学发现提出的创新性强、紧迫性强的科学卫星任务概念预先研究；基于新原理、新探测方法的载荷技术、实验技术及标定验证技术预先研究；与未来五年及更长远的项目密切相关、需长期攻关的技术及综合性技术的预先研究；上天实验装置的前期实验方案设计与关键技术攻关预先研究。

空间科学先导专项一期先后部署三批次近百项预研课题，分为空间科学任务方案、有效载荷关键技术，以及空间环境下的科学实验三类，覆盖我国空间科学等全部主要学科。

自空间科学预先研究项目部署第一批（2009 年 10 月）以来，已在“中国科学院知识创新工程重要方向项目”和“中国科学院空间科学先导专项（一期）”框架下部署和验收了共计三批预研项目。按照课题任务书计划，第一批预研项目研究周期为 2009—2011 年，第二批为 2011—2013 年，第三批为 2014—2016 年。本书空间科学预先研究项目的成果即覆盖了以上三批项目。

空间科学预先研究项目共 96 个课题，其中第一批 24 个课题，第二批 43 个课题，第三批 29 个课题。在预研第二批项目中，“电磁场与波动探测关键技术研究”课题中止研究，在第三批项目中，“陀螺-加速度计新等效原理实验关键技术研究”课题中止研究，故这两个课题未进入此次汇编。此外，由于课题负责人的主观意愿等方面原因，第二批项目中“行星尘暴就位探测器研究”课题亦未进入此次成果汇编。

综上，本书共收录空间科学预先研究项目 93 个，具体统计如图 1－1 所

① 吴季．空间科学任务的全价值链管理和产出评估［J］．中国科学院院刊，2019，34（2）：206－213.

示。其中，各批的课题统计按照空间科学任务方案、有效载荷关键技术、空间环境下的科学实验和其他进行了分类，课题清单请见各自章节。

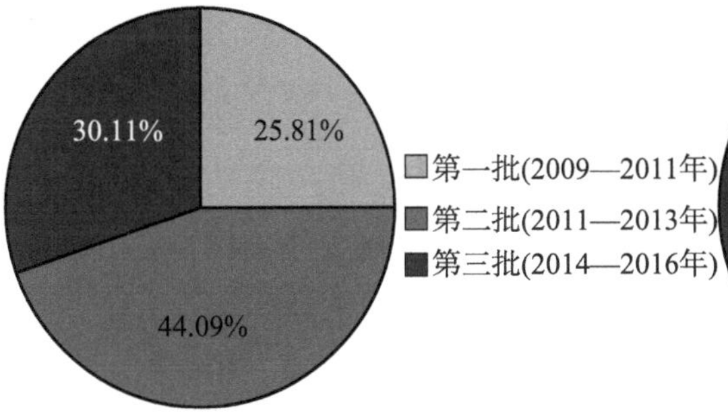

(a) 空间科学预先研究项目课题数量统计

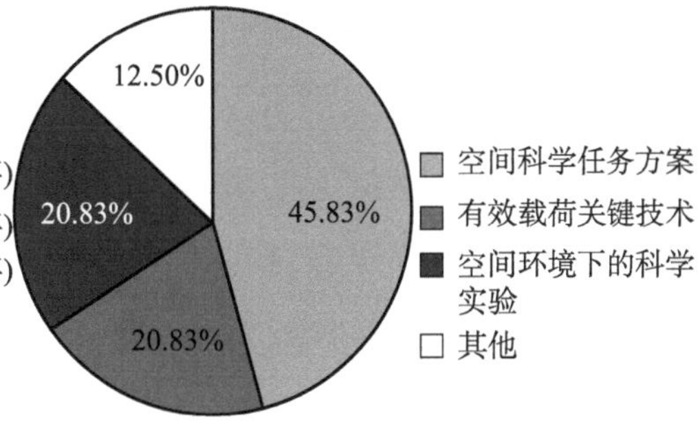

(b) 空间科学预先研究项目(第一批)分布情况

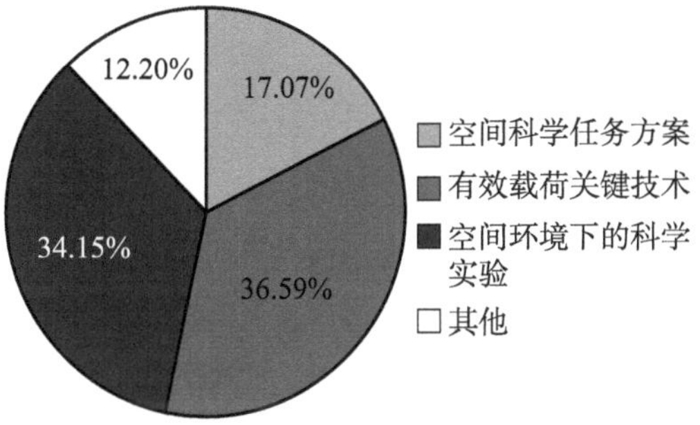

(c) 空间科学预先研究项目(第二批)分布情况

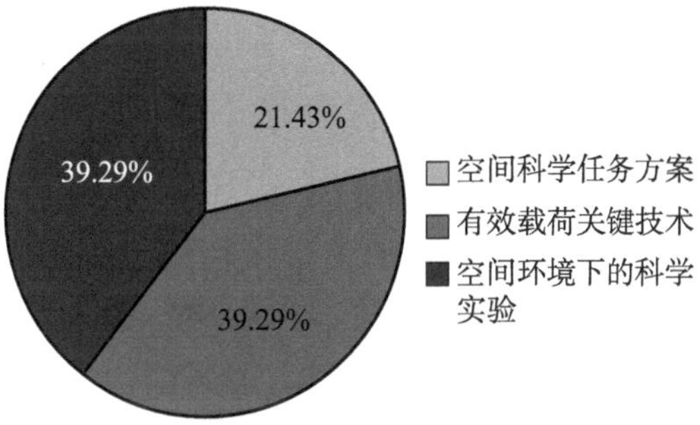

(d) 空间科学预先研究项目(第三批)分布情况

图1-1　空间科学预先研究项目统计和分布情况

从图1-1可以看出，在空间科学预先研究第一批项目（2009—2011年）中，空间科学任务方案类课题稳居榜首，占比高达45.83%；有效载荷关键技术和空间环境下的科学实验占比均为20.83%。第二批项目（2011—2013年）中，有效载荷关键技术课题占比居首，达到36.59%；空间环境下的科学实验紧随其后，达到34.15%；而空间科学任务方案类课题占比仅为17.07%。第三批项目（2014—2016年）中，有效载荷关键技术和空间环境下的科学实验占比均为39.29%，空间科学任务方案课题占比21.43%。

空间科学预先研究项目定位准确，是空间科学任务从概念建议到工程实施必需的承上启下环节；其研究成果开放共享，不仅有力保障了我国空间科学卫星系列的成功起步，同时也为我国月球与深空探测、载人航天空间科学与应用提供了重要的输入。

目前，空间科学预先研究项目已收获丰硕的成果：形成了一系列任务方案研究报告和技术研究报告，提出了一系列原始创新的任务概念和建议，并开展了前瞻技术预研和关键技术攻关；研发了原理样机/装置，并进行了测试，为未来进入卫星工程研制奠定了扎实的基础；在 *Astrophysical Journal*、*Astronomy & Astrophysics*、*Physical Review Letters*、《中国科学》等期刊发表了一系列论文（SCI 收录），取得了众多原创性科学成果；成功申请了一系列发明专利；部分课题获得军队科学技术奖等一系列奖项。

1）体现了空间科学任务的全价值链管理。经空间科学预先研究项目孕育，部分课题已成长为卫星任务，得以成功发射并取得了重大科学成果。例如，第一批“暗物质粒子探测卫星平台总体设计”课题提出的以载荷为中心体的一体化设计方案，以及第二批“新型高能伽马射线和电子探测方案及关键技术研究”课题研发的反符合探测器、硅微条阵列、锗酸铋（$Bi_4Ge_3O_{12}$，BGO）量能器等，均对空间科学先导专项首发星“悟空”号——暗物质粒子探测卫星（Dark Matter Particle Explorer，DAMPE）的相关设计起到了指导作用。再如，第二批“先进天基太阳天文台初步方案研究”课题、“太阳硬 X 射线成像望远镜关键技术研究”课题，以及第三批“L5 点莱曼阿尔法及白光内日冕仪初步方案及关键技术研究”课题、“滤光器型空间磁像仪关键技术深化研究”课题等，在任务方案设计和科学载荷研制方面均为“先进天基太阳天文台（ASO - S）”通过遴选先后成功转入背景型号研究及卫星工程任务奠定了坚实基础。ASO - S 科学卫星工程任务在空间科学（二期）先导专项框架下顺利实施并成功发射。另外，第一批“空间先进重力测量”课题产出的原理样机为“太极一号”微重力技术实验卫星的成功奠定了基础，第一批“微重力燃烧实验中的气体环境和气体流量控制技术研究”和第二批“空间相变流体科学实验通用装置关键技术研究”课题，已应用在“实践十号”科学实验卫星燃烧实验项目的有效载荷研制等方面。

2）为我国月球和行星科学探测提供重要输入。例如，第一批“拉格朗日点空间探测任务轨道优化设计技术”课题研制的拉格朗日点节能轨道设计软件在“嫦娥二号”日地 L2 点拓展试验任务中发挥了重要作用；第一批“月岩样品保存和制样的关键技术与流程”课题开展的月壤样品保存、处理和制备等，为“嫦娥五号”月壤样品研究提供了重要支撑；第二批“热离子成分分析关键技术研究”课题相关技术已应用于我国行星探测工程“天问一号”火星离子与中性粒子分析仪，成功对火星环境中离子和中性粒子成分开展探测。

3）为我国载人航天相关项目提供支撑。例如，第二批“基于光纤加ICCD读出的新型空间暗物质探测方案及关键技术研究”课题发展出的三维成像量能器技术创新方案，已被中国空间站高能宇宙辐射探测设施（High Energy Cosmic Radiation Detector Facility，HERD）的实验方案所采用；第二批“液氦温区小型机械制冷技术研究”课题应用于中国空间站巡天望远镜（China Space Station Telescope，CSST）“多功能光学设施高灵敏度太赫兹探测模块8K温区制冷机组件”项目；第三批“空间蒸发与冷凝热循环实验方案与关键技术研究”课题成功将该蒸发与冷凝实验方案预研成果应用于中国空间站工程，包括2017年搭载我国首艘货运飞船“天舟一号蒸发与冷凝实验与空间两相实验关键技术研究”的空间实验项目，以及空间站两相系统实验柜首发空间实验项目“空间蒸发相变与热质传输过程”（2022—2023年实施）的科学实验装置设计。

4）后续获国家自然科学基金的支持。例如，第一批“快速可见光至X射线空间变源监视器的概念研究”课题，以及第二批“软X射线和光学波段大视场监视器”课题、“高对比度空间星冕仪关键技术预研究”课题等，为后续开展深化研究奠定了基础。

此外，还有部分课题后续得到其他渠道支持。例如，第三批“实验观测磁控对流对晶体生长的作用”课题后续获得长寿命高温材料国家重点实验室（东方电气集团东方汽轮机有限公司）资助，第三批“X射线脉冲星导航空间探测器研制”后续进一步得到了中国第二代卫星导航系统重大专项的支持。

1.2　空间科学预先研究项目（第一批，2009—2011年）

空间科学预先研究项目（第一批）责任专家名单如表1-1所示，课题清单如表1-2所示。

表 1-1　空间科学预先研究项目（第一批）责任专家名单

序号	姓名	职称	单位
1	王　赤	院　士	中国科学院国家空间科学中心
2	吴　季	研究员	中国科学院国家空间科学中心
3	张双南	研究员	中国科学院高能物理研究所
4	颜毅华	研究员	中国科学院国家天文台
5	甘为群	研究员	中国科学院紫金山天文台
6	刘建忠	研究员	中国科学院国家天文台
7	陈洪滨	研究员	中国科学院大气物理研究所
8	康　琦	研究员	中国科学院力学研究所
9	刘秋生	研究员	中国科学院力学研究所
10	王双峰	研究员	中国科学院力学研究所
11	曹则贤	研究员	中国科学院物理研究所
12	刘志恒	研究员	中国科学院微生物研究所
13	张元仲	研究员	中国科学院理论物理研究所
14	孙丽琳	正高级工程师	中国科学院国家空间科学中心

表 1-2　空间科学预先研究项目（第一批）课题清单

序号	分类	课题名称	课题负责人	牵头单位
1	空间科学任务方案	X 射线时变与偏振（XTP）探测卫星关键技术研究	卢方军	中国科学院高能物理研究所
2		快速可见光至 X 射线空间变源监视器的概念研究	余文飞	中国科学院上海天文台
3		空间毫米波 VLBI 阵初步方案研究	洪晓瑜	中国科学院上海天文台
4		红外天文卫星初步方案研究及深化论证	邓劲松	中国科学院国家天文台
5		暗物质粒子探测卫星平台总体设计	陈宏宇	中国科学院上海微小卫星工程中心
6		太阳磁场的立体观测	季海生	中国科学院紫金山天文台
7		大气-电离层微纳卫星星座探测计划方案研究	史建魁	中国科学院国家空间科学中心
8		“行星科学实验室”探测计划初步方案研究	吴　季	中国科学院国家空间科学中心
9		空间先进重力测量	胡文瑞、康　琦	中国科学院力学研究所
10		临近空间大气研究卫星初步方案研究	胡　雄	中国科学院国家空间科学中心
11		基于拉格朗日点 L1/L2 特殊位置的地球辐射气候监测站	吕达仁、段民征	中国科学院大气物理研究所

续表

序号	分类	课题名称	课题负责人	牵头单位
12	有效载荷关键技术	空间超导隧道结探测器技术研究	史生才	中国科学院紫金山天文台
13		大尺寸宽带太阳高能辐射成像谱仪	蔡明生	中国科学院紫金山天文台
14		超高角分辨率 X 射线望远镜关键技术研究	张　臣	中国科学院国家天文台
15		高层大气风场测量用星载 F－P 干涉仪关键技术研究	徐寄遥	中国科学院国家空间科学中心
16		月岩样品保存和制样的关键技术与流程	林杨挺	中国科学院地质与地球物理所
17	空间环境下的科学实验	空间陀螺-加速度计新等效原理实验概念研究	张元仲	中国科学院理论物理研究所
18		微(弱)重力场中颗粒物质撞击空间实验预先研究	厚美瑛	中国科学院物理研究所
19		微重力燃烧实验中的气体环境和气体流量控制技术研究	王双峰	中国科学院力学研究所
20		微重力环境下带电粉尘运动规律实验研究	曹则贤	中国科学院物理研究所
21		基因芯片技术在地外生命信号探索中的应用研究	朱宝利	中国科学院微生物研究所
22	其他	空间科学项目发展规划深化研究	吴　季	中国科学院国家空间科学中心
23		拉格朗日点空间探测任务轨道优化设计技术	郑建华	中国科学院国家空间科学中心
24		星际航行推进技术预先研究	王　永	中国科学技术大学

1.2.1　空间科学任务方案

1.2.1.1　X 射线时变与偏振（XTP）探测卫星关键技术研究

承担单位	中国科学院高能物理研究所		
负责人	卢方军	研究周期	2009.11—2011.10
学科从属	空间天文		
关键词	XTP 探测卫星、X 射线天文、偏振探测、黑洞、中子星		

课题背景： X 射线时变与偏振（X－ray Timing and Polarization，XTP）探测卫星旨在对中子星和黑洞等致密天体在软 X 射线和硬 X 射线波段开展高灵敏度、高精度测光和偏振探测，包括测量中子星的基本参数和确定中子星的物态方程，测量黑洞的基本参数和理解黑洞的形成和增长，在强引力场中验证广义相对论效应，研究宇宙中高能宇宙线的产生和加速机制，并监视宇宙中的剧烈爆发现象等。

XTP 关键技术研究将为 XTP 探测卫星进入背景型号奠定基础。

主要目标： 对 XTP 探测卫星进行科学目标论证和物理模拟、有效载荷方案设计，以及 X 射线偏振探测器和硬 X 射线望远镜等若干关键技术攻关。

主要研究内容：

1）有效载荷总体设计，完成初步的机、电、热方案，完成 XTP 卫星项目建议书。

2）科学目标研究、科学需求分析和物理性能模拟。

3）硬 X 射线探测器技术研究，包括硅基半导体探测器（Si－PIN/SDD）＋碲锌镉（CZT）的复合探测器、碘化铯（CsI）＋电荷耦合元件（Charge Couple Device，CCD）及其相应的读出电路。

4）X 射线偏振探测器技术研究，包括气体电子倍增器（Gas Electron Multiplier，GEM）-时间投影室（Time Projection Chamber，TPC）用于软 X 射线（2～10 keV）偏振探测，X 射线 CCD 用于 10 keV 以上硬 X 射线偏振探测的技术和可行性研究。

5）硬 X 射线聚焦望远镜技术研究，主要聚焦提高硬 X 射线望远镜灵敏度的关键技术。

6）工作于 0.5～6 keV 的软 X 射线微通道板（Microchannel Plate，MCP）聚焦望远镜和焦平面探测器研究。

代表性成果产出：

1）XTP 卫星平台及有效载荷总体技术方案报告、科学需求分析和物理分析报告、软 X 射线微通道板聚焦望远镜方案报告。

2）Si－PIN 探测器原理样机、X 射线偏振探测器测试样机（图 1－2 和图

1－3）。

3）代表性专利：

穆宝忠，王占山，王芳芳，等．一种基于铂分离层的多层膜反射镜及其制造方法：CN201110053529.6［P］．2012－09－19.

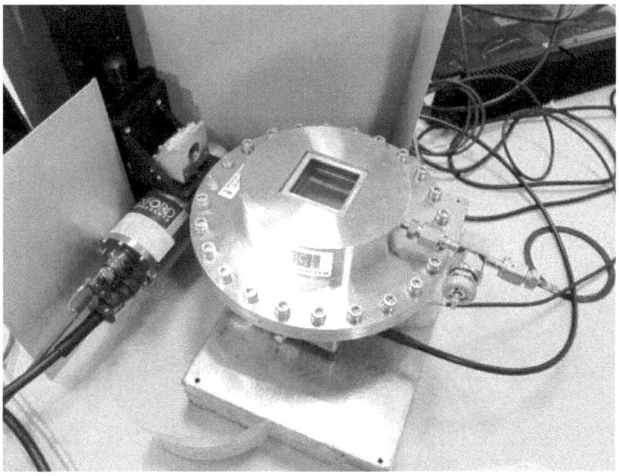

图 1－2　X 射线偏振探测器测试样机

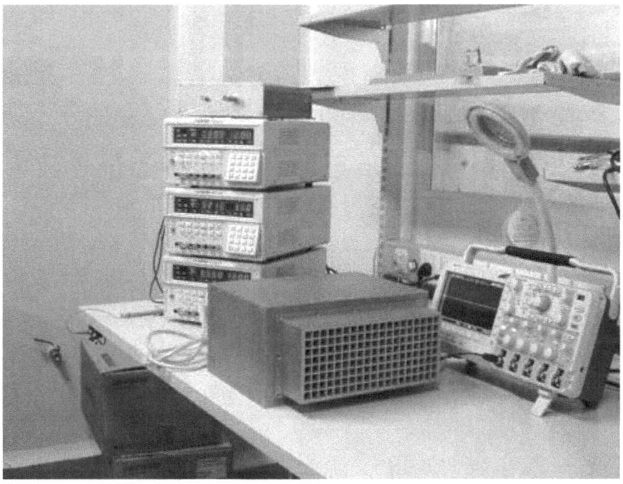

图 1－3　7 路 SDD 探测器样机及测试系统

后续应用：

1）为 XTP 卫星初步方案设计和项目建议书提供输入。

2）获空间科学战略性先导科技专项背景型号项目的支持。

3）XTP 卫星的多项技术可直接应用于脉冲星导航、空间高能天文观测及医疗 CT、工业 CT、核环境监测等行业。

1.2.1.2 快速可见光至 X 射线空间变源监视器的概念研究

承担单位	中国科学院上海天文台		
负责人	余文飞	研究周期	2009.11—2010.10
学科从属	空间天文		
关键词	空间变源监测、X 射线、天体时变性质		

课题背景：为监视空间变源的快速光变、达到研究各种极端天体物理过程和致密天体性质的目的，需要以 X 射线波段监测为主、以紫外和可见光为辅的具有高时间分辨能力的多波段监测设备。

主要目标：完成具有快速测光能力的光学/紫外望远镜、具有大视场 X 射线全天监视功能的多波段空间变源监视小卫星的初步方案设计以及有关技术和经济可行性分析。

主要研究内容：基于多年对 X 射线卫星全天监测观测的数据分析和对活动星系核光变长期监测，主要研究：

1）优化多波段监视的科学目标。

2）确定从 X 射线双星、活动星系核、强磁星等包含致密天体和极端天体物理过程的天体对象的观测源表。

3）结合我国现有地面和空间多波段快速同时测量的观测、实验和国际合作，深入研究多波段同时测量的科学意义。

代表性成果产出：

1）快速可见光至 X 射线空间变源监视器的概念研究报告、局部天区变源监视小卫星的科学目标和项目建议书简本。

2）代表性论文：

[1] Cao X F, Yu W F, Yan Z, et al. Optical observations of Scorpius X－1 in 2008: evidence of rapid variability [J]. Science China Physics, Mechanics and Astronomy, 2010, 53 (1): 143－146.

[2] Wu Y X, Yu W, Yan Z, et al. On the relation of hard X－ray peak

flux and outburst waiting time in the black hole transient GX 339 - 4 [J]. Astronomy and Astrophysics，2010 (512)：A32.

[3] Xing Y，Yu W F. Phase drifts of sub - pulses during the 2004 giant flare of SGR 1806 - 20 and settling of the magnetic fields [J]. The Astrophysical Journal，2011，729 (1)：1.

后续应用：推动了我国科学家通过空间高能和大视场监测，开展致密天体和多波段暂现源爆发现象探测，并在国家自然科学基金委重点课题支持下，已具备针对极端天体和爆发现象实施国际大型望远镜空-地多波段协同观测的能力。

1.2.1.3　空间毫米波 VLBI 阵初步方案研究

承担单位	中国科学院上海天文台		
负责人	洪晓瑜	研究周期	2009.11—2010.10
学科从属	空间天文		
关键词	空间毫米波、甚长基线干涉测量、空间射电望远镜		

课题背景：在地面甚长基线干涉测量（Very Long Baseline Interferometry，VLBI）成功的基础上，提出了空间毫米波 VLBI 阵列，建设首个由两个 10 m 级大口径射电望远镜组成的 VLBI 阵列。两个望远镜既可在空间单独工作，也可与地面毫米波望远镜联合，形成更为强大的空间毫米波 VLBI 阵列，以开展天文观测研究。预期在活动星系核、黑洞、脉泽、脉冲星暂现源等天体物理前沿开展探测。

主要目标：调研已发射和立项的国际空间 VLBI 卫星项目基本情况，将理论分析与计算机模拟相结合，提出适合我国发展的、国际领先的空间毫米波 VLBI 阵的科学目标及其初步方案。

主要研究内容：

1）开展我国地面毫米波 VLBI 阵技术方案和空间毫米波 VLBI 阵的创新探索。

2）对科学目标进行预测。

3）综合考察各类 VLBI 阵的技术方案，提出适合我国国情的、先进的空间毫米波 VLBI 阵的总体方案。

代表性成果产出：空间毫米波 VLBI 阵（图 1－4）初步方案研究报告。

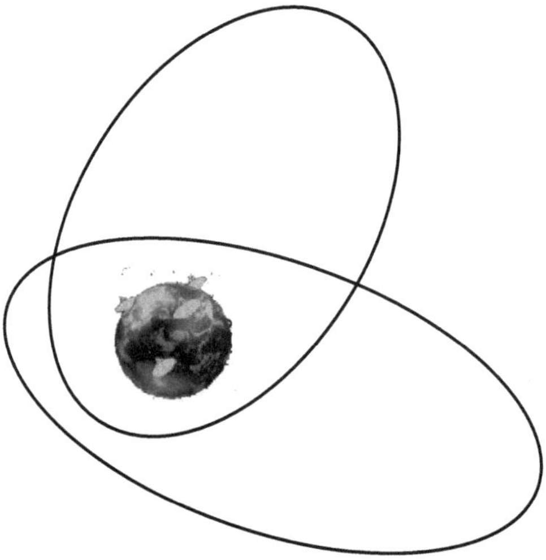

图 1－4　空间 VLBI 阵列概念图

后续应用：

1）已列入空间科学战略性先导科技专项（一期）背景型号项目（第一批）。

2）在科学上具有引领作用，有望创造空间射电天文新纪录，开辟低频空间射电天文新的观测窗口。

3）在空间射电望远镜系统有重大突破，具有国际显示度，掌握大口径空间射电望远镜空-空、空-地干涉观测技术；将获得多项空间射电天文和航天领域技术突破。

1.2.1.4　红外天文卫星初步方案研究及深化论证

承担单位	中国科学院国家天文台		
负责人	邓劲松	研究周期	2009.11—2010.10
学科从属	空间天文		
关键词	小型空间红外望远镜、全天区成像巡天、冷光学		

课题背景： 红外观测是空间天文的重点发展方向之一，对探测早期宇宙及解释宇宙的起源和结构演化、探测系外行星、解释生命在宇宙中的起源都具有重大意义。而我国受到仪器限制，红外天文观测与国际水平相比有巨大差距，是急需打破坚冰取得发展的领域。多环芳香烃（Polycyclic Aromatic Hydrocarbons，PAH）是星际环境最丰富的一类有机分子，红外发射特征普遍存在且显著，相对易于探测，而国际上尚无对天文 PAH 分子发射的全天普查，是具有科学意义的空白领域。

主要目标： 基于国内能够取得或经努力可能实现的天文可用的红外面阵探测器、冷光学技术、卫星姿控水平，获得小型空间红外望远镜的初步方案设计。

研究内容：

1）优化近红外成像巡天方案的科学目标和科学需求，调研国内外空间红外天文领域的发展趋势和国内的技术能力。

2）完成小型空间红外望远镜的项目初步方案设计：红外望远镜的光学采用多通道里奇-克莱琴（RC）系统，工作在晨昏太阳同步轨道，复合采用辐射和机械方式对望远镜和探测器制冷，以“凝视-步进”方式完成全天巡天，通过主光路可见光导星实现“凝视”观测的高指向稳定度等；方案应针对多环芳香烃分子 3.3 μm 发射特征，能在 3 年内完成近红外全天成像巡天，在 2.7～4.5 μm 观测波段实现不亚于 3″的空间分辨率、不亚于 17 星等的 600 s 曝光探测灵敏度。红外天文卫星光学系统设计方案如图 1-5 所示。

代表性成果产出：

1）红外天文卫星概念阶段初步方案设计报告。

2）代表性论文：

Xu C，Deng J S，Zhang Y H，et al. A conceptual design of a near infrared satellite for PAH survey [J]. Space Telescopes and Instrumentation 2012，Optical，Infrared and Millimeter Wave，2012：84421D1-7.

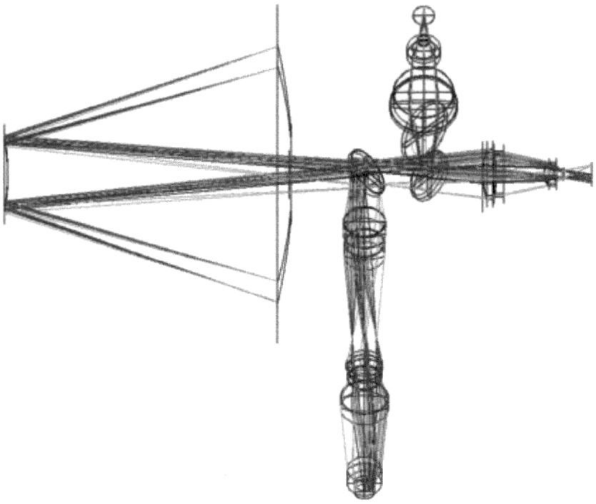

图 1-5　红外天文卫星光学系统设计方案

后续应用：

1）在空间科学先导专项（一期）背景型号项目框架下，开展了深化论证，即“红外天文小卫星深化论证”课题。

2）为国产高性能红外面阵探测器、国产机械或脉管制冷机、冷光学技术等的研制发展提供支撑。

3）对我国红外天文卫星论证、中国空间站天文载荷论证、探月工程后续任务（如月球南极天文观测）等具有参考价值。

深化论证：开展红外天文小卫星深化论证，达到具备转入空间科学背景型号的基础。

科学目标：通过PAH全天普查绘制有机碳的宇宙分布，探寻PAH的天文产源地与形成机制，揭示PAH在星际物理及化学中的作用，定标PAH发射对星系恒星形成活动的示踪性。

课题成果：研制了模块化的空间红外天文观测仿真软件，在新改造的地面1.26 m红外天文望远镜上建立了红外天文观测试验平台，开展了近红外天文试观测，同时在实验室搭建了近红外相机测试检验平台；研制出了50 K温区脉管制冷机的原理样机，以及以SiC材料为主、次镜的大口径（300 mm）低温主光学系统样机；形成了红外天文小卫星的总体初步方案。

1.2.1.5　暗物质粒子探测卫星平台总体设计

承担单位	中国科学院上海微小卫星工程中心		
负责人	陈宏宇	研究周期	2009.11—2010.10
学科从属	空间天文		
关键词	暗物质探测、卫星平台、大载荷比		

课题背景： 暗物质是当今天体物理学研究的热点。我国在暗物质探测领域的主要研究目标是在空间高分辨观测宇宙高能γ射线和高能电子，寻找并研究暗物质粒子及其空间分布。

主要目标： 通过对暗物质探测任务的需求分析，设计暗物质探测的卫星总体方案，突破大型载荷的卫星结构设计、大惯量星体姿态控制、高速低误码率数传等关键技术，为后续工程立项卫星研制奠定技术基础。

主要研究内容： 完成搭载中子探测器和高分辨量能器的科学探测卫星方案设计，包括：

1）暗物质粒子探测卫星平台需求分析，包括轨道、姿态、机械、电源、热、数据通信等。

2）暗物质粒子探测器物理设计优化，在有限的卫星资源内性能指标最大化。

3）卫星总体设计，满足暗物质探测卫星的大载荷比构型设计、可靠稳定姿态控制、高速数传等任务需求。

代表性成果产出：

1）暗物质粒子探测卫星总体方案设计报告、暗物质粒子探测卫星需求和任务分析报告、暗物质粒子探测卫星构型方案设计报告。

2）代表性论文：

吴会英，陈宏宇．准惯性定向探测卫星 GPS 接收天线安装角度研究 [J]. 空间科学学报，2012，32（6）：887－892.

后续应用： 提出的以载荷为中心体的一体化设计方案（图1－6），使卫星载荷平台比达到 7：2，为暗物质探测卫星方案设计等前期工作奠定基础，也为今后科学探测卫星的设计提供依据。

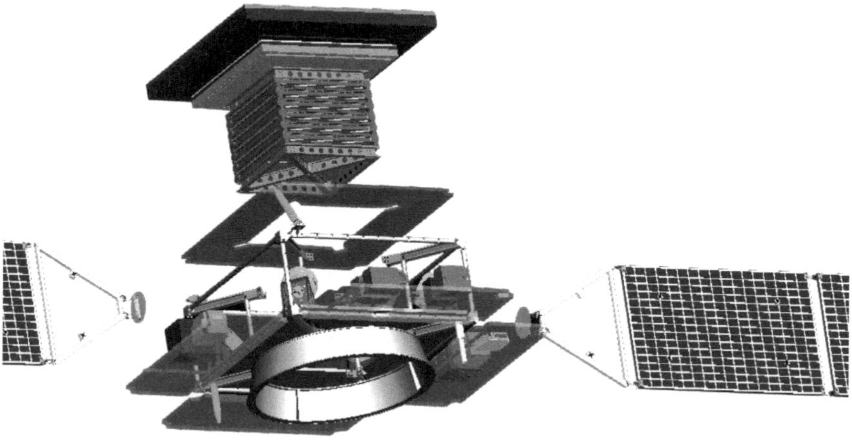

图 1－6　暗物质粒子探测卫星平台方案设计

1.2.1.6　太阳磁场的立体观测

承担单位	中国科学院紫金山天文台		
负责人	季海生	研究周期	2009.11—2011.10
学科从属	太阳物理与空间物理		
关键词	太阳矢量磁场、太阳立体观测、太阳物理		

课题背景： 太阳矢量磁场的精确测量是解决太阳磁场的产生机制、太阳活动的触发机制、粒子加速、日冕加热等空间物理领域难题的关键，本课题开展了太阳磁场、速度场、高能辐射和太阳高温磁环的立体观测的任务概念，设计了相关有效载荷，以期在磁场和流场的耦合过程中，对太阳各层大气中的能量积聚、释放和传输等难题研究方面取得突破性进展。

主要目标： 开展概念研究，论证太阳矢量磁场立体测量的必要性、创新性和实现途径。

主要研究内容： 研究太阳矢量磁场观测的科学意义、必要性和迫切性，通过分析磁浮现区的磁场资料，特别说明横场精确测量的重要意义，包括 180°不确定性对磁场外推的影响以及对相应的理论解释的影响。

1）立体观测是否为太阳矢量磁场观测的唯一手段，用两颗星还是用三颗星。

2）空间太阳磁场观测的关键技术。

3）轨道设计。

4）数据模拟和处理软件的概念设计。

代表性成果产出：

1）太阳磁场的立体观测（图 1－7）研究报告。

2）代表性论文：

[1] Ji H S，Wang Y M，Wang T X. Stereoscopic observations of the Sun [J]. SCIENTIA SINICA Physica，Mechanica & Astronomica，2019，49 (5)：059605.

[2] 周茹芸，汪毓明，宿英娜，等．利用双视角消除太阳矢量磁场观测中的 180°不确定性 [J]. 天文学报，2021，62（4）：104－115.

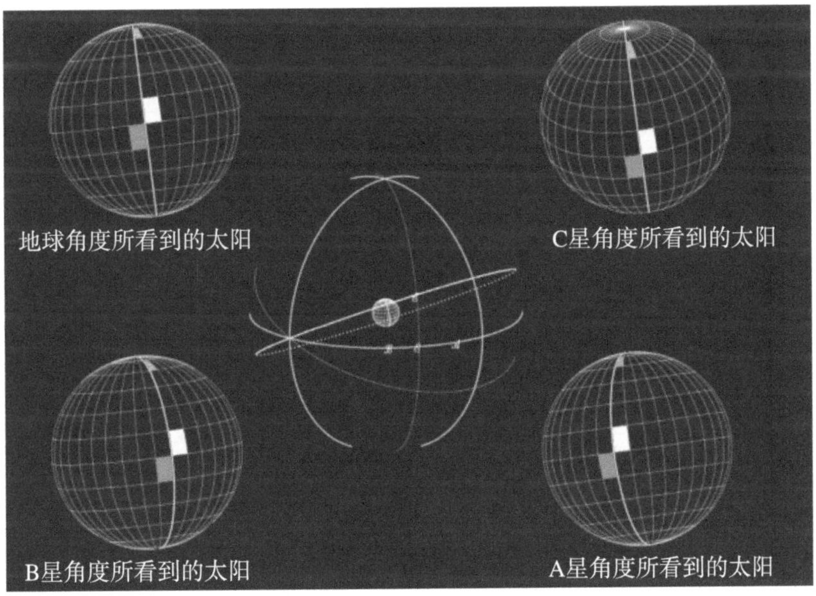

图 1－7　太阳磁场立体观测方案

后续应用：

1）后续研究成果为中国科学技术大学汪毓明教授提出“环日探测计划”提供输入。

2）磁场空间观测技术的研究成果（空间滤光器的密封技术）为先进天基太阳天文台（Advanced Space - based Solar Observatory，ASO - S）卫星的全日面太阳矢量磁像仪（Full - disc Vector Magnetograph，FMG）的研制起到了积极的作用。

3）为本项目下一阶段正式立项做好准备，带动了我国太阳立体探测、抵近探测以及环日全景探测任务的论证。

4）为我国深空探测提供先进科学目标，引领我国深空探测水平的提高。

1.2.1.7 大气-电离层微纳卫星星座探测计划方案研究

承担单位	中国科学院国家空间科学中心		
负责人	史建魁	研究周期	2009.11—2010.10
学科从属	太阳物理与空间物理		
关键词	微纳卫星星座、中高层大气、电离层		

课题背景：针对电离层的分层结构、极区/赤道区电离层扰动变化特性和电离层探测研究的有关科学问题和卫星导航/定位的重大应用需求，提出高层大气-电离层的6颗微纳卫星星座探测计划，以实现多手段结合的高精度就位探测和顶部探测，实现具有全球覆盖性的大气-电离层探测。

主要目标：瞄准科学和卫星导航/定位的重大需求，针对中高层大气-电离层研究中的主要科学和应用问题，根据国内外高层大气和电离层探测研究现状和有关探测仪器发展水平以及发展趋势，进行高层大气-电离层的微纳卫星星座探测计划初步方案研究。

主要研究内容：

1）调研相关领域国内外研究现状和发展趋势，凝练高层大气-电离层星座计划的科学目标。

2）进行星座探测计划的轨道方案论证及有效载荷配置方案和指标论证。

3）提出开展星座计划的有效载荷关键技术和实现途径，并进行可行性方案论证。

4）研究星座计划有效载荷对卫星平台的要求。

5）在卫星微小型化的前提下，探索星座计划的卫星-有效载荷一体化设计方案和可能性。

代表性成果产出： 大气-电离层微纳卫星星座探测计划科学目标论证报告、大气-电离层微纳卫星星座探测计划载荷配置方案论证报告、大气-电离层微纳卫星星座探测计划一体化设计（图 1-8）初步方案论证报告。

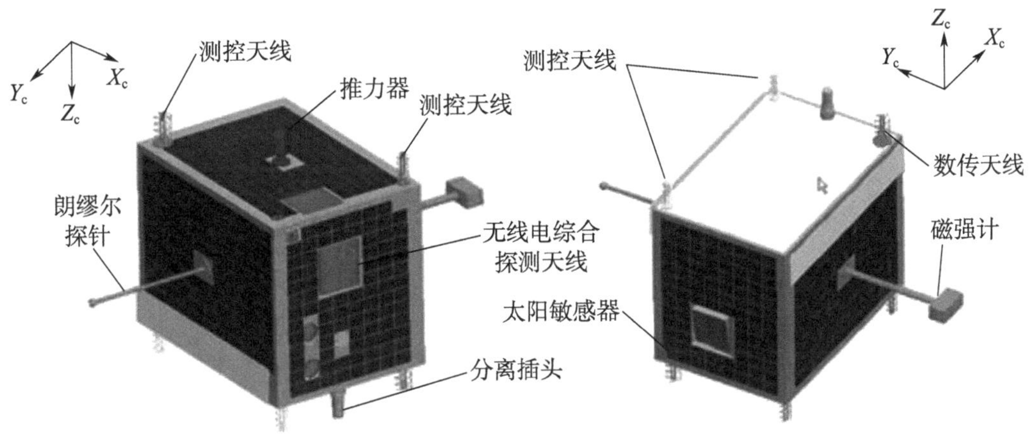

图 1-8　大气-电离层微纳卫星星座探测计划卫星-有效载荷采用的一体化设计

后续应用：

1）为我国进一步开展高层大气-电离层微纳卫星星座探测计划打下良好的基础。

2）所提方法和思想可用于电离层（特别是顶部电离层）扰动变化的科学探测研究，可用于有关空间科学探测仪器设备的新概念和新方法研究，可用于卫星平台-有效载荷一体化和微小型化研究。

3）该计划若实施，可获取大气电离层多层次探测数据，特别是顶部探测和局地探测数据，可为空间环境信息系统和空间天气预报模型构建等提供有效的全球覆盖的探测数据，从而为航天设计、飞行安全和故障分析提供有效、可靠的实测数据。

1.2.1.8 “行星科学实验室”探测计划初步方案研究

承担单位	中国科学院国家空间科学中心		
负责人	吴季	研究周期	2009.11—2010.10
学科从属	行星科学		
关键词	木卫二、地外生存、行星科学		

课题背景：行星科学研究行星的起源和演化、行星运行状态，寻找生命的宜居环境。人类已经在不同程度上对太阳系众多行星开展了探测，获得了火星以及诸如木卫二的地下海洋、土卫二上的喷泉等发现，需要对发现生命迹象的行星给予特别关注。

主要目标：以火星和木卫二为主要目标天体，同时兼顾通用性，围绕地外生命和地球生命的地外生存、行星表面资源的就位利用，以行星地质、地表形貌、大气和空间环境的演化与地球演化的相关性为探测研究目的，确定“行星科学实验室”方案，提出初步的技术路线。

主要研究内容：

1）“行星科学实验室”探测计划目标天体选择。

2）科学目标、有效载荷配置及主要技术指标设定。

3）“行星科学实验室”轨道设计及测控方案概要设计。

4）“行星科学实验室”飞行器总体方案概念设计。

5）地外生命科学实验箱总体设计。

代表性成果产出：

1）“行星科学实验室”（图1-9）探测计划初步方案研究报告。

2）代表性论文：

吴季，朱光武，赵华，等．萤火一号火星探测计划的科学目标综述［J］．空间科学学报，2009，29（5）：449-455.

后续应用：“行星科学实验室”涉及高精度测定轨，行星际自主航行，星际通信，高分辨率、多谱段遥感，太阳系与行星环境探测，综合着陆降落技术，以及机器人，微机械，显微观测，物理、化学和生物样品的就位分析等多种技术。

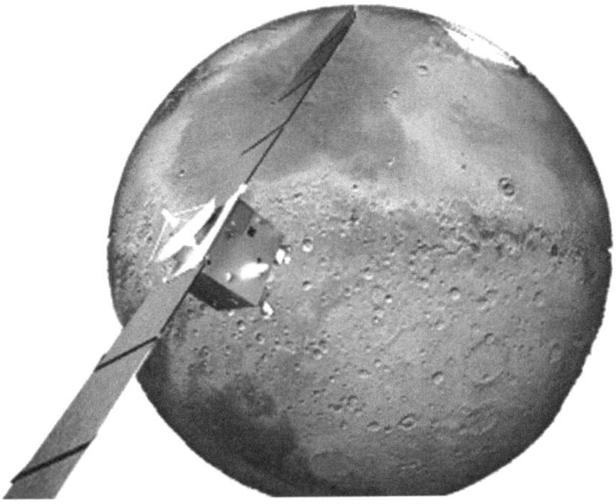

图 1－9　“行星科学实验室”概念图

1.2.1.9　空间先进重力测量

承担单位	中国科学院力学研究所		
负责人	胡文瑞、康琦	研究周期	2009.11—2011.10
学科从属	微重力与空间生命科学		
关键词	地球重力场反演、无拖曳控制、微推进技术		

课题背景：地球重力场是地球的基本物理场之一，重力场分布及其变化反映了地球表层及内部的密度分布和物质运动状态。卫星重力探测技术的出现和发展，将使得高精度和高分辨率确定地球重力场的精细结构和统一的全球大地水准面成为可能。由于全球重力场测量在地球物理、民用航天以及远程导航等领域中的重大科学和战略意义，地球重力卫星测量自 20 世纪 70 年代就得到国际社会的极大关注和巨大投入。

主要目标：

1）提出基于低轨卫卫跟踪的地球重力场探测方案，解决关键科学和技术问题，进行理论探索和实验技术预研。

2）实现动态 1 mm（300 km，60 阶，1 个月）和静态 1 cm（200 km）精

度的大地水准面重力场分布测量技术方案仿真验证。

3）完成我国基于卫卫激光干涉测距和无拖曳卫星平台的高精度重力场探测跟踪双星关键载荷原理样机的自主研制。

主要研究内容：

1）地球系统动力卫星/应用需求论证与模拟。

2）重力场反演技术及模拟。

3）空间激光器及其稳频、锁相技术（图1-10）。

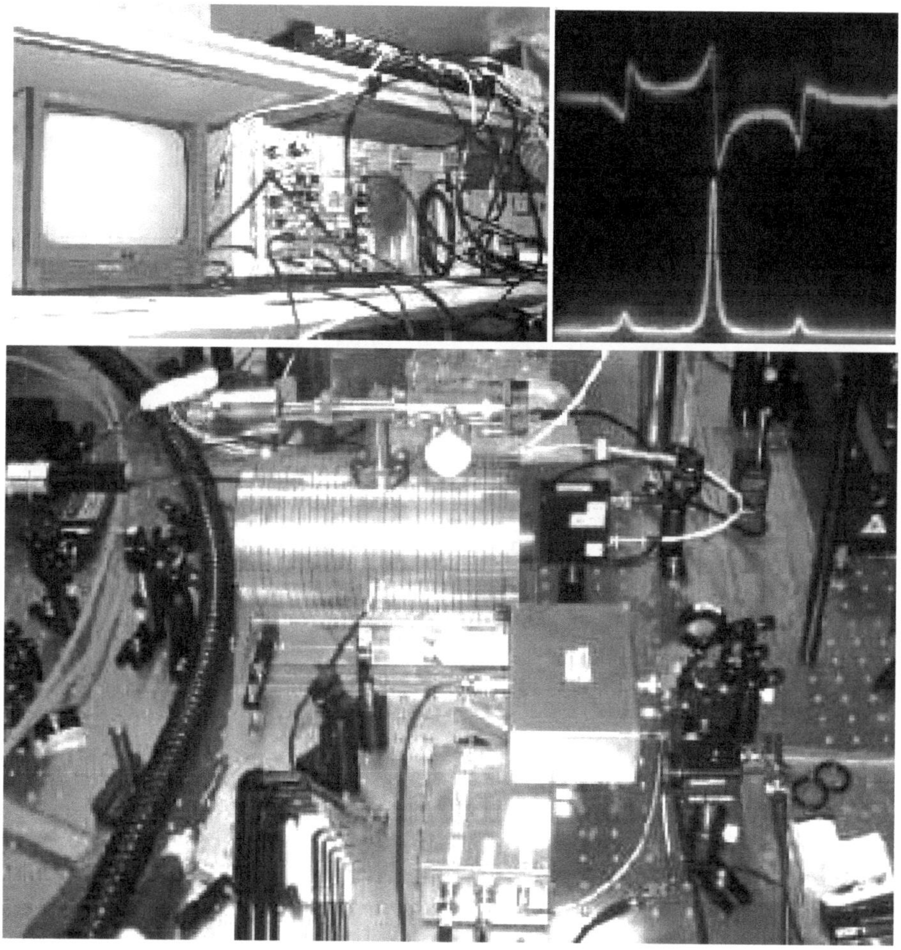

图1-10　实现了激光的锁频

4）空间激光干涉仪演示系统（图1-11）及外差干涉技术。

5）卫星无拖曳控制及微推进技术。

6）卫星任务分析与需求定义。

图 1-11　激光外差干涉系统实物

代表性成果产出：

1）地球系统重力卫星/应用需求论证研究报告，重力场反演技术研究报告，卫星任务分析与需求分析报告，系统数据处理、噪声分析研究报告。

2）小型全固态稳频激光器原理样机、空间激光干涉仪方法学演示系统、场发射电推进器（Field Emission Electric Propulsion，FEEP）原理样机（图 1-12）、激光微推进器原理样机（图 1-13）。

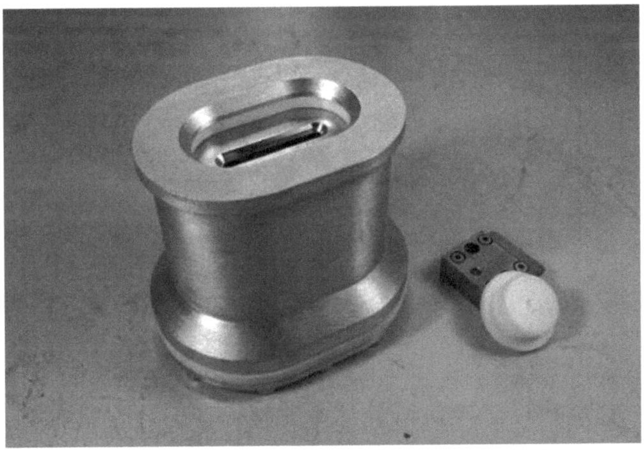

图 1-12　FEEP 推进器原理样机外观

3）代表性论文：

[1] 冉将军，许厚泽，沈云中，等．新一代 GRACE 重力卫星反演地球重力场的预期精度 [J]. 地球物理学报，2012，55（9）：2898-2908.

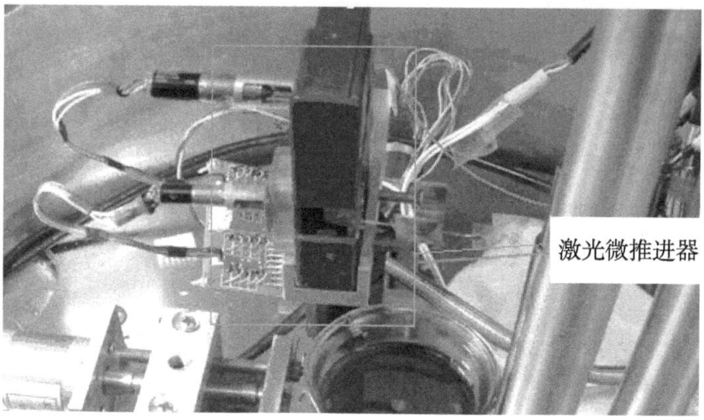

图 1-13 激光微推进器

[2] Li Y Q，Luo Z R，Liu H S，et al. Laser interferometer used for satellite - satellite tracking：an on - ground methodological demonstration [J]. Chin. Phys. Lett.，2012，29（6）：079501.

[3] Liu F，Wang C，Li L，et al. Long - term and wideband laser intensity stabilization with an electro - optic amplitude modulator [J]. Optics & Laser Technology，2013，45（C）：775 - 781.

[4] 高辉，段俐，胡良，等．基于镓铯对比的场致发射电推力器分析与研制 [J]. 推进技术，2015，36（2）：314 - 320.

[5] Hu W R，Xu H Z. GRACE follow - on in China：Space advance gravity measurement program [M]. Saarbruecken：LAP LAMBERT Academic Publishing，2015.

后续应用：

1）确定全波段地球重力场和高精度大地水准面，研究海洋环流、两极冰层厚度和全球海洋面变化，地壳、地幔和地核运动，固体潮以及地震预测，对全球变化、地球物理勘探、导航等研究领域具有重要意义，推动了我国地球重力场探测任务的计划与实施。

2）超远距离高精度激光干涉技术、卫星无拖曳控制技术、微推进技术等是重大科学热点——空间引力波探测的关键技术，为空间科学先导专项空间引力波探测“太极一号”微重力技术实验卫星的成功奠定了基础，为“太极计划”等我国空间引力波探测三步走的实施迈出前瞻性的一步。

1.2.1.10　临近空间大气研究卫星初步方案研究

承担单位	中国科学院国家空间科学中心		
负责人	胡雄	研究周期	2009.11—2010.10
学科从属	空间地球科学		
关键词	临近空间、高空大气研究、全球立体观测		

课题背景：瞄准临近空间环境变化与全球变化的内在联系、临近空间与上下层大气的耦合等前沿科学问题，在我国首次提出探测 20～120 km 临近空间大气探测卫星，先进探测载荷包括全球大气波动成像仪、F－P 风场干涉仪、微波和紫外临边探测仪等，填补国内星载临近空间大气探测空白。

主要目标：提出临近空间大气研究卫星主要载荷的配置方案、对卫星平台的需求，形成初步设计方案。

主要研究内容：

1）开展国际临近空间大气研究卫星相关领域发展历史、现状及趋势的调研，主要包括卫星轨道、功耗、载荷等详细信息。

2）凝练临近空间环境与全球变化的科学目标，提出大气探测需求。

3）具体针对大气要素，提出我国临近空间大气研究卫星主要载荷的配置方案（图 1－14）。

4）提出对卫星平台的要求，从而给出卫星的相关参数和技术指标。

5）完成我国临近空间大气研究卫星的初步方案设计报告。

代表性成果产出：

1）临近空间大气研究卫星初步设计方案报告。

2）代表性论文：

Tu C，Hu X，Xu Q C，et al. Space－borne imager of mesospheric gravity waves [C]. Telescope & Space Optical Intrumentation. International Society for Optics and Photonics，2015.

后续应用：

1）卫星工程：为进一步开展和实施临近空间大气研究卫星的研究以及星上有效载荷技术论证打下基础。

2）应用领域：为临近空间飞行器提供中高层大气环境监测数据和环境预警保障。

3）基础研究：为我国未来的临近空间大气探测与研究以及地球系统科学与全球变化研究提供参考。

4）促进有效载荷技术和设备研制的发展。

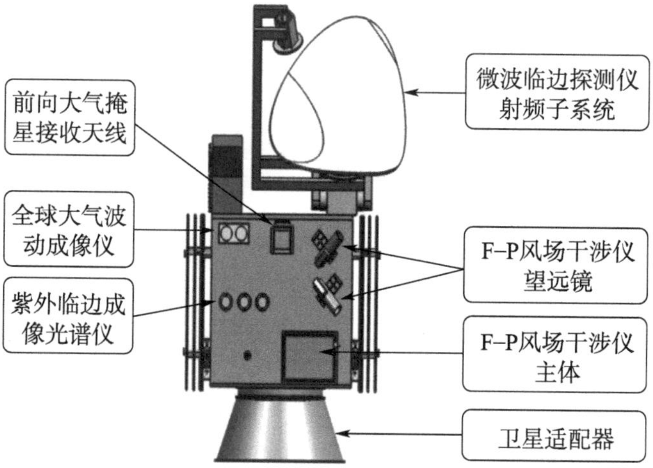

图 1-14　临近空间大气研究卫星有效载荷构型设计

1.2.1.11　基于拉格朗日点 L1/L2 特殊位置的地球辐射气候监测站

承担单位	中国科学院大气物理研究所		
负责人	吕达仁、段民征	研究周期	2009.11—2011.10
学科从属	空间地球科学		
关键词	拉格朗日点 L1/L2 点、地球辐射收支、连续监测		

课题背景：日地系统的第一拉格朗日点与第二拉格朗日点（L1/L2）位于日地连线，距离地球 1.5×10^6 km。物体在 L1 和 L2 点承受的引力正处于太阳与地球引力的平衡点，因此可以成为具有和地球相同轨道周期的新“行星”。若在 L1 和 L2 点同时放置卫星，可以观测到地球上的每一点，实现全球全天

候覆盖，从而建立太阳和地球表面辐射收支的完全连续监测，实现高精度的地球辐射收支测量。同时，由于其位置的特殊性，深空对地观测能够提供全球大气与地表的后向散射方向的观测以及日变化数据，能很好地补充现有卫星观测数据的不足。本课题在研期间，L1/L2 点还未有卫星开展对地观测。但随着 2015 年 2 月深空气候观测台（Deep Space Climate Observatory，DSCOVR）的升空，人类第一次在 L1 点开展了深空对地观测。

主要目标： 通过基于拉格朗日点 L1/L2 特殊位置的地球辐射气候监测站概念研究，提出了创建拉格朗日地文台（Lagrange Earth Observatory，LagEO）的设想，并进行可行性分析。

主要研究内容：

1）国际 L1/L2 点地球观测的研究与计划详细调研。

2）主要观测内容需求与可行性分析，观测方案概念研究。基本构想是在 L1 点布置一个星座，其中一颗卫星沿小振幅的利萨如（Lissajous）轨道在 L1 点全天候实施对地球白昼侧的气候监测；另外有一颗卫星沿晕轨道/利萨如（Halo/Lissajous）轨道围绕 L1 点运行，负责对地观测以及与地面站的通信。在日地 L2 点布置一颗卫星，全天候实施对地球黑夜侧的监测，如图 1－15 所示。

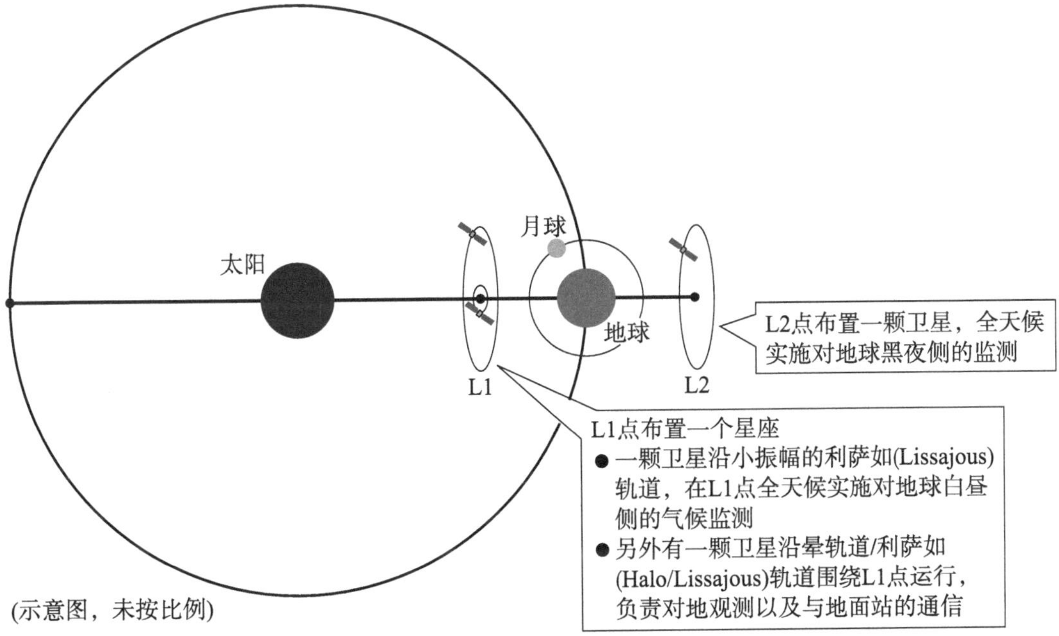

图 1－15　拉格朗日地文台

3）关键有效载荷配置与关键技术分析。

4）对整星的总体要求。

代表性成果产出：

基于拉格朗日点 L1/L2 特殊位置的地球辐射气候监测站的概念研究报告。

后续应用：可为地球系统科学/全球变化的空间监测提出一个新的重要方向与实施途径。

1.2.2 有效载荷关键技术

1.2.2.1 空间超导隧道结探测器技术研究

承担单位	中国科学院紫金山天文台		
负责人	史生才	研究周期	2009.11—2011.10
学科从属	空间天文		
关键词	超导隧道结、探测器、X 射线、太赫兹		

课题背景：超导隧道结（Superconducting Tunnel Junctions，STJ）一般由面积在平方微米尺度的超导体和纳米尺度的中间势垒层构成，在国际大科学装置阿塔卡玛大型毫米/亚毫米波阵列望远镜（Atacama Large Millimeter/submillimeter Array，ALMA）、亚毫米波阵列望远镜（Submillimeter Array，SMA）和赫歇尔空间天文台（Herschel Space Observatory）等应用驱动下，STJ 混频器在 0.1～1 THz 频段（300 μm～3 mm 波长）实现了超高灵敏度。本课题是我国首次开展基于超导器件的高能量分辨率 X 射线探测技术的研究，在器件研制、测量系统构建以及探测器特性表征等方面取得多项成果。

主要目标：通过开展 STJ 基本物理特性、制备技术及探测特性等方面的研究，进一步理解 STJ 在 X 射线波段的探测机理及特性，掌握空间 STJ 探测器的设计和制备方法，实现单像元原理芯片的研制，其性能将达到国际同类探测器的水平。

主要研究内容：

1）STJ 基本物理特性研究，重点研究超导体中准粒子行为、隧道结暗电流及温度特性、隧道结磁场特性，以及临近效应与界面特性等。

2）STJ 制备技术研究，重点研究铌（Nb）结、含诱捕（trapping）层铌/铝（Nb/Al）结和氮化铌/铌（NbN/Nb）混合结三种隧道结，以及层迭型和分布型两种粒子吸收结构。

3）STJ 探测特性研究，构建亚 K 级低温实验系统，实测 STJ 计数率、能量分辨率、信噪比等特性以及与隧道结参数的关系，并进行相关理论分析。

代表性成果产出：

1）空间 STJ 探测器技术研究报告。

2）高性能 STJ 探测器件（图 1－16）及特性测试系统。

图 1－16　高性能 STJ 探测器芯片

后续应用：

1）并联双子超导隧道结技术（Parallel Connected Twin Junctions，PCTJ）应用于 ALMA，并与日本国立天文台（National Astronomical Observatory of Japan，NAOJ）合作承担了 ALMA 第八和第十波段 STJ 混频器的研制。ALMA 干涉阵在 2019 年射电星系 M87 中心黑洞观测中发挥了决定性作用。

2）全氮化铌 STJ 混频器技术将应用于我国在建的空间 2 m 多功能光学设

施，铌/氮化铌混合 STJ 混频器技术将在我国未来的南极冰穹 A 及青藏高原亚毫米波望远镜中发挥重要作用。

3）发展的高灵敏度和高能量分辨率超导探测器技术还可以应用于其他领域，如行星科学、粒子和核物理研究、生物医学成像等方面。

1.2.2.2 大尺寸宽带太阳高能辐射成像谱仪

承担单位	中国科学院紫金山天文台		
负责人	蔡明生	研究周期	2009.11—2011.10
学科从属	太阳物理与空间物理		
关键词	太阳高能辐射、成像、偏振测量		

课题背景：对太阳耀斑中高能粒子加速机制及耀斑能量的传输过程的深入研究需要成像和偏振技术。成像能定位能量释放地点，估计出不同类型的耀斑在脉冲相和缓变相与临近环境作用能量释放的演化过程，而其光子辐射过程中往往伴随着偏振，偏振测量能更好地解释辐射过程的机制和源几何特性。

主要目标：采用具有高能量分辨本领（～4.0%@662 keV）的新型探测器碲化镉（CdTe），阵列化使其面积达～400 cm^2，实现轻量级电子读出系统。取得这些关键技术上的突破，进行成像与偏振测量的预先研究。

主要研究内容：研制具有大面积 CdTe 的探测器阵列，实现轻量级多路读出电路，针对研制的探测器阵列提出测量太阳耀斑高能辐射（100 keV～1 MeV）及其偏振的方案设计报告。其中，轻量级多路读出系统由多片能同时读出多路信号的专用集成电路（Application Specific Integrated Circuit，ASIC）芯片组成。

1）评估单元探测器的能谱特性：测量各单元探测器的能量分辨率（662 keV 处），获得个体差异特性。

2）探测器拼接技术。

3）测量探测器阵列事件响应的相对效率。

4）偏振测量方法的摸索与评估，提出偏振测量的设计方案。

5）关键技术研究：多通道电荷灵敏（Charge Sensitive Preamplifier，

CSP）和信号调理及采集研究。

6）大尺寸宽带太阳高能辐射成像谱仪的科学目标研究。

代表性成果产出：

1）大尺寸宽带太阳高能辐射成像谱仪研究报告。

2）碲锌镉阵列（图 1－17）探测器原理样机。

图 1－17　碲锌镉晶体（左）和 8×8 碲锌镉阵列（右）

3）代表性论文：

[1] 郭建华，蔡明生，胡一鸣，等．暗物质空间探测器 BGO 量能器的读出设计 [J]．天文学报，2012，53（1）：72－79.

[2] 蔡明生，郭建华，谢明刚，等．碲锌镉阵列探测器的研究 [J]．天文学报，2013，54（5）：467－477.

后续应用：

1）可为下一个太阳峰年提出具有一定特色的观测方案，即同时高灵敏度测量太阳耀斑的能谱及偏振特性，也能观测伽马射线暴（Gamma Ray Burst，GRB）的偏振特性。

2）为实现更大面积的探测器阵列做好技术储备。

3）多通道电子学的实现有利于推动硬 X 射线望远镜的研制。

1.2.2.3　超高角分辨率 X 射线望远镜关键技术研究

承担单位	中国科学院国家天文台		
负责人	张臣	研究周期	2009.11—2011.10
学科从属	太阳物理与空间物理		
关键词	亚角秒空间分辨率、直接成像、X 射线源		

课题背景： 超高角分辨率 X 射线望远镜探测计划（Super High Angular Resolution Principle for X - ray Imaging，SHARP - X）的主要科学目标是首次实现太阳 X 射线亚角秒空间分辨率观测，对耀斑源区进行直接成像，进而研究耀斑的结构、演化、粒子能量分布、加速机制和传输机制，研究耀斑 X 射线源与软 X 射线源的时空分布特征及其相互关系。此外，也将观测日冕物质抛射（Coronal Mass Ejection，CME），研究 CME 加速粒子的 X 射线表征以及与 CME 相关的耀斑 X 射线源特征。

主要目标： 开展 SHARP - X 的预先研究，验证和完善 SHARP 成像原理，突破关键技术，为在空间实现亚角秒超高分辨率 X 射线成像观测奠定基础。

主要研究内容：

1）SHARP 成像原理的进一步完善和改进（图 1 - 18）。

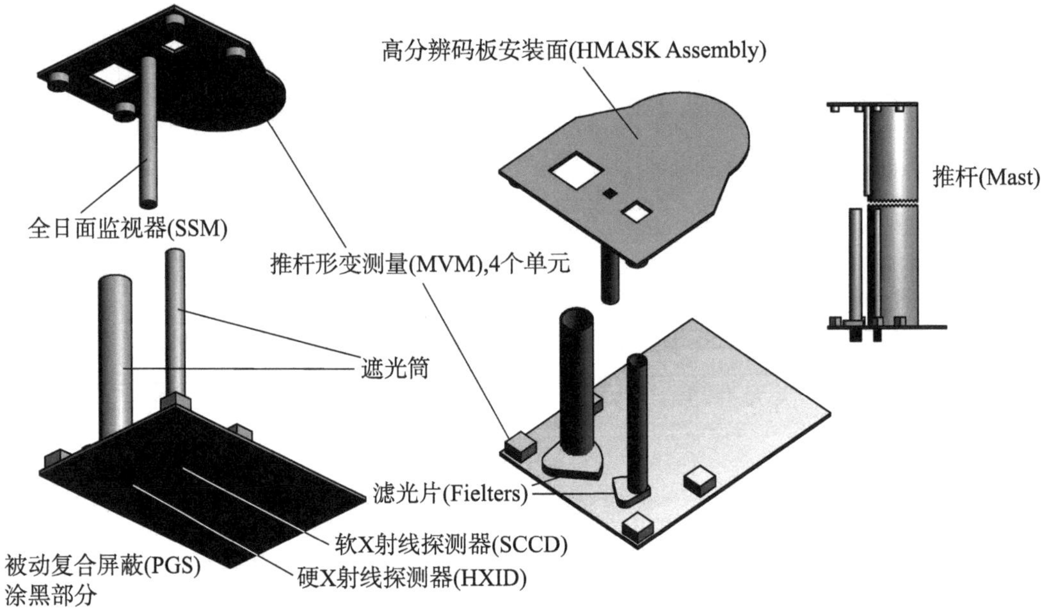

图 1 - 18　SHARP 卫星有效载荷设计

2）研制地面的小尺寸光学模拟系统（SHARP 原理验证系统）。

3）突破高精度 X 射线探测器及其相关的高集成化电子学读出技术，完成小尺寸 X 射线成像演示实验系统。

4）完成超高角分辨率 X 射线望远镜方案设计。

代表性成果产出：

1）超高角分辨率X射线望远镜方案设计报告、超高角分辨率X射线望远镜关键技术研究报告。

2）代表性论文：

[1] Zhang C, Zhang S N. Development of the super high angular resolution principle for X - ray imaging [J]. Research in Astronomy and Astrophysics, 2011, 11 (1): 119 - 124.

[2] Zhang C, Ling Z X, Zhang S N. Development of the super high angular resolution principle for X - ray imaging: experimental demonstrations [J]. Proceedings of SPIE - The International Society for Optical Engineering, 2012: 8443.

后续应用：

1）SHARP带动的高精度X射线探测器及其相关的高集成化电子学读出的发展奠定了空间先导爱因斯坦探针项目的成像能谱核心算法基础，在等离子成像等软X射线探测领域有广阔的前景。

2）SHARP发展的X射线衍射成像算法，为高分辨率长焦距X射线成像探索了道路。

1.2.2.4　高层大气风场测量用星载F-P干涉仪关键技术研究

承担单位	中国科学院国家空间科学中心		
负责人	徐寄遥	研究周期	2009.11—2011.10
学科从属	太阳物理与空间物理		
关键词	测风F-P干涉仪、高层大气、风场反演		

课题背景：中高层大气由于同时受到来自低层大气以及太阳和地磁活动的影响，因此具有非常复杂的变化特性，其中，中高层大气风场是非常重要的、不可或缺的关键要素之一。由于风场探测难度大，因此是目前亟待解决的重要课题。本课题开展了星载测风F-P干涉仪（Fabry - Pérot Interferometer）的

力学和热学稳定性、卫星运动对星载测风 F－P 干涉仪测量影响、星上高稳定定标系统方案等星载 F－P 测风干涉仪相关技术研究，为仪器研发提供支撑。

主要目标：完成星载测风 F－P 干涉仪的方案研究，突破主要关键技术，进行中高层大气风场反演方法的初步研究。

主要研究内容：

1）星载测风 F－P 干涉光谱成像仪物理设计。

2）星载测风 F－P 干涉光谱成像仪关键技术研究，其中主要包括干涉仪抗震性研究、热稳定性研究、卫星运动对风场测量影响的研究、星上高稳定定标系统设计等关键技术。

3）星载测风 F－P 干涉光谱成像仪初步方案设计。

4）开展中高层大气风场数据反演算法的初步研究。

代表性成果产出：

1）高层大气测量风场用星载 F－P 干涉仪方案设计（图 1－19）报告、高层大气测量风场用星载 F－P 干涉仪关键技术攻关报告。

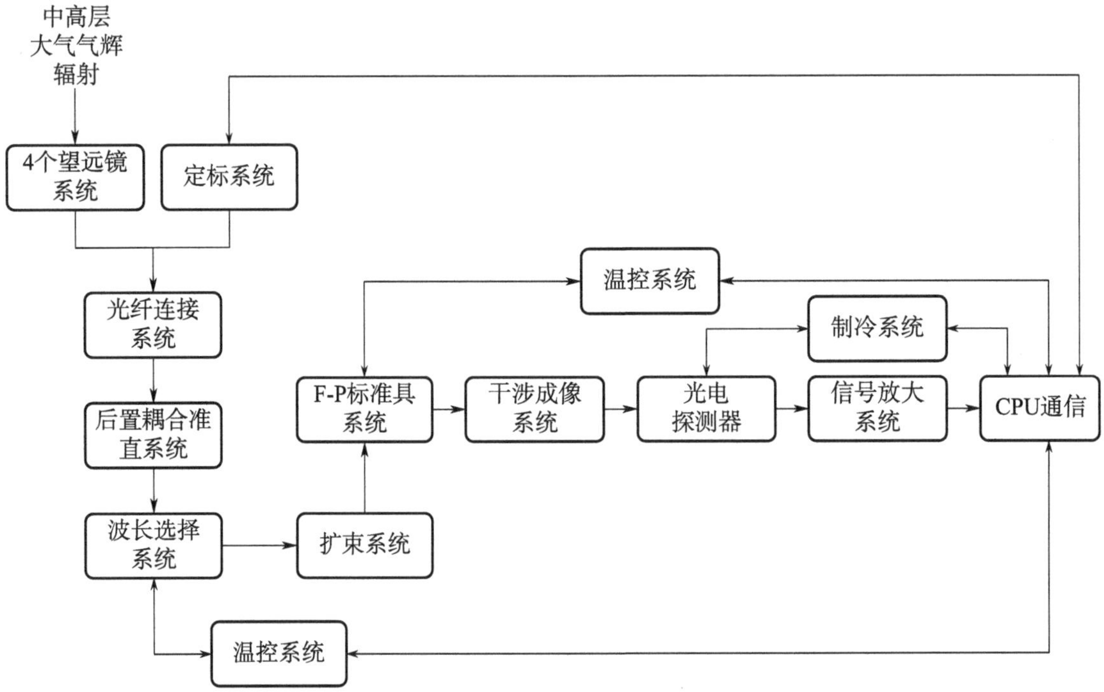

图 1－19　星载测风 F－P 干涉光谱成像仪方案设计

2）代表性论文：

[1] 石大莲，白清兰，冯玉涛，等．大气风场和温度场星载探测光谱仪的星上定标技术 [J]. 应用光学，2011，32（5）：926－930.

[2] 杜述松，王咏梅，王英鉴，等．Fabry－Pérot 测风干涉仪反演算法的研究 [C]. 西安：第二十四届全国空间探测学术交流会，2011.

[3] 韩威华，王咏梅，吕建工，等．中高层大气风场星载 FPI 干涉条纹的处理 [J]. 科学技术与工程，2010，10（10）：2420－2423.

后续应用：为我国中高层大气风场和温度场以及大气微量成分、原子氧密度的全球全天候探测做好充分准备，有望为航天器发射和在轨飞行安全提供新数据源。

1.2.2.5　月岩样品保存和制样的关键技术与流程

承担单位	中国科学院地质与地球物理所		
负责人	林杨挺	研究周期	2009.11—2011.10
学科从属	行星科学		
关键词	月岩样品、保存、制样		

课题背景：返回月球样品是探月三期工程成果的集中体现。月球样品具有重大科学价值，需要对样品的永久保存、处理和制备以及科学实验开展研究，确定样品无风化和无污染的保存条件，以及极低污染和损耗条件下样品的制备。为此，亟需开展地外样品保存和处理技术、污染模拟试验、月球岩石光薄片制备、月尘微粒的移动和操纵试验、月球样品保存和处理关键技术的规范和流程等研究。

主要目标：

1）通过条件试验，确定永久保存月球等地外样品需要满足的环境条件，特别是对地外样品非常敏感的氧气和水的含量。

2）研究实现永久保存月球等地外样品基本环境条件的技术方案。确定样品处置平台的环境条件，使其满足保存样品的要求且不产生污染。

3）通过条件试验和污染测定，选定用于制造保存样品的容器和加工工具的材料，使其既满足功能要求，又将污染控制在可忽略的水平。

4）确定制备样品的技术方案，有效地降低可能产生的污染和损耗。

研究内容：

1）高真空和高纯氮气条件下，月球等地外岩石的物理和化学风化研究，确定保存这些地外岩石样品的介质及其技术指标。

2）设计地外样品处置台，既满足样品加工的操作要求，又不对样品造成风化和污染。

3）对与样品直接或间接接触的各种材料进行一系列的条件试验（图 1-20）和表面污染物的分析测定，在满足材料性能要求的前提下，确定污染最小的材料。

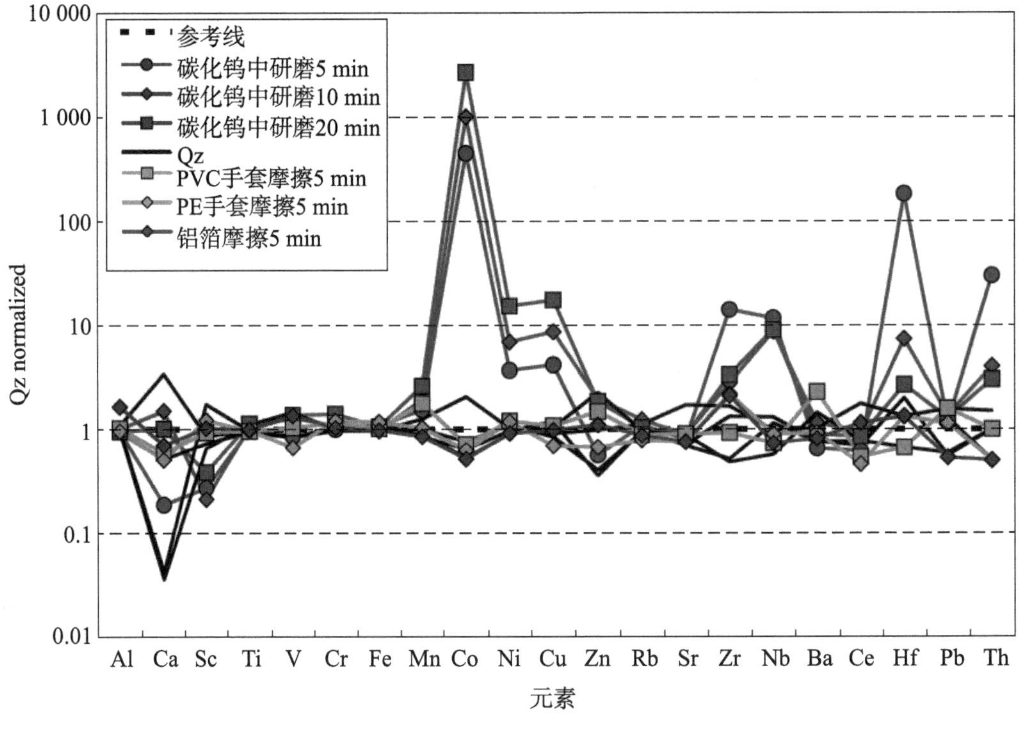

图 1-20 月岩样品制备污染模拟实验（见彩插）

4）开展样品切割、劈分、筛分、研磨等相关的技术试验，提出月球等地外岩石样品的处置方案，最大限度减少样品处置过程中可能带入的污染和造成的样品损耗。

代表性成果产出：月岩样品保存和制样的关键技术与流程研究报告。

后续应用：

1）为我国月球等地外样品实验室建设提供了关键技术和方案。

2）为我国月球样品的长期保存和样品制备提供了保障。

3）为“嫦娥五号”月壤样品研究提供了重要支撑，确保了月壤样品的保存、处理和制备，满足了各类分析实验的需求。

1.2.3　空间环境下的科学实验

1.2.3.1　空间陀螺-加速度计新等效原理实验概念研究

承担单位	中国科学院理论物理研究所		
负责人	张元仲	研究周期	2009.11—2011.10
学科从属	空间基础物理		
关键词	陀螺-加速度计、等效原理实验、卫星环境		

课题背景：等效原理是爱因斯坦广义相对论的基本假设之一。随着空间惯性传感器和激光干涉等技术发展，使得应用空间自由落体方法在更高精度水平上检验等效原理成为可能。针对宏观旋转物体的自旋角动量不同可能对等效原理产生的破坏，设计空间静电陀螺-加速度计，实现新型等效原理空间实验检验。

主要目标：围绕星上高精度陀螺-加速度计新型等效原理实验，对于所需的卫星环境和关键技术进行任务概念研究，提供可行性分析报告。

研究内容：

1）开展静电陀螺-加速度计的误差机理、建模与分析，完成系统总体方案的设计与优化，评估其可达到的精度指标。

2）敏感结构的优化设计，主要包括检验质量与电极碗。

3）静电陀螺-加速度计的测控技术研究。

代表性成果产出：

1）空间陀螺-加速度计新等效原理实验（图1-21）概念研究报告。

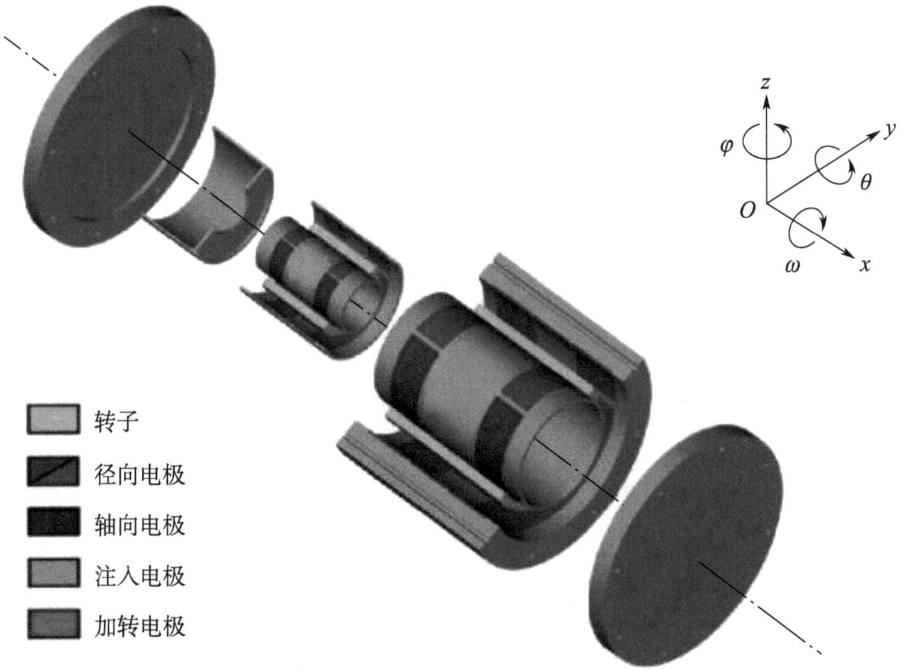

图1-21　差分陀螺-加速度计的结构设计（见彩插）

2）代表性论文：

[1] Gao F，Zhou Z B，Luo J. Feasibility for testing the equivalence principle with optical readout in space [J]. Chinese Physics Letters，2011，28 (8)：080401.

[2] Han F T，Wu Q P，Zhou Z B，et al. Proposed space test of the new equivalence principle with rotating extended bodies [J]. Chinese Physics Letters，2014，31 (11)：110401.

后续应用： 静电陀螺-加速度计的误差分析、方案设计与关键技术预先研究，将会带动高精度陀螺技术、加速度计等精密测量技术发展，推动空间引力波探测等研究。

1.2.3.2　微（弱）重力场中颗粒物质撞击空间实验预先研究

承担单位	中国科学院物理研究所		
负责人	厚美瑛	研究周期	2009.11—2011.10
学科从属	微重力与空间生命科学		
关键词	地基实验模拟、失重状态撞击、力学过程		

课题背景：研究微（弱）重力场（真空或非真空）颗粒撞击实验中颗粒的相互作用，速度和密度的影响，与颗粒尺寸、形状和性质、颗粒堆积分数与边界条件的关系以及空气压的影响等，具有重要意义。其中，真空实验是对真实星球表面撞击过程的一种地面实验室条件下的模拟。将重力真空、非真空与微重力环境下的撞击行为进行比较对照，以期深化对处于不同重力场和真空度中的颗粒运动行为及星球表面撞击过程的认识，分析获取真实空间实验需要的参数。

主要目标：针对星球表面撞击过程开展空间实验技术方案研究，利用地基微重力实验模型和分子动力学模拟，分析空间实验的主要参数，论证失重状态冲击沙床的空间实验方案，了解星球（如月球），表面坑洞形成的力学过程。

主要研究内容：

1）建立颗粒系统落塔实验装置。

2）研究微（弱）重力环境下撞击物在颗粒体系中的运动轨迹、所受阻力及对颗粒床的冲击作用。

3）系统研究在重力环境（真空或非真空）下撞击物对颗粒体系撞击的动力学过程。

代表性成果产出：

1）真空中颗粒物质撞击实验研究报告（图 1-22）。

2）落塔撞击实验装置。

3）代表性论文：

[1] Hou M Y, Li Y C, Liu R, et al. Oscillatory clusterings in

compartmentalized granular systems [J]. Physica Status Solidi (a), 2010, 207 (12): 2739 - 2749.

[2] Shah S H, Li Y C, Hou M Y. Effect of number density on velocity distributions in a driven quasi - two - dimensional granular gas [J]. Chinese Physics B, 2010, 19 (10): 621 - 626.

[3] Hu G Q, Li Y C, Hou M Y, et al. Traveling shock front in quasi - two - dimensional granular flows. [J]. Physical Review. E, Statistical, nonlinear, and soft matter physics, 2010, 81 (1): 011305.

后续应用：将应用于空间环境开发和利用、载人登月和月球基地建设、小（微）重力下颗粒物质输运和防尘控制。

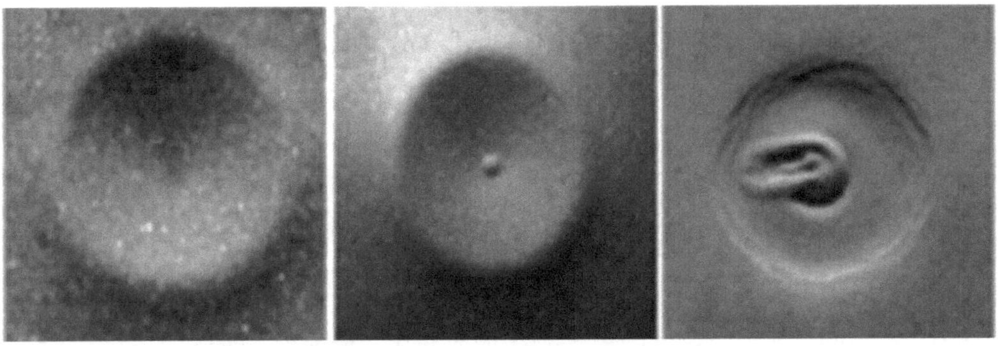

(a) 实验室颗粒撞击实验得到的撞击坑

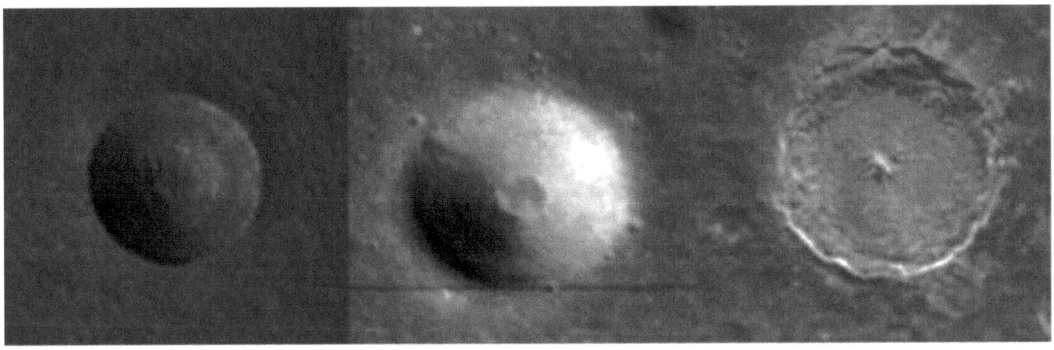

(b) 月球表面撞击坑

图 1 - 22　实验室颗粒撞击实验得到的撞击坑与月球表面撞击坑的比较

1.2.3.3　微重力燃烧实验中的气体环境和气体流量控制技术研究

承担单位	中国科学院力学研究所		
负责人	王双峰	研究周期	2009.11—2011.10
学科从属	微重力与空间生命科学		
关键词	微重力燃烧、气体环境控制、气体流量控制		

课题背景： 气体环境控制和气流流量控制是微重力燃烧实验中的两项基本关键技术。在我国空间燃烧实验面临良好发展机遇的形势下，对有关技术提出了更高的要求，亟需加强这方面研究。通过预先研究，对尚未掌握的空间实验技术进行攻关，发展微重力实验中适用的相关技术，将为我国开展空间燃烧实验进行重要的技术积累。

主要目标： 针对微重力燃烧实验的特点和要求，发展适用的气体环境控制技术和气体流量控制技术，突破关键技术瓶颈，为空间和地基微重力燃烧实验的开展提供可靠的技术支撑。

主要研究内容：

1）研究对封闭实验段内气体环境参数（压力和氧气浓度）进行测量、调整和控制的方法。

2）研究对气体供应流量进行测量、调整和控制的方法。

3）相关技术的小型化、模块化、高可靠设计与技术实现。

4）完成原理样机，开展实验验证。

代表性成果产出：

1）气体环境控制技术和气体流量控制技术研究报告。

2）气体环境控制技术（图 1-23）和气体流量控制技术（图 1-24）原理样机。

3）代表性论文：

李明，于强，翟光杰，等．微重力环境中的气体质量流量控制器研究 [J]. 空间科学学报，2012，32（6）：841-845.

4）代表性专利：

于强，翟光杰，李明，等．一种用于空间微重力燃烧实验的气体流量控制系统及方法：CN201210012457.5 [P]. 2013-07-17.

后续应用：

1）应用于“实践十号”科学实验卫星燃烧实验项目的有效载荷研制，作为空间实验的关键技术，保证了科学实验的圆满成功。

2）可应用于我国未来的空间和地基微重力燃烧实验。

图 1-23　气体环境控制技术原理样机

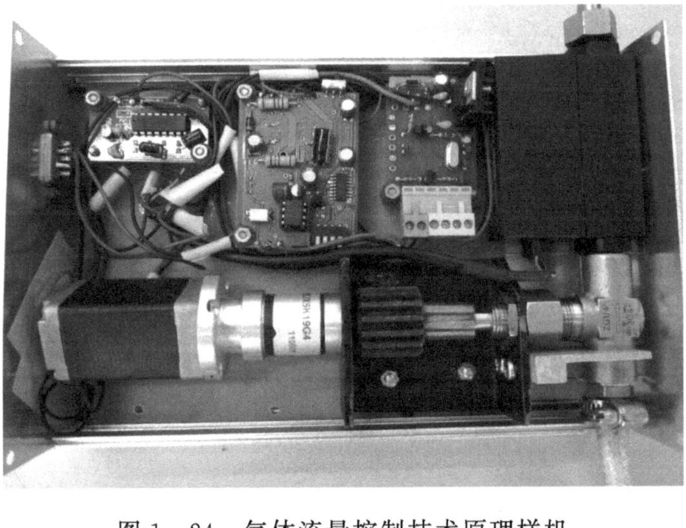

图 1-24　气体流量控制技术原理样机

1.2.3.4　微重力环境下带电粉尘运动规律实验研究

承担单位	中国科学院物理研究所		
负责人	曹则贤	研究周期	2009.11—2011.10
学科从属	微重力与空间生命科学		
关键词	微重力环境、带电粉尘、运动规律		

课题背景：空间中存在大量的带电粉尘，带电粉尘问题是空间探索事业必须面对的重要课题，对于保障空间探索事业具有重要的现实意义。此外，带电颗粒的凝聚和自组织行为的研究还可以为宇宙物质结构演化提供一些启发性的理解，因此还具有重要的科学价值。带电粉尘中的问题非常复杂，空间中的变重力或微重力环境更是给实验带来了很大的难度。

主要目标：完成对当前国内外该领域研究的深入调研，同时研制实验原理样机，实现多种环境下对粉尘颗粒的带电，从而初步开展带电粉尘运动规律的研究，为应对空间带电粉尘环境为空间探测可能带来的各种问题提供科学依据。

主要研究内容：

1）就国内外在带电粉尘研究领域的研究，特别是与空间探测有关的内容，开展调查研究，形成调研报告。

2）研制一套能够有效地实现对微米尺度颗粒粉尘加载电荷并能观察其运动行为的实验装置，开展初步的地面实验研究。

3）利用此装置，研究不同形式等离子体微米颗粒有效加载电荷技术、带电颗粒在等离子体中漂移的动力学，颗粒体系在不同重力水平和带电水平下的空间分布和调控，带电粉尘凝聚体受外物冲击行为后的分散和再凝聚，带电中颗粒凝聚体的形核、生长和溶解，颗粒的自组织，带电微米颗粒在固体表面的吸附与去吸附等。

代表性成果产出：

1）大气压等离子体颗粒带电装置研制报告。

2）大气压等离子体颗粒带电装置（图 1－25）。

3）代表性论文：

[1] Jiang N，Gao L，Ji A L，et al. Helium corona assisted air discharge [J]. Journal of Applied Physics，2011（110）：083301.

[2] Jiang N，Yang J L，He F，et al. Investigation of helium atmospheric pressure plasma jet by schlieren visualization [J]. IEEE Transactions on Plasma Science，2011，39（11）：2284－2285.

[3] Jiang N，Yang J L，He F，et al. Interplay of discharge and gas flow in Atmospheric Pressure Plasma Jets [J]. Journal of Applied Physics，2011，109（9）：099305.

后续应用：可用于为空间实验和空间环境维持提供小型的、大气压冷等离子体设备。

图 1－25 大气压等离子体颗粒带电装置

1.2.3.5　基因芯片技术在地外生命信号探索中的应用研究

承担单位	中国科学院微生物研究所		
负责人	朱宝利	研究周期	2009.11—2011.10
学科从属	微重力与空间生命科学		
关键词	微生物检测、基因芯片、地外生命探测		

课题背景：基因芯片指的是充分利用 DNA 原位合成原理，以典型生物基因组中 DNA 片段序列作为参考序列（5～60 个碱基对），按照指定顺序将其在固定的支持物上进行原位 DNA 合成，形成上千个乃至几亿个杂交位点的 DNA 芯片。基因芯片在实际 DNA 检测中可同时与不同环境中获得的 DNA 样本进行杂交检测和鉴定，包括地外星球任意样本中可能的生命物质，之后可将基因芯片杂交信号分析压缩后，通过无线信号传送装备远距离传递给计算机终端，以获得相关的生命数据信息。我国在开展地外原始生命（微生物）过程中，可借助核酸分子探测的技术和设备，特别是设计和制作用于微生物检测的基因芯片，可为未来的地外类地行星生命探测、行星生物安全保护等提供支撑。

主要目标：

1）开发我国地外原始生命（微生物）探测所需的技术和设备，包括设计和制作用于微生物检测的基于核糖体 16S RNA 基因的基因芯片。

2）研发能够灵敏检测空间环境微生物的基因芯片相关小型化检测设备，为未来类地行星生命探测和人类空间探索活动中相关微生物的安全监控系统奠定科学和技术基础。

主要研究内容：设计出最终能够实现原位地外生命探测研究的小型核酸分子基因芯片和探测设备原理样机，并开展模拟实验。

1）设计和制备可用于多种环境的 DNA 杂交基因芯片。

2）对地外生命生存模拟环境样品（如荒漠、陨石、模拟地外星球土壤等）进行收集；针对特定土壤和岩石样品建立和优化合适的样品预处理方法和核酸大分子物质的快速简便提取方法，采用单分子扩增技术对痕量核酸分子进行富集。

3）针对不同环境极端微生物，如热泉（嗜热）、海洋洋底（耐压）、极地（耐低温）、酸性矿坑水（嗜酸）等，设计和制作微生物 16S RNA 基因芯片，并利用 5～10 个极端环境样品（微生物 DNA 样品），验证芯片检测方法的灵敏性和特异性；根据芯片杂交结果，利用荧光原位杂交方法（Fluorescence In - Situ Hybridization，FISH）进行样品中微生物的原位示踪，确定其所在样品中的分布和数量。

4）研究开发针对两种波长的激光诱导发光检测装置，实现对基因芯片光信号的检测。

代表性成果产出：

1）基因芯片技术在地外生命信号探索中的应用研究报告。

2）小型基因芯片探测设备原理样机（图 1 - 26）。

3）代表性论文：

张苑怡，武娜，朱宝利，等．快速检测 NDM - 1 基因的环介导恒温扩增技术的建立与评价［J］．生物工程学报，2011，27（8）：1232 - 1238.

后续应用： 可应用于地外生命信号探测，以及地球极端环境的生命信号探测，对探讨生命的起源，以及将来人类的空间拓殖都将具有重要的指导作用。

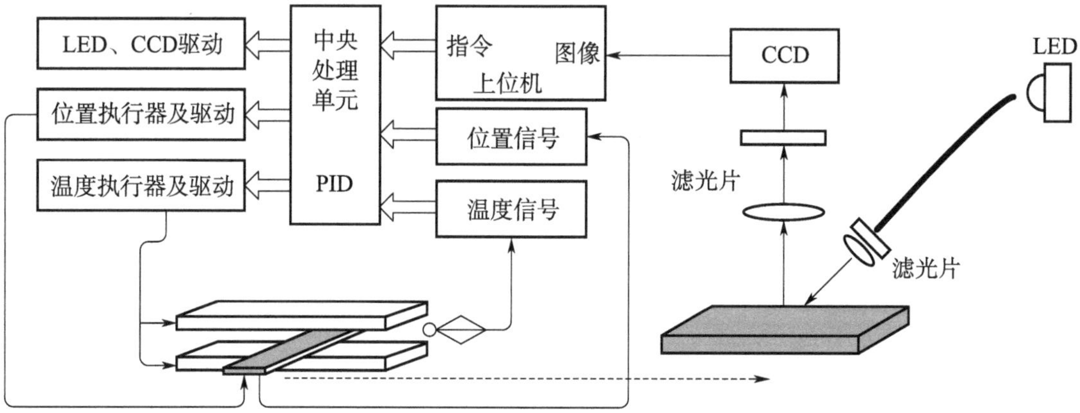

图 1 - 26　小型化样机的整体结构和各单元以及它们的相互关系

1.2.4　其他

1.2.4.1　空间科学项目发展规划深化研究

承担单位	中国科学院国家空间科学中心		
负责人	吴季	研究周期	2009.11—2011.10
学科从属	空间科学探测综合技术		
关键词	空间科学、国际前沿、科学计划		

课题背景：空间科学是当代自然科学发展的重要前沿学科。进入 21 世纪，以美国为首的国际主要空间国家和组织纷纷制定了“将人类的足迹向深空延伸”的空间探索计划。结合我国空间科学发展实际，亟需凝练具有重大创新思想的空间科学项目，为我国未来 10 年的空间科学发展确定方向和途径。

主要目标：针对“十二五”“十三五”的空间科学项目发展规划开展深化研究，结合国际上空间科学的最新进展/突破、前沿趋势与国内发展状况，确定适于在“十二五”“十三五”期间开展的空间科学计划，凝练具有重大创新思想的空间科学卫星项目。

主要研究内容：覆盖空间天文和太阳物理、空间物理和太阳系探测（含空间地球科学）、微重力科学和空间生命科学领域。

1）国际主要空间国家和组织最新发展战略规划调研。

2）最新国际进展、突破和发展趋势前瞻。

3）国内研究基础与条件。

4）“十二五”“十三五”发展目标和路线。

5）“十二五”“十三五”重点发展项目建议。

6）实现目标所需要的体制、资源、人才等方面的政策建议等。

代表性成果产出：

1）空间科学项目发展规划深化研究报告（图 1－27）。

2）代表性论文：

吴季，张双南，王赤，等．中国空间科学中长期发展规划设想［J］．国际太空，2009（12）：1－5.

后续应用：

1）将为我国“十二五”空间科学规划的制定和未来 10 年空间科学发展方向的树立奠定基础，并为我国“十二五”“十三五”空间科学卫星项目的部署和实施提供重要的决策参考依据。

2）为我院空间科学的发展确立提供发展方向指引和实施路线，发挥我院在国家空间科学发展中的重要战略作用。

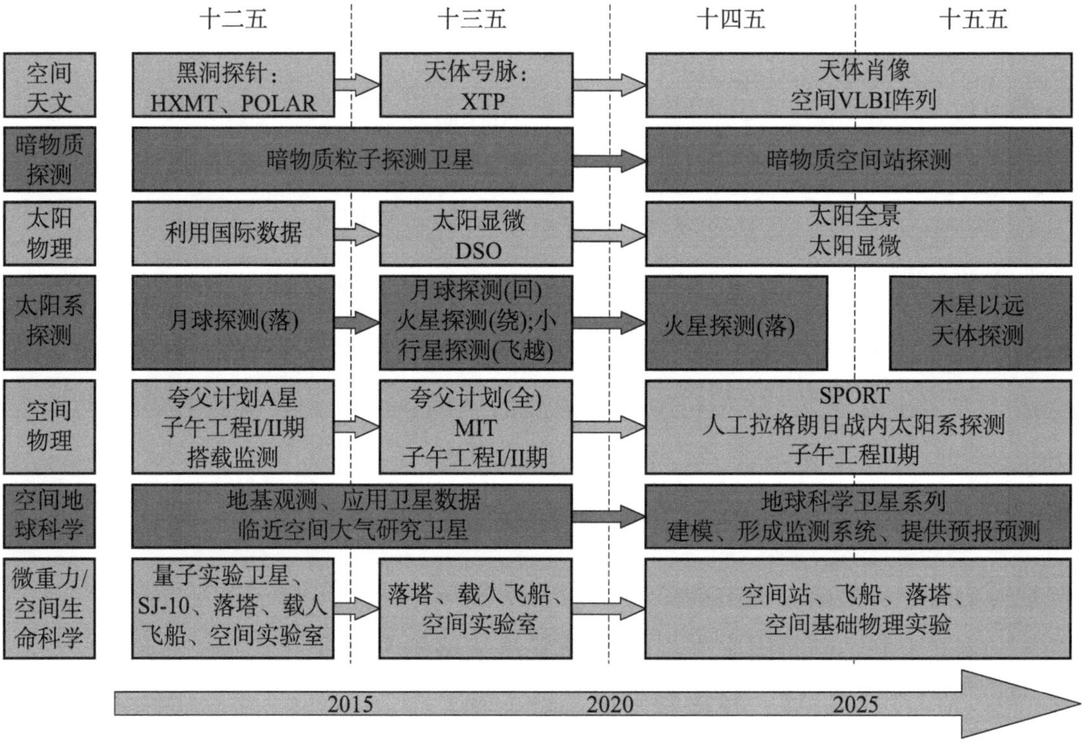

图 1－27　中国空间科学发展路线

1.2.4.2　拉格朗日点空间探测任务轨道优化设计技术

承担单位	中国科学院国家空间科学中心		
负责人	郑建华	研究周期	2009.11—2010.10
学科从属	空间科学探测综合技术		
关键词	拉格朗日点、空间科学任务、轨道设计软件		

课题背景：拉格朗日点（Lagrangian Point，平动点）有 5 个。其中，日地 L2 点不仅是开展空间天文观测的绝佳位置，也是人类进行行星际探测的一个枢纽。位于 L2 点的航天器具有只需消耗很少燃料就可维持轨道稳定运行的特点，因此开展拉格朗日点轨道优化设计研究，形成具有自主知识产权的“拉格朗日点空间探测任务轨道优化设计软件”具有重要意义。

主要目标：研究拉格朗日点空间科学探测任务的轨道优化设计方法，解决关键技术问题，开发拉格朗日点任务轨道设计软件，为我国相关深空任务提供更灵活的轨道备选方案，降低任务的风险和成本，提升空间探测任务的科学回报。

主要研究内容：

1）建立拉格朗日点任务非线性轨道动力学模型。根据轨道设计不同阶段的需要，建立适合描述拉格朗日点任务运动规律的轨道动力学模型，包括圆型限制性三体模型、非线性四体模型以及真实力学环境下的高精度轨道动力学模型。

2）研究拉格朗日点附近轨道优化设计与控制技术。分析运动特征和规律，计算近似解析解，研究优化设计与控制方法。

3）研究拉格朗日点任务转移轨道优化设计技术。研究转移轨道优化设计方法，从能量消耗和飞行时间折中的角度对转移轨道进行优化。

4）研究基于拉格朗日点的多任务探测轨道优化设计（图 1－28）技术。多任务探测轨道由多段轨道拼接而成，需要综合考虑多种轨道设计方法进行轨道优化设计。

5）研制拉格朗日点空间科学探测任务轨道设计软件，旨在方便对轨道进行优化设计和分析，寻找最佳的轨道设计方案，提高轨道设计效率。

代表性成果产出：

1）拉格朗日点空间探测任务轨道优化设计技术关键技术报告、拉格朗日点节能轨道设计软件总体技术方案设计报告、“嫦娥二号”拓展试验任务设计实例报告。

2）代表性论文：

[1] Li M T，Zheng J H. Indirect transfer to the earth－moon L1 libration

point [J]. Celestial Mechanics and Dynamical Astronomy, 2010, 108 (2): 203-213.

[2] Li M T, Zheng J H. Impulsive lunar halo transfers using the stable manifolds and lunar flybys [J]. Acta Astronautic, 2010, 66 (9-10), 1481-1492.

[3] 李明涛，郑建华．平动点任务转移轨道中途修正研究 [J]. 空间科学学报，2010，30 (6)：540-546.

后续应用：

1）拉格朗日点空间科学探测任务轨道优化设计软件，可支持相关空间任务概念设计和任务设计，并支持多任务多目标空间任务的轨道优化设计。

2）研制的拉格朗日点节能轨道设计软件在“嫦娥二号”日地 L2 点拓展试验任务中发挥了重要作用。

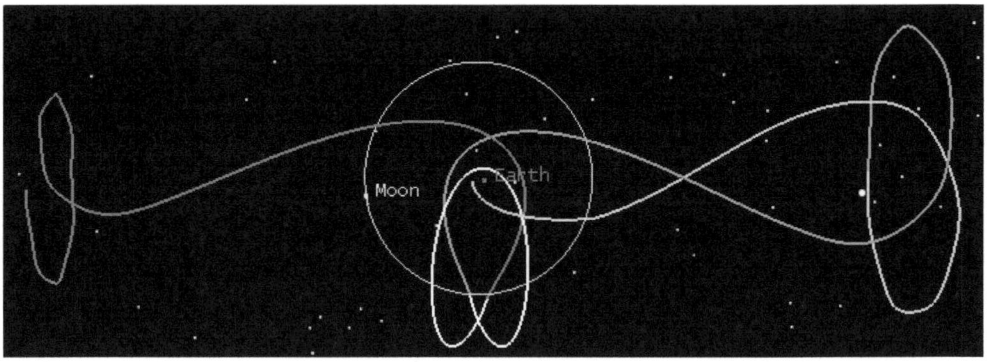

图 1-28　拉格朗日点空间探测多任务探测轨道优化设计

1.2.4.3　星际航行推进技术预先研究

承担单位	中国科学技术大学		
负责人	王永	研究周期	2009.11—2010.10
学科从属	空间科学探测综合技术		
关键词	星际航行、推进技术、姿态控制		

课题背景：星际航行包括行星际航行、恒星际航行等，主要目的之一是探索和开发地球外的各种天体。推进系统为航天器轨道机动和姿态变化提供所需

要的动力，化学推进、核推进、激光推进、电推进、太阳帆推进等推进方式各有所长。

设计合理的星际航行推进方案，需要对各推进技术进行优化组合，以实现性能、结构、质量、任务时间的平衡。根据国内外实际，可重点关注化学推进、电推进、太阳帆推进的研究。

主要目标： 结合我国航天技术的基础、现状、发展需求，提出合理可行的支撑星际科学探测的近期及中长期推进技术分类发展方案，并完成技术方案报告。

主要研究内容：

1）调研国内外各类空间推进及其瓶颈技术环节，探讨可能的解决方案。

2）建立太阳帆刚柔耦合动力学模型。分析其大尺度支撑杆和大面积薄膜帆面等柔性结构的动态特性，确定其密集模态频率；研究太阳帆航天器姿态动力学和各柔性结构间的耦合动力学并建立模型。

3）研究具有鲁棒性和自适应能力的姿态控制策略。分析太阳光压等复杂空间环境对太阳帆刚柔耦合模型的影响，提出能够抑制柔性振动和外部扰动的具有鲁棒和自适应能力的姿态控制策略，对所设计控制器的性能进行分析验证。

4）研究电弧加热推进器性能、稳定性及其与航天器的环境兼容性。分析地面模拟实验与工程样机研制中的科学问题和技术瓶颈，为我国制定星际探测推进技术系统方案提供科学和数据基础。

代表性成果产出：

1）星际航行推进技术预先研究报告。

2）代表性论文：

[1] 谢圆，周建亮，王永．面向月球车任务规划的环境建模技术 [J]. 东南大学学报（自然科学版），2010，40（S1）：292－296.

[2] Huang H J，Pan W X，Guo Z Y，et al. Instabilities in a non－transferred direct current plasma torch operated at reduced pressure [J]. Journal of Physics D：Applied Physics，2010，43（8）：085202.

[3] Pan W X, Huang H J, Wu C K. Effects of nozzle temperature on the performance of a 1 kW H_2 - N_2 arcjet thruster [J]. Plasma Science and Technology, 2010, 12 (4): 473 - 477.

后续应用： 可为我国制定星际航行推进技术规划和系统方案提供科学依据。

1.3 空间科学预先研究项目（第二批，2011—2013 年）

表 1-3 空间科学预先研究项目（第二批）责任专家名单

序号	姓名	职称	单位
1	王　赤	院　士	中国科学院国家空间科学中心
2	常　进	院　士	中国科学院紫金山天文台
3	吴　季	研究员	中国科学院国家空间科学中心
4	张双南	研究员	中国科学院高能物理研究所
5	卢方军	研究员	中国科学院高能物理研究所
6	颜毅华	研究员	中国科学院国家天文台
7	甘为群	研究员	中国科学院紫金山天文台
8	徐寄遥	研究员	中国科学院国家空间科学中心
9	邹永廖	研究员	中国科学院国家天文台
10	李　磊	研究员	中国科学院国家空间科学中心
11	施建成	研究员	中国科学院空天信息研究院
12	陈洪滨	研究员	中国科学院大气物理研究所
13	胡　雄	研究员	中国科学院国家空间科学中心
14	刘秋生	研究员	中国科学院力学研究所
15	王双峰	研究员	中国科学院力学研究所
16	冯　稷	研究员	中国科学院物理研究所
17	潘明祥	研究员	中国科学院物理研究所
18	康　琦	研究员	中国科学院力学研究所

续表

序号	姓名	职称	单位
19	龙　勉	研究员	中国科学院力学研究所
20	刘志恒	研究员	中国科学院微生物研究所
21	张元仲	研究员	中国科学院理论物理研究所
22	孟　新	研究员	中国科学院国家空间科学中心
23	孙丽琳	正高级工程师	中国科学院国家空间科学中心

表 1-4　空间科学预先研究项目（第二批）课题清单

序号	分类	课题名称	课题负责人	牵头单位	备注
1	空间科学任务方案	中国空间引力波探测计划任务概念研究	刘润球	中国科学院数学与系统科学研究院	—
2		红外光谱巡天空间望远镜初步方案研究	王仲翔	中国科学院上海天文台	—
3		大规模多色成像与光谱巡天设计	詹　虎	中国科学院国家天文台	—
4		先进天基太阳天文台初步方案研究	甘为群	中国科学院紫金山天文台	—
5		太阳系天体内部结构和能量探测的方法研究	郑永春	中国科学院国家天文台	—
6		大气金属层激光探测研究卫星概念研究	胡　雄	中国科学院国家空间科学中心	—
7		闪电对全球变化的响应与反馈	郄秀书	中国科学院大气物理研究所	—
8	有效载荷关键技术	软 X 射线和光学波段大视场监视器	魏建彦	中国科学院国家天文台	—
9		Y 型斐索空间干涉望远镜关键技术研究	朱能鸿	中国科学院上海天文台	—
10		高对比度空间星冕仪关键技术预研究	窦江培	中国科学院国家天文台南京天文光学技术研究所	—
11		新型高能伽马射线和电子探测方案及关键技术研究	刘树彬	中国科学技术大学	—

续表

序号	分类	课题名称	课题负责人	牵头单位	备注
12	有效载荷关键技术	大尺寸锗酸铋（$Bi_4Ge_3O_{12}$）闪烁晶体制备技术研究	王绍华	中国科学院上海硅酸盐研究所	—
13		基于光纤加 ICCD 读出的新型空间暗物质探测方案及关键技术研究	张双南	中国科学院高能物理研究所	—
14		空间磁像仪关键技术研究	屈中权	中国科学院云南天文台	—
15		太阳硬 X 射线成像望远镜关键技术研究	伍　健	中国科学院紫金山天文台	—
16		莱曼 α 望远镜和日冕仪关键技术研究	黎　辉	中国科学院紫金山天文台	—
17		热离子成分分析关键技术研究	张爱兵	中国科学院国家空间科学中心	—
18		大视场日冕仪关键技术研究	张红鑫	中国科学院长春光学精密机械与物理研究所	—
19		太阳系天体上水的探测方法	唐　红	中国科学院地球化学研究所	—
20		空间生物大分子成分质谱探测器	俞育德	中国科学半导体研究所	—
21		星载全球大气波动成像仪关键技术研究	涂　翠	中国科学院国家空间科学中心	—
22		L2 点地球大气特征的掩星观测研究	吕达仁 何　晴	中国科学院大气物理研究所	—
23	空间环境下的科学实验	空间冷原子干涉仪等效原理实验概念研究	王　谨	中国科学院精密测量科学与技术创新研究院（原名：中国科学院武汉物理与数学研究所）	—
24		空间冷原子物理实验概念研究	刘伍明	中国科学院物理研究所	—
25		空间量子相变实验概念研究	靳常青	中国科学院物理研究所	—
26		空间相变流体科学实验通用装置关键技术研究	刘秋生 赵建福	中国科学院力学研究所	—
27		空间在轨流体管理关键实验技术研究	解京昌	中国科学院力学研究所	—

续表

序号	分类	课题名称	课题负责人	牵头单位	备注
28	空间环境下的科学实验	微重力燃烧实验中的火焰结构显示和全场温度测量	戴国亮 孙志斌	中国科学院力学研究所 国家空间科学中心	—
29		湍流燃烧空间实验方案与实验技术研究	王双峰	中国科学院力学研究所	—
30		空间高温材料科学实验装置关键技术研究	潘秀红	中国科学院上海硅酸盐研究所	—
31		材料样品悬浮实验装置关键技术研究	翟光杰	中国科学院国家空间科学中心	—
32		空间实验数字全息干涉仪	段　俐	中国科学院力学研究所	—
33		落舱无拖曳控制方案研究	康　琦	中国科学院力学研究所	—
34		空间细胞生物力学工程技术平台研究	龙　勉	中国科学院力学研究所	—
35		无人航天器的微生物监控技术研究	朱宝利	中国科学院微生物研究所	—
36		地球生命对空间环境的适应与响应机制实验方案研究	刘　梅	中国科学院微生物研究所	—
37	其他	空间科学发展相关政策研究	穆荣平	中国科学院科技战略咨询研究院（原名：科技政策与管理科学研究所）	—
38		面向空间科学发展战略与组织管理的情报研究	杨　帆	中国科学院文献情报中心（原名：国家科学图书馆）	—
39		液氦温区小型机械制冷技术研究	刘彦杰	中国科学院理化技术研究所	—
40		星载光无线总线技术研究	黄永辉	中国科学院国家空间科学中心	—
41		X 射线脉冲星自主导航技术研究	郑建华	中国科学院国家空间科学中心	—

续表

序号	分类	课题名称	课题负责人	牵头单位	备注
42		电磁场与波动探测关键技术研究	任琼英	中国科学院国家空间科学中心	课题中止，未进入成果汇编
43		行星尘暴就位探测器研究	唐　萍	中国科学院国家空间科学中心	课题负责人放弃进入汇编

1.3.1　空间科学任务方案

1.3.1.1　中国空间引力波探测计划任务概念研究

承担单位	中国科学院数学与系统科学研究院		
负责人	刘润球	研究周期	2011.10—2013.9
学科从属	空间基础物理		
关键词	引力波、空间探测、激光干涉、太极计划		

课题背景：根据我国空间引力波探测的初步规划（中国科学院引力波论证组，2008），将在 20～30 年内发射空间引力波探测器，用激光干涉的方法对中低频波源（1 mHz～10 Hz）的引力波进行直接探测与研究。

与欧洲空间局（European Space Agency，ESA）激光干涉空间天线（Laser Interferometer Space Antenna，LISA）引力波探测计划相比，二者在重叠波段均对超大质量黑洞的并合、极大质量比双黑洞绕转系统和银河系内白矮星双星等开展探测；但是，中国空间引力波探测计划还将对数千颗恒星组成的星团中的小黑洞与中质量黑洞的并合，以及冷暗物质等级模型下结构形成过程中高红移处中质量黑洞之间的并合过程开展直接引力波探测。这将为理解宇宙早期演化、星系结构形成、超大质量黑洞的形成和成长等重要科学问题提供直接观测数据。

主要目标： 初步给出我国空间引力波探测计划的任务概念，确定其科学目标，以及关键载荷技术指标的匹配和可行性。

主要研究内容：

1）科学目标与干涉仪灵敏度的关系，包括天体波源分析、波源事件率及其分布估计、主要天体物理特性模拟；对典型波源的动力学模拟——主要是针对中等质量比双黑洞系统的数值相对论模拟；针对不同波源，评估多种有效载荷设计的探测能力，包括信噪比分布、参数估计的准确程度等。

2）关键科学载荷的噪声分析与模拟，包括初步方案中，光学平台、传感器、离子推进器等关键技术点的噪声分析；对初步方案做出整体评价。

代表性成果产出：

1）中国空间引力波探测计划任务概念（图 1－29）研究报告。

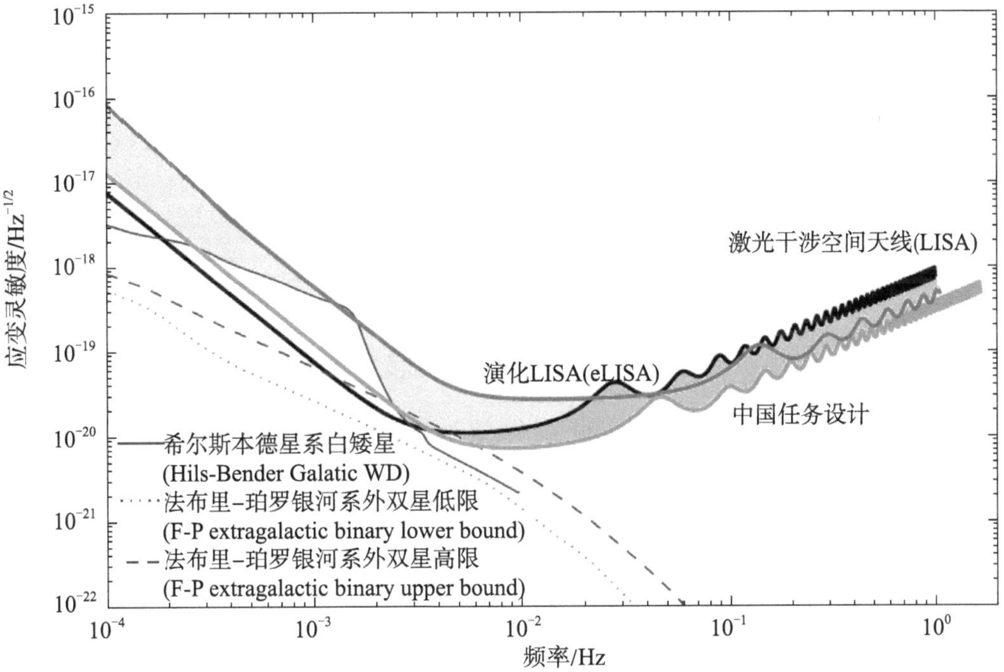

图 1－29　中国空间引力波探测计划任务概念

2）代表性论文：

[1] Gong X, Xu S, Gui S, et al. Mission design for the TAIJI misson and structure formation in early universe [J]. arXiv Preprint arXiv, 2104.

05033，2021.

［2］Gong X，Lau Y K，Xu S，et al. Descope of the ALIA mission［C］. Journal of Physics：Conference Series. IOP Publishing，2015，610（1）：012011.

［3］Gong X，Xu S，Bai S，et al. A scientific case study of an advanced LISA mission［J］. Classical and Quantum Gravity. 2011，28（9）：094012.

［4］黄双林，龚雪飞，徐鹏，等．空间引力波探测——天文学的一个新窗口［J］. 中国科学：物理学 力学 天文学，2017，47（1）：38－59.

［5］龚雪飞，徐生年，袁业飞，等．空间激光干涉引力波探测与早期宇宙结构形成［J］. 天文学进展，2015，33（1）：59－83.

后续应用：本课题所提出的任务方案被纳入中国科学院空间引力波探测太极计划。

1.3.1.2 红外光谱巡天空间望远镜初步方案研究

承担单位	中国科学院上海天文台		
负责人	王仲翔	研究周期	2011.10—2013.3
学科从属	空间天文		
关键词	红外光谱、空间望远镜、光谱巡天		

课题背景：红外天文学自 20 世纪 80 年代起步以来，至（本课题）未来 10 年内，国际上已有或规划中的空间红外望远镜计划尚无红外光谱巡天的内容。红外光谱巡天是一个独特的参数空间，是中国在国际天文领域形成自己特色、赶上国际水平的重要机遇。

主要目标：提出完整的红外空间望远镜设计方案，根据科学目标完成米级红外空间望远镜的概念性设计。

主要研究内容：根据国际红外成像巡天结果，对所有可能科学目标进行全面系统分析，从而选取确定最大化科学产出的望远镜系统设计方案。

1）主要使用美国国家航空航天局（National Aeronautics and Space Administration，NASA）宽视场红外巡天探测卫星（Wide－field Infrared

Survey Explorer，WISE）的巡天图像数据，通过计算模拟，分析判断太阳系、银河系和星系中各类天体源的可观测性。

2）确定主要及次级科学目标。

3）初步确定红外光谱巡天望远镜的各项技术指标和具体工作模式，最终提出完整的红外空间望远镜设计方案。

代表性成果产出：

1）红外光谱巡天空间望远镜初步方案（图 1-30）研究报告、红外科学目标分析研究报告。

2）代表性论文：

Tu X，Wang Z X. Classification study of WISE infrared sources: identification of candidate asymptotic giant branch stars [J]. Research in Astronomy and Astrophysics，2013，13（3）：323-333.

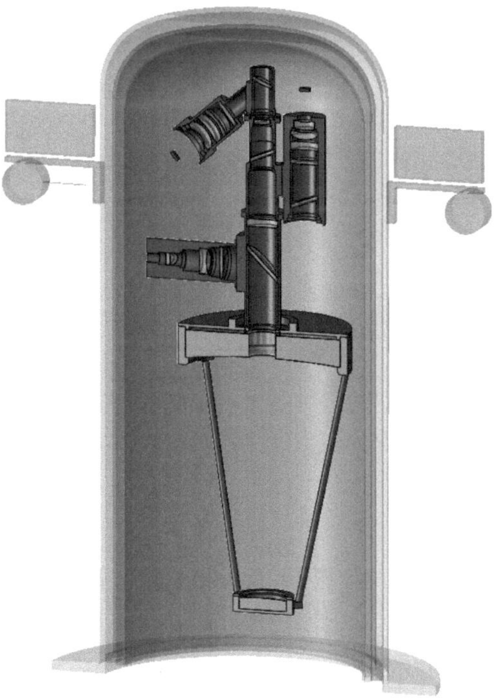

图 1-30　红外光谱巡天空间望远镜初步设计

后续应用：

1）为我国红外天文仪器设计提供参考，推动我国红外天文望远镜技术和红外天文研究的发展。

2）有望填补我国在红外空间望远镜研究，特别是红外光谱巡天空间望远镜研究方面的空白。

3）以 WISE 数据为基础的初步科学目标数据库模型，可为类似科学目标科学任务预研奠定基础。

1.3.1.3 大规模多色成像与光谱巡天设计

承担单位	中国科学院国家天文台		
负责人	詹虎	研究周期	2011.10—2013.9
学科从属	空间天文		
关键词	空间望远镜、多色成像、光谱巡天、大规模巡天		

课题背景：大型巡天是国际空间天文学的重点发展方向之一。高精度大样本的巡天观测将大力推动暗物质、暗能量、天体起源与演化等天文学和物理学基础问题的研究。国际上已有的巡天计划中，空间巡天项目主要观测近红外波段，地基巡天项目主要观测可见光波段，尚无大型的高分辨率可见光与近紫外深度巡天计划。

主要目标：通过对国际形势与技术条件的深入调研和对观测效果的模拟与分析，形成一个指标先进、技术可行，在宇宙学、星系科学和银河系结构研究方面，都有很强国际竞争力的空间多色成像和无缝光谱深度巡天的初步计划。

主要研究内容：

1）对于硬件建立模型，参考已有空间望远镜的空间观测背景噪声和宇宙线的统计，编写较为通用的空间望远镜曝光时间计算器，用于巡天计划和硬件参数范围的初步选择。

2）通过从宇宙学到图像以及光谱的模拟，实现有针对性的模拟观测系统。

3）利用该系统对望远镜巡天观测能力进行评估和反馈，从而确定具体的指标，实现望远镜光学系统、相机和巡天方案的优化设计。

代表性成果产出：

1）大规模多色成像与光谱巡天望远镜光学系统与相机设计报告、大规模多色成像与光谱巡天方案设计报告。

2）“空间望远镜曝光时间计算器”软件、“空间望远镜模拟观测系统”软件。

后续应用：

1）对我国空间天文发展布局极富参考价值，为我国在下一代大规模巡天工作中处于国际领先地位打好基础。

2）为中国载人空间站工程重大科学项目——巡天空间望远镜（CSST，2 m 口径，2013 年立项，预计 2024 年投入科学运行）的前期论证提供了有力支持（图 1-31）。

图 1-31　CSST 在轨运行效果（中国科学院长春光学精密机械与物理研究所提供）

1.3.1.4　先进天基太阳天文台初步方案研究

承担单位	中国科学院紫金山天文台		
负责人	甘为群	研究周期	2011.10—2012.9
学科从属	空间天文		
关键词	太阳物理、空间太阳天文台、太阳活动峰年		

课题背景：我国早在 20 世纪 70 年代末就提出并实施旨在观测太阳的“天文 1 号”卫星计划，后因国家政策调整终止研制。20 世纪 90 年代又自主提出空间太阳望远镜（Space Solar Telescope，SST）计划，历经国际合作、关键技术攻关等多个阶段，于 2011 年将其更名为“深空太阳天文台”（Deep－space Solar Observatory，DSO），但未能立项。“十一五”期间，中法合作太阳爆发探测小卫星（Small Explorer for Solar Eruptions，SMESE）由国防科学技术工业委员会遴选立项，但在完成了 A 阶段研究后，由于国际合作方的原因被迫终止。此外，“夸父计划”也因国际合作伙伴退出而暂缓立项。先进天基太阳天文台（Advanced Space－based Solar Observatory，ASO－S）期望以太阳活动第 25 周峰年（2020—2024 年）观测为突破口，实现我国太阳峰年观测卫星零的突破。

主要目标：

1）围绕太阳活动第 25 周峰年，提出 ASO－S 的科学目标和探测方案。

2）初步开展可行性研究，完成“先进天基太阳天文台”概念性研究报告。

主要研究内容：

1）调研国际上已有的数十颗太阳观测卫星的有效载荷配置、探测能力、科学成果以及与太阳峰年观测的关系，总结空间太阳观测的发展路径，尤其是太阳活动峰年观测卫星的发展趋势。

2）调研国际上至 2020 年左右太阳观测卫星计划、对太阳活动峰年观测的作用及可能进展，特别关注其科学目标和有效载荷组成。

3）提出 ASO－S 的科学目标。

4）研究 ASO－S 有效载荷配置及实现途径。

5）完成 ASO－S 初步方案设计报告（概念性研究报告）。

代表性成果产出：

1）先进天基太阳天文台初步方案（图 1－32）报告。

2）代表性论文：

甘为群，黄宇，颜毅华．太阳空间探测的过去与未来［J］．中国科学：物理学 力学 天文学，2012，42（12）：1274－1281.

后续应用： 本课题是与空间科学预先研究项目（第二批）其他3个课题，也是该任务的3个载荷，即全日面矢量磁像仪（FMG）、太阳硬X射线/伽马射线成像望远镜（Hard X－ray Imager，HXI）和莱曼阿尔法太阳望远镜（Lyman－α Solar Telescope，LST），作为一个整体打包提出的。

这4个课题，即太阳硬X射线成像望远镜关键技术研究、莱曼阿尔法望远镜和日冕仪关键技术研究、滤光器型空间磁像仪关键技术深化研究，以及本课题的同步协调和实施，证明了ASO－S科学卫星方案的先进性和可行性，直接推动其在2014年进入背景型号项目研究，并最终在2017年年底获得科学卫星工程批复立项实施。

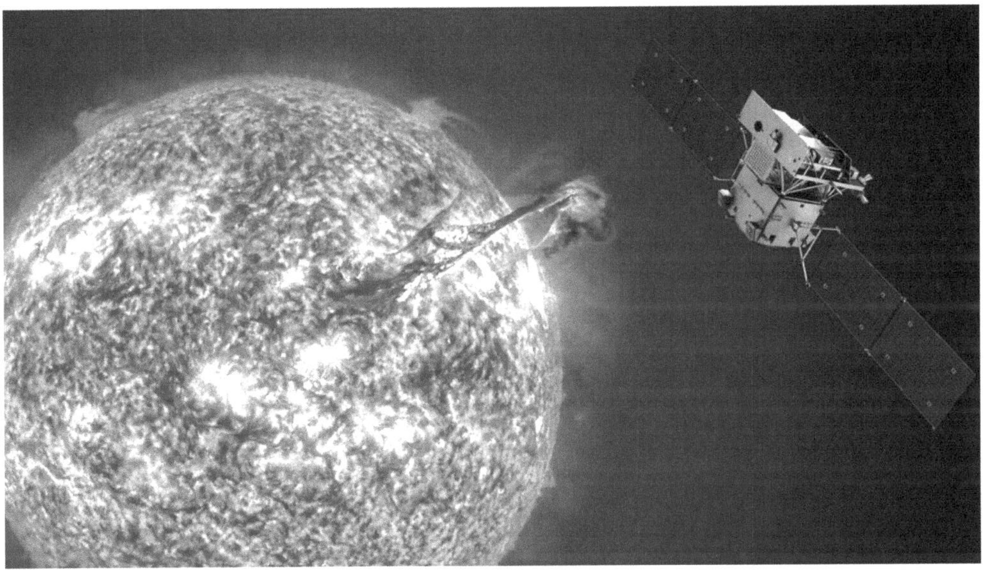

图1－32　先进天基太阳天文台任务（ASO－S）艺术效果

1.3.1.5　太阳系天体内部结构和能量探测的方法研究

承担单位	中国科学院国家天文台		
负责人	郑永春	研究周期	2011.10—2012.9
学科从属	行星科学		
关键词	太阳系、天体内部结构和能量、天体表面穿透器、行星探测		

课题背景：太阳系天体的内部结构和内部能量是研究天体起源和演化的重要信息源，但目前对太阳系天体的探测主要集中在表面物质成分、地形地貌、空间环境等方面，对其内部结构和能量的探测还非常欠缺。

在当前技术条件下，载人登陆地外天体埋设探测设备或开展超深钻探均非常困难。研制可侵彻天体表面一定深度的穿透器，将传感器埋入天体次表层开展深部结构、内部热流等参数的就位探测，成为获取天体内部信息的主要手段。

国际上迄今尚无成功实施的天体表面穿透器计划，但美国、日本、俄罗斯、英国等均提出各自的穿透器探测计划，具有明确的发展前景。

主要目标：凝练并提出天体表面穿透器的科学目标，根据科学目标提出有效载荷配置方案；提出一种能从深空探测器平台分离、穿透并埋入天体表面一定深度，进行科学探测和数据回传的新型有效载荷——天体表面穿透器的初步设计方案，并开展计算机仿真分析。

主要研究内容：

1）天体表面穿透器的科学目标研究，提出天体内部结构和热流探测的关键科学问题，凝练科学目标，分析实现科学目标所要求的穿透器数量、埋设深度、有效工作时间和优选埋设位置。

2）天体表面穿透器的有效载荷需求及其方案设计，包括天体振动测量仪和热流探测仪的技术指标分析和初步设计。

3）天体表面穿透器的总体方案设计，包括穿透器主要技术的指标要求、能源需求分析和分配，有效载荷的数据量估算和数据处理要求，以及穿透器与轨道器之间的数传方式与码速率。

4）穿透器平台研制，确定倾斜仪、加速度计、无线电发射和接收天线、能源供应和分配子系统、数据存储和处理子系统。

代表性成果产出：

1）天体表面穿透器（图 1－33）总体方案论证研究报告、太阳系天体内部结构和能量特征研究报告、穿透器侵彻天体表面过载仿真计算分析报告。

2）代表性论文：

[1] Tsang K T，Zheng Y C，Chan K T. Chang'E microwave brightness temperature data and lunar surface characteristics [J]. Texas：44th Lunar and Planetary Science Conference，2013：1947.

[2] Zheng Y C，Tsang K T，Chan K L. The first microwave map of the complete moon [G]. // Wing - Huen Ip，Zesheng Tang. New Advances in Lunar and Planetary Exploration，Proceedings of International Symposium on Lunar Science 2012. Macau：Macau University of Science and Technology，2012：138 - 148.

[3] 郑永春，陈炯林，曾镜涛，等 . Brightness temperature model of the Moon：temporal and spatial variation [C]. 桂林：第十届全国月球科学与比较行星学、陨石学与天体化学学术研讨会，2012：57 - 62.

后续应用： 希望通过任务实施，为获取天体内部结构和能量的第一手观测数据、加深对月球和行星的科学认知做出贡献。

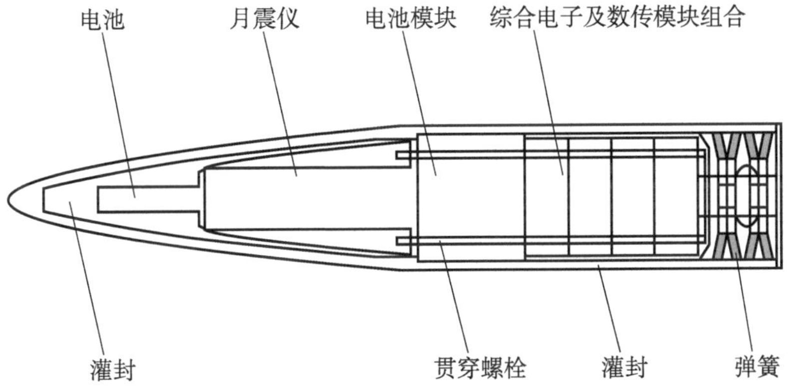

图 1 - 33　天体表面穿透器结构

1.3.1.6　大气金属层激光探测研究卫星概念研究

承担单位	中国科学院国家空间科学中心		
负责人	胡雄	研究周期	2011. 10—2013. 9
学科从属	空间地球科学		
关键词	大气金属层、激光雷达、全球气候		

课题背景： 大气金属层是宇宙尘埃与地球大气层相互作用和长期演化的结果，对全球气候变化非常敏感。

大气金属层探测卫星可为精确估计地外宇宙尘埃的输入通量、进一步探索宇宙尘埃与气候变化的关系提供支持。

主要目标： 提出开展 75～115 km 地球大气金属层探测的科学卫星任务新概念，尤其是激光雷达探测的概念，完成初步方案设计。

主要研究内容：

1）开展地球大气金属层与星际宇宙尘埃、大气成分输送和全球气候变化关系的科学意义论证。

2）开展大气金属层（成分、温度和风场）探测所需的有效载荷技术调研。

3）开展大气金属层探测卫星有效载荷配置方案研究，包括开展大气金属层激光探测的技术方案论证。

4）进行大气金属层激光探测卫星初步方案设计。

代表性成果产出：

1）大气金属层激光探测研究（图 1 - 34）卫星初步设计方案报告。

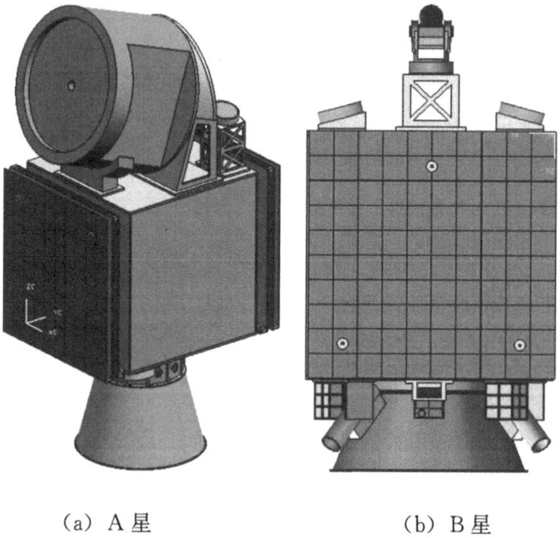

(a) A星　　(b) B星

图 1 - 34　大气金属层激光探测研究任务 A 星（钠激光雷达）和 B 星初步构型及布局

2）代表性论文：

[1] 吴小成，胡雄，闫召爱，等．大气金属层探测卫星研究 [J]. 测绘通报，2014 (S1)：73－75.

[2] 郭商勇，胡雄，闫召爱，等．国外星载激光雷达研究进展 [J]. 激光技术，2016，40 (5)：772－778.

后续应用： 为进一步开展大气金属层激光探测卫星研究和相关有效载荷关键技术攻关奠定基础，为我国空间科学发展提供了新的卫星任务概念。

1.3.1.7　闪电对全球变化的响应与反馈

承担单位	中国科学院大气物理研究所		
负责人	郄秀书	研究周期	2011.10—2013.9
学科从属	空间地球科学		
关键词	对流层闪电、中高层大气、瞬态发光事件、临近空间		

课题背景： 对流层闪电作为一种重要的天气过程和气象灾害一直是大气电学研究的重要内容，而中高层大气瞬态发光事件（Transient Luminous Events，TLEs）则是 20 世纪 90 年代新发现的一类与对流层雷暴和闪电密切相关的大空间尺度瞬态放电现象，主要发生于对流层顶到低电离层之间，包括红色精灵/红闪（Red Sprites）、蓝色喷流（Blue Jet）、圆环状放电淘气精灵（Elves）、巨大喷流（Gigantic Jet）和光晕（Halo）等。

多种形态大空间尺度 TLEs 的发现，预示着在对流层、平流层、中间层、低热层，甚至磁层等上下大气层之间存在脉冲式能量交换，对中高层大气状态和全球气候变化有重要影响。然而，人类目前对 TLEs 产生机制的认识还十分有限，研究其时空分布与产生机制具有重要科学意义。同时，由于 TLEs 的发生区域与临近空间的大气高度范围（地表以上20～100 km）基本一致，因此探测和研究 TLEs 对临近空间的开发利用也有重要的实用价值。

主要目标： 围绕大气闪电和气候变化，开展闪电（对流层闪电和中高层瞬态发光事件）探测技术研究，为我国在本领域实现从理论研究、有效载荷设计、卫星研制发射，到观测数据的处理、产品反演与应用提供支持。

主要研究内容：

1）开展国内外发展趋势调研，包括已有闪电探测卫星和闪电空间探测技术，了解星上有效载荷的工作原理、探测参量、工作方式等，跟踪规划中的相关国际空间探测计划的进展。

2）提出我国闪电探测卫星主要有效载荷配置方案。

3）提出对卫星平台的需求，给出卫星的相关参数和技术指标。

4）综合考虑已有闪电探测卫星及其主要有效载荷配置方案，完成我国闪电探测卫星的初步方案设计报告（图 1－35）。

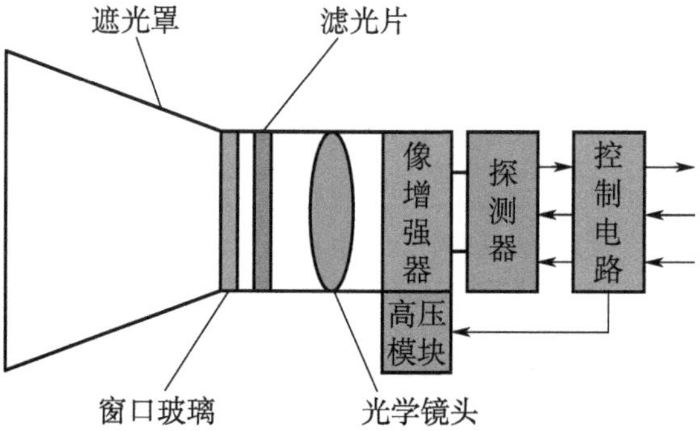

图 1－35　闪电探测卫星光学探测有效载荷系统构成

代表性成果产出：

1）闪电探测卫星初步设计方案报告。

2）代表性论文：

[1] Liu C，Feng G L. Case studies of sprite－producing and non－sprite－producing summer thunderstorms [J]. Advances in Atmospheric Sciences，2013，30（6）：1786－1808.

[2] Liu D X，Qie X S，Pan L X，et al. Some characteristics of lightning activity and radiation source distribution in a squall line over north China [J]. Atmospheric Research，2013（132－133）：423－433.

[3] 朱润鹏，袁铁，李万莉，等. 基于卫星观测资料的全球闪电活动特征研究 [J]. 气候与环境研究，2013，18（5）：639－650.

后续应用：

1）为临近空间飞行器设计和飞行提供中高层大气电环境预警和安全保障，为我国闪电空间探测、地球系统科学与全球变化研究提供参考，促进我国脉冲类目标探测载荷技术和设备研制的发展。

2）填补国内在瞬变弱信号多光谱空间观测、多波段光谱辐射定标等多个领域的技术空白，缩小我国在相关领域的理论研究和技术研发与国际先进水平的差距。

1.3.2　有效载荷关键技术

1.3.2.1　软 X 射线和光学波段大视场监视器

承担单位	中国科学院国家天文台		
负责人	魏建彦	研究周期	2011.10—2013.9
学科从属	空间天文		
关键词	软 X 射线望远镜、LIGA 技术、宽视场光学相机		

课题背景： 高红移伽玛暴、黑洞潮汐吞噬（Tidal Disruption Events，TDE）、超新星激波暴、引力波暴对应体的观测研究是未来 10～20 年国际天文界的热点研究领域，特别是高红移伽玛暴、黑洞潮汐吞噬等，美国、欧盟都分别提出了类似的研究计划设想。

主要目标：

1）完成软 X 射线和光学波段大视场监视器科学目标初步论证，并在此基础上完成载荷方案、卫星方案的论证。

2）探索基于折射/衍射光学原理的宽视场光学相机所需的关键技术，和基于光刻、电铸和注塑（Lithographie Galvanoformung Abformuny，LIGA）技术深度同步辐射光刻技术研制微通道板光学（Micro Pore Optic，MPO）片结构所需的关键技术。

主要研究内容：

1）进一步梳理主要科学目标，并细化论证主要科学目标对卫星和载荷的技术需求；开展对科学载荷的工作波段、探测视场、探测灵敏度等的论证，并对一些关键技术进行攻关，研究宽视场光学相机的优化设计方案；论证对卫星轨道、指向、稳定度等关键技术需求及其可行性。

2）开展MPO片LIGA技术（图1-36）深度同步辐射光刻所需要的高侧壁光滑度X光掩模的研制，包括电子束进行过渡X光掩模的工艺研究，以及利用同步辐射纳米X光光刻技术复制LIGA技术的深度光刻X光掩模，以获得结构侧壁高光滑度的掩模结构。

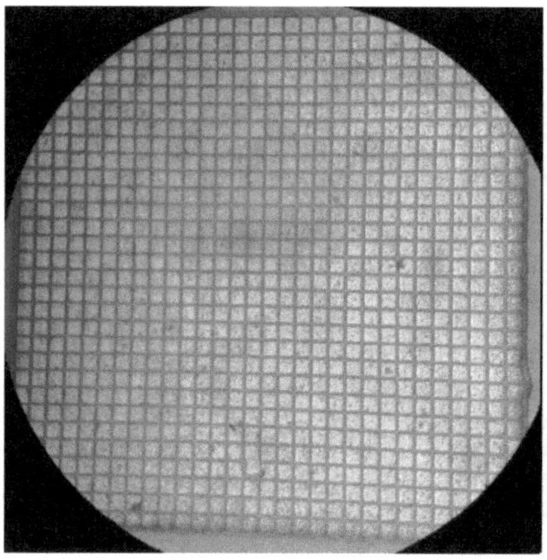

（a）方格边长48 μm，间距12 μm

（b）方格边长500 μm，间距100 μm

图1-36 基于LIGA技术的MPO金属结构样品照片

3）开展宽视场光学望远镜相机的设计和可行性研究，特别是开展基于折射/衍射原理的宽视场光学相机方案设计研究，比较此设计方案相对于传统透射方案和反射方案在光学性能指标、质量、体积等方面的优缺点；研究在国内相关单位研制其关键部件的技术可行性，并开展相关关键技术和工艺研究。

代表性成果产出：

1）软X射线和光学波段大视场监视器科学目标论证报告、软X射线和光学波段大视场监视器载荷方案论证报告、软X射线和光学波段大视场监视器卫星初步方案论证报告（图1-37）。

2）代表性论文：

[1] Zhai M, Wei J Y. Intra-night optical multiband variability of BL Lacertae during the 2011 outburst [J]. Astronomy & Astrophysics, 2012

(538): A125.

[2] Wang J, Zhou X L, Wei J Y. Insight into active galactic nucleus and host galaxy co-evolution from hard X-Ray emission [J]. The Astrophysics Journal, 2013, 768 (2): 176.

[3] Wu X F, Gao H, Ding X, et al. A double neutron star merger origin for the cosmological relativistic fading source PTF11agg? [J]. The Astrophysics Journal, 2013, 781 (1): L10.

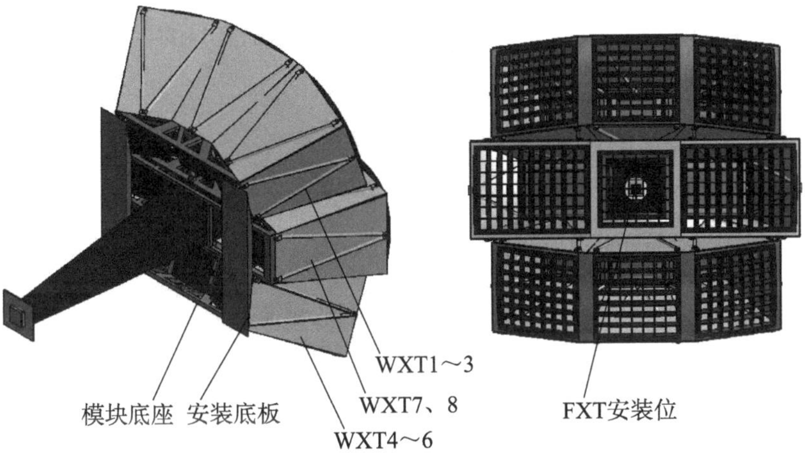

图 1-37　软 X 射线和光学波段大视场监视器载荷方案设计

后续应用： 以此为基础，已获得国家自然科学基金 800 万元的后续研究支持，为我国其他空间科学项目和相关国家需求项目提供技术支撑。

1.3.2.2　Y 型斐索空间干涉望远镜关键技术研究

承担单位	中国科学院上海天文台		
负责人	朱能鸿	研究周期	2011.10—2013.9
学科从属	空间天文		
关键词	空间干涉望远镜、干涉成像复原、双孔径		

课题背景： 空间观测避免了地球大气吸收效应、地球大气湍流效应和重力影响，但大口径空间望远镜受限于发射对载荷及成本的要求。斐索（Fizeau）空间望远镜在一定程度上能弥补上述不足，符合当前我国技术和财力方面的国

情，又能产生较好的科学与社会效益。另外，斐索光干涉技术具有的大视场、高分辨率等优势，可用于天体测量学、天体物理学和天体生物学等多个前沿领域的研究。

主要目标： 设计一种用于高分辨率天文观测的共机架形式的 Y 型斐索空间干涉望远镜。终端设备除光学波段成像外，兼顾近红外成像。

主要研究内容： 开展 2 m Y 型斐索空间干涉望远镜（理论空间分辨率 0.07″）的关键技术研究，包括：

1）机械结构的轻质量化和适应于空间干涉条件下的结构分析（望远镜固有频率≥20 Hz）。

2）内部光程差高精度测量与等光程控制技术（将系统相对光程差控制在 1/10 波长之内）。

3）干涉图像复原技术（对于 512×512 像元大小图像，基于 Intel Xeon W3550 3.06 GHz 计算平台的迭代运算时间优于 1 min）。

代表性成果产出：

1）Y 型斐索空间干涉望远镜（图 1－38 和图 1－39）关键技术研究报告。

图 1－38　Y 型斐索空间干涉望远镜结构的三维仿真

2）独立双孔径望远镜干涉成像实验平台 1 套。

3）代表性论文：

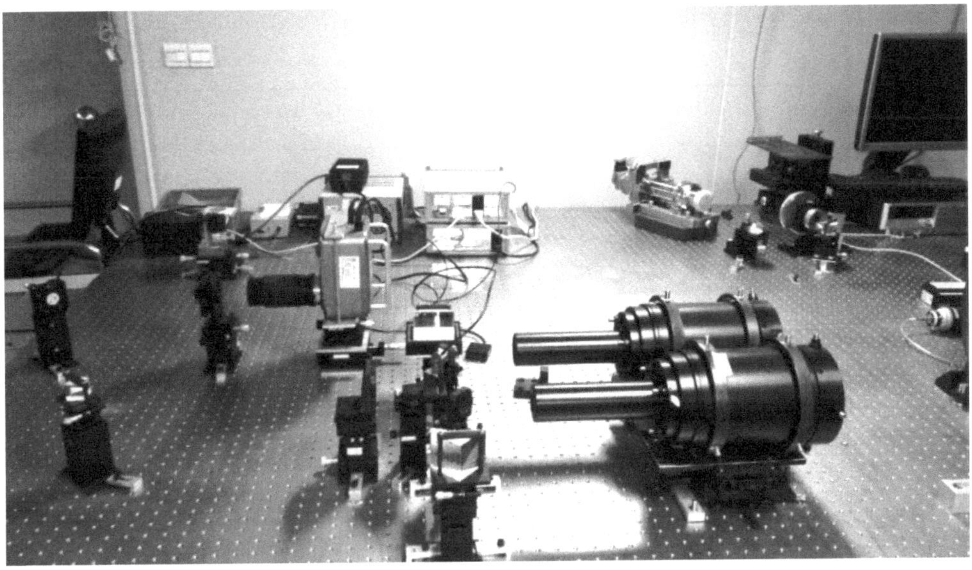

图 1－39　Y 型斐索空间干涉望远镜独立双孔径干涉光路实物

[1] 王超燕，陈欣扬．光干涉条纹检测中的一种并行迭代相位解缠算法应用研究 [J]. 中国科学院上海天文台年刊，2012 (33)：74－82.

[2] Zhu N H，Chen X Y. Conceptual design of a fizeau optical synthetic aperture telescope [J]. Proceedings of 2013 OHP International Colloquium，2013：59－65.

[3] Wang C Y，Chen X Y，Zheng L X，et al. The experiment to detect equivalent optical path difference in independent double aperture interference light path based on step scanning method [J]. Proceedings of SPIE，2014，9272：92721E－21E.

[4] Ding Y Y，Chen X Y，Wang C Y. Image reconstruction in Fizeau interferometry [C]. Proceedings of SPIE，2014，9273：92733C6.

后续应用：

1）为我国未来空间天文的高分辨率观测提供一种兼顾成本和科学产出的方案。

2）推动我国乃至世界上第一台真正应用于实际天文观测的空间光干涉望远镜。

1.3.2.3 高对比度空间星冕仪关键技术预研究

承担单位	中国科学院国家天文台南京天文光学技术研究所		
负责人	窦江培	研究周期	2011.10—2013.9
学科领域	空间天文		
关键词	系外行星、类木行星、星冕仪、高对比度直接成像、光瞳调制技术、相位校正技术		

课题背景：高对比度成像技术是一种天体物理测量手段。高对比度星冕仪能够抑制来自亮源的衍射光和散斑噪声抑制，使得直接探测隐藏在亮源附近的极暗弱天体成为可能。进一步对该目标进行光谱分析，能够获取重要物理信息。

主要目标：对高对比度空间星冕仪研发中的关键技术问题进行预研，初步确定适于空间望远镜结构的高对比度成像理论设计方案，建立高对比度成像实验系统，验证星冕仪概念性设计方案的可行性，完成分别基于带状滤光片和液晶阵列实时光瞳调制技术可行性研究，确定制约系统高对比度成像的误差来源，完成系统静态波像差探测算法及校正技术的理论和初步实验。

主要研究内容：

1）高对比度成像理论设计方案研究。

2）高对比度成像星冕仪实验验证。

3）基于液晶阵列的实时光瞳调制新技术研究。

4）系统静态波像差校正算法及实验研究。

代表性成果产出：

1）高对比度空间星冕仪概念性设计方案报告，高对比度空间星冕仪关键技术可行性研究和演示实验报告。

2）高对比度空间星冕仪原理实验系统（图 1－40～图 1－42）一套，技术指标优于任务书 10 倍。

3）代表性论文：

[1] Ren，D Q，Zhu Y T. A solar adaptive optics system [J]. Adaptive

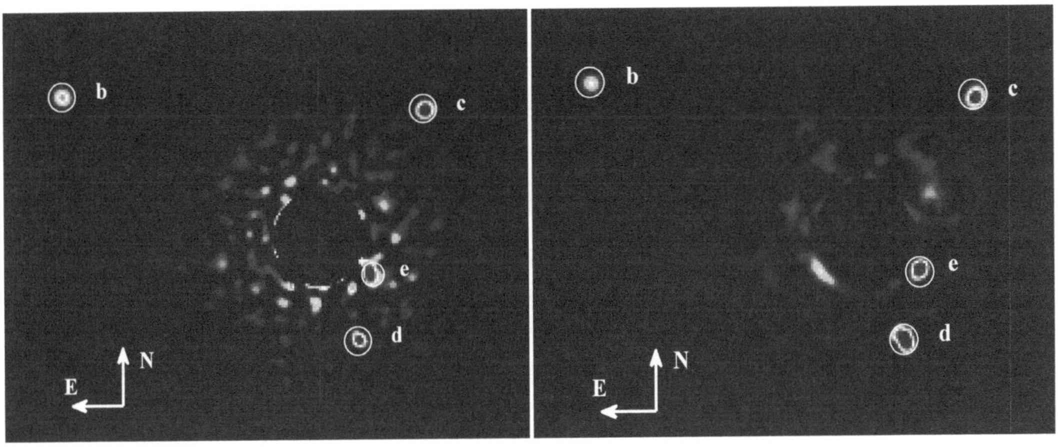

图 1-40　国内首次处理出的围绕 HR8799 的 4 颗已知系外行星

图 1-41　系外行星呈现关键技术实验平台

Optics Progress，2012：23～40.

[2] Ren D Q，Dou J P，Zhang X，et al. Speckle noise subtraction and suppression with adaptive optics coronagraphy imaging [J]. The Astrophysical Journal，2012 (753)：99.

[3] Zhang X，Ren D Q，Zhu Y T，et al. An active coronagraph using a liquid crystal array for exoplanet imaging：principle and testing [J]. Research in Astronomy and Astrophysics，2012，12 (5)：591-600.

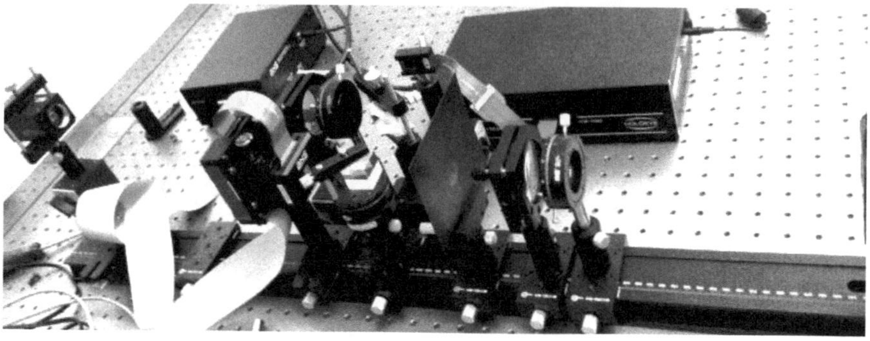

图 1－42　基于双液晶的主动光瞳调制实验

［4］Ren D Q，Dong B，Zhu Y T， et al. Correction of non－common path error for extreme adaptive optics ［J］. Astronomical Society of the Pacific，2012 (124)：247－253.

［5］Ren D Q，Dong B. Demonstration of portable solar adaptive optics system ［J］. Optical Engineering，2012 (51)：101705.

后续应用：

1）填补了我国系外行星直接成像关键技术研究领域的空白，自主研发的高对比度成像星冕仪在成像探测区域等方面处于国际领先水平，为未来开展空间系外行星天文成像观测以及系外生命的搜寻和确认工作奠定技术基础。

2）该课题于 2014 年获得国家自然科学基金重点项目支持（2015—2019）：系外类地行星空间天文成像关键技术研究（编号：11433007）。

3）为未来空间科学任务开展系外冷行星直接成像奠定了重要技术基础。

1.3.2.4　新型高能伽马射线和电子探测方案及关键技术研究

承担单位	中国科学技术大学		
负责人	刘树彬	研究周期	2011.10—2013.9
学科从属	空间天文		
关键词	暗物质、空间探测、高能伽马射线		

课题背景：寻找和研究暗物质粒子的物理本质、宇宙线传播和加速机制，是空间科学领域的关键科学问题。本课题在暗物质粒子探测卫星目前的设计方

案的基础上，对伽马和电子望远镜的设计方案进行优化，提出暗物质粒子探测的新概念和设计方案。

主要目标：

1）为新一代的星载高能（5 GeV～10 TeV）电子和伽马射线探测装置的建造开展预先研究，针对与高能电子、光子的能量精确测量以及排除质子等强子背景有关的若干关键技术（包括探测器和读出电子学）开展预先研究。

2）突破从大量的宇宙射线本底中探测高能伽马射线和电子信号的技术，提高探测器的灵敏度，并开展高能段探测器标定方法的研究。

3）通过模拟为新型星载高能电子、伽马的探测装置的设计提供物理依据。

主要研究内容：

1）研究目前所有可能的暗物质模型，以及各种模型下产生的可探测信号。

2）根据各种模型产生的可探测信号，提出各种可探测特征指标，包括时间、能量、空间等特征。

3）根据各种模型产生的信号特征，提出暗物质探测器技术方案。高分辨观测高能电子和伽马射线能谱及其空间分布，测量粒子入射方向和能量，将电子、伽马射线和宇宙线本底区分清楚。

代表性成果产出：

1）暗物质粒子探测器方案设计报告、空间高能电子和伽马探测器关键技术攻关及标定报告。

2）反符合探测器（图 1－43）、硅微条阵列（图 1－44）、穿越辐射探测器（图 1－45）、预簇射图像量能器（图 1－46）、锗酸铋（$Bi_4Ge_3O_{12}$，BGO）量能器（图 1－47）。

3）代表性论文：

[1] Xiang T，Jin X，Dong J N，et al. Study of linearity for a high dynamic range calorimeter [J]. Chinese Physics C，2014，38（4）：70－74.

[2] 项天，金西，董家宁，等．大动态范围闪烁晶体荧光模拟器的设计[J]. 光学精密工程，2014，22（2）：304－310.

[3] Dong J N，Zhang Y L，Zhang Z Y，et al. Position－sensitive plastic

scintillator detector with WLS - fiber readout [J]. Nuclear Science and Techniques，2018 (29)：117.

后续应用：

1）对暗物质粒子探测卫星（Dark Matter Particle Explorer，DAMPE）设计起到了指导作用，协助了其硅探测器的方案调整，对提高暗物质空间间接探测技术水平有积极的推动作用和重要的科学意义。

2）设计的基于塑料闪烁体和波长位移光纤的反符合探测器，有望在下一代大型空间高能伽马探测实验装置中得到应用。

图 1 - 43　新型高能伽马射线和电子探测任务反符合探测器

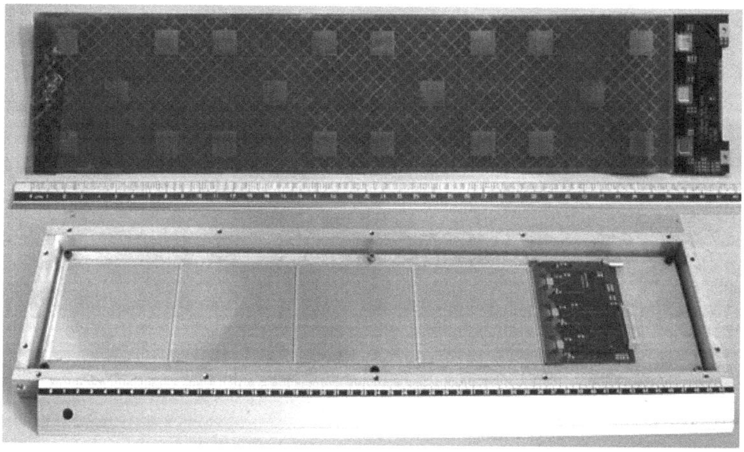

图 1 - 44　新型高能伽马射线和电子探测任务硅微条阵列

xy–组合的MMGCxy
有效面积：50 mm×50 mm
漂移间隙：mm
雪崩间隙：100 μm

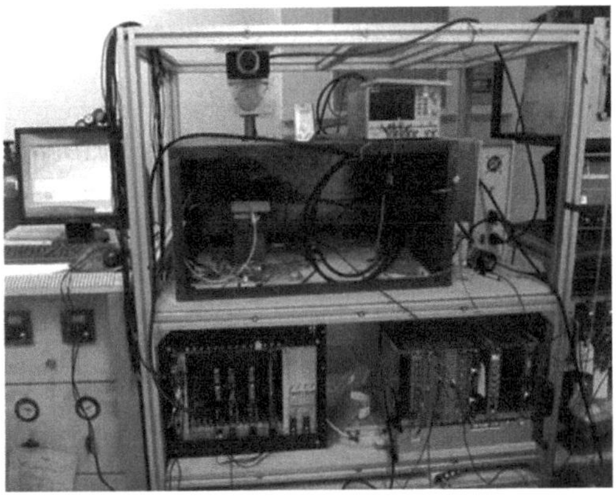

测试系统，Cu–KX，55Fe，
SFE放大、成行；HPTDC

图 1 - 45　新型高能伽马射线和电子探测任务穿越辐射探测器

图 1 - 46　预簇射图像量能器

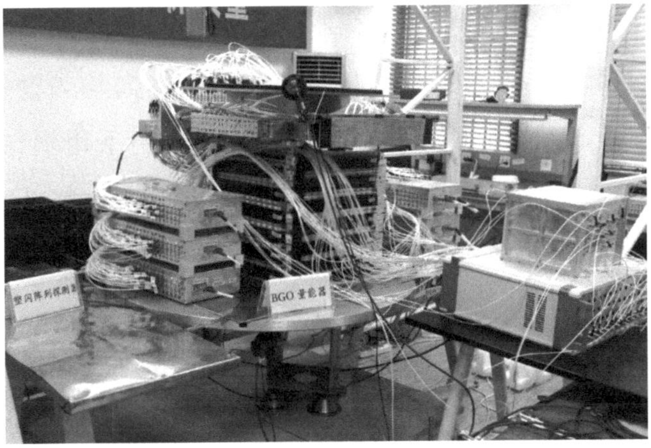

图 1 - 47　BGO 量能器

1.3.2.5 大尺寸锗酸铋（$Bi_4Ge_3O_{12}$）闪烁晶体制备技术研究

承担单位	中国科学院上海硅酸盐研究所		
负责人	王绍华	研究周期	2011.10—2013.9
学科从属	空间天文		
关键词	BGO晶体制备、暗物质粒子间接探测		

课题背景： 暗物质的存在已被大量天文观测数据所证实，但至今尚未被直接探测到，揭开暗物质之谜有望成为继相对论和量子力学之后的又一次重大科学突破。我国于2015年发射的“悟空”号暗物质粒子探测卫星（DAMPE）采用了308根尺寸为25 mm×25 mm×600 mm的大尺寸锗酸铋（BGO）闪烁晶体作为核心探测部件，作为高能宇宙线和暗物质可能湮没产物作用的直接媒介。本课题瞄准“悟空”对超长BGO闪烁晶体研制的迫切需求，开展了大尺寸BGO闪烁晶体的关键制备技术研究工作，为DAMPE卫星电磁量能器用超长BGO晶体的批量化制备奠定了研究基础。

主要目标： 突破大尺寸锗酸铋闪烁晶体制备技术瓶颈，制备出满足我国空间暗物质粒子间接探测用的600 mm超长BGO晶体，建立起直接生长制备或热键合制备的工艺制度，建立起能完成超长晶体的加工和测试平台及工艺制度，为空间暗物质粒子探测用超长晶体后续批量制备奠定理论和实践基础。

主要研究内容：

1）大尺寸晶体直接生长与热键合制备：包括生长炉结构设计和制作（隔热材料选择、发热体功率、位置）、温度场结构（横向均匀性区域和合适温度梯度）设计与制作、生长用大尺寸铂金坩埚及配套引下坩埚结构设计和制作、晶体生长工艺（升温、保温、加温、降温和下降速率）、热处理设备设计及制作（加压方式、测温方式和温度场设计）、热处理工艺（温度、压力、时间）、键合后晶体退火工艺制度。

2）大尺寸晶体加工技术：包括加工夹具设计和制作，以及晶体加工工艺与影响因素研究。

3）大尺寸晶体的表征、性能测试研究：包括光学透过性能，以及光输出和能量分辨性能研究。

代表性成果产出：

1）大尺寸锗酸铋闪烁晶体制备技术研究报告。

2）代表性论文：

[1] Ji Z M, Ni H H, Yuan L Y, et al. Investigation of optical transmittance and light response uniformity of 600 - mm - long BGO crystals [J]. Nucl. Instrum. Methods Phys. Res. A, 2014 (753): 143 - 148.

[2] Ji Z M, Ni H H, Yuan L Y, et al. Correlation between light response uniformity and longitudinal transmission in 600mm BGO Crystals [J]. Key Engineering Materials, 2015 (633): 277 - 280.

[3] Yuan L Y, Ni H H, Ji Z M, et al. High light response uniformity in industrial growth of 600 - mm - long BGO crystals for dark matter particle explorer [J]. IEEE Transactions on Nuclear Science, 2018 (65): 1403 - 1407.

3）代表性专利：

[1] 王绍华，倪海洪，周里华，等．下降法生长500～1 000 mm长锗酸铋晶体的装置与方法：ZL201210322219.4 [P]. 2012 - 11 - 21.

[2] 陈俊锋，王绍华，倪海洪，等．宽板状锗酸铋闪烁晶体及其在辐射探测领域中的应用：ZL201210322231.5 [P]. 2013 - 01 - 09.

[3] 倪海洪，王绍华，周里华，等．下降法生长宽板状锗酸铋晶体的生长装置与方法：ZL201210322557.8 [P]. 2012 - 12 - 19.

后续应用：

1）本课题发展的制备技术应用于我国“悟空”号暗物质粒子探测卫星用600 mm长晶体的批量化制备（图1 - 48），突破了原料合成、设备搭建、晶体生长、晶体加工以及性能表征等关键技术，实现了600 mm超长BGO晶体的成功制备与量产（图1 - 49），全球独家为“悟空”号卫星项目提供650根超长BGO晶体；系统研究了影响BGO晶体光透过和光响应均匀性的诸多因素，为卫星关键分系统——BGO量能器用超长晶体性能指标的确立和数据处理方案的制订做出了关键性贡献，保障了“悟空”号国际领先水平的伽马光子探测功能。

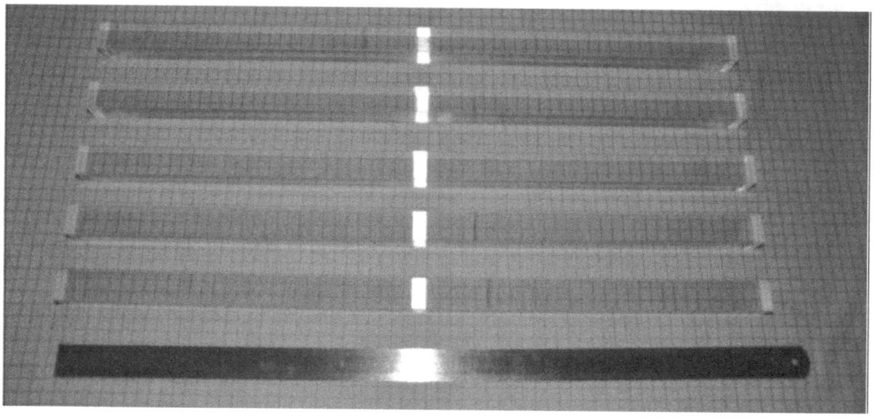

图 1-48　批量制备的 600 mm 超长锗酸铋闪烁晶体

图 1-49　610 mm×280 mm×30 mm 超大截面 BGO 晶体

2）本课题发展的大尺寸晶体制备技术助力甚大面积伽马射线空间望远镜（Very Large Area Gamma-ray Space Telescope，VLAST）用米级超长 BGO 和高探测效率宽板状 BGO 晶体的研究、开发与应用研究工作。项目突破的大尺寸晶体制备技术为人工晶体领域的通用性技术，可用于获取常规生长工艺难以获取的异形和大尺寸晶体，为 VLAST 预研米级超长晶体和 160 mm×65 mm×330 mm 等宽板状 BGO 的成功制备奠定了较好的前期研究基础。

1.3.2.6　基于光纤加 ICCD 读出的新型空间暗物质探测方案及关键技术研究

承担单位	中国科学院高能物理研究所		
负责人	张双南	研究周期	2011.10—2013.9
学科从属	空间天文		
关键词	暗物质探测、光纤、ICCD 读出		

课题背景：探测和研究暗物质的性质并理解其本质，是当前基础物理和天文学共同的重大前沿课题，可能会对认识自然规律和宇宙演化带来深刻的变革。

主要目标：

1）对基于光纤加增强型电荷耦合器件（Inten Sified Charge Coupled Device，ICCD）读出（暗物质新型探测实验方案）进行模拟设计、分析和比较，给出概念研究报告和初步方案设计报告。

2）对基于光纤加 ICCD 读出的探测方案的部分关键技术进行研究，并研制小型实验测试系统，完成探测器方案设计报告和探测器标定方案报告。

主要研究内容：

1）从本底分析入手，利用理想探测器模型，研究银心区域定点观测和全天区扫描两种策略下暗物质探测的策略敏度，以及探测灵敏度和不同探测器性能指标之间的关系。

2）利用蒙特卡罗模拟方法对探测器的设计进行研究，给出方案设计报告。

3）探测器定标方案设计。

4）光纤加 ICCD 读出小实验系统的实验室测试及分析。

代表性成果产出：

1）空间暗物质与宇宙线探测器方案设计报告、空间暗物质与宇宙线探测器标定方案设计报告。

2）代表性论文：

［1］ Xu M，Tang Z C，Cheng G M，et al. Comparison of thermal neutron detection efficiency of 6Li scintillation glass and 3He gas proportional tube ［J］. Chinese Physics C，2013，37（10）：35 - 40.

［2］ 张双南．我国空间天文发展的现状和展望［J］. 中国科学：物理学 力学 天文学，2012，42（12）：1308 - 1320.

［3］ 张双南．高能天体物理学研究与发展［J］. 中国科学院院刊，2012，27（1）：67 - 76.

后续应用：

1）本研究将使国内空间高能粒子探测技术得到较大发展，提升国内粒子天体物理研究水平。

2）基于本课题发展出的三维成像量能器技术创新方案，已被高能宇宙辐射探测设施（High Energy Cosmic Radiation Detector Facility，HERD）的实验方案所采用（图 1 - 50）。HERD 实验计划于 2027 年前后发射并运行在中国空间站，预计将在宇宙线电子能谱精细测量和高灵敏度暗物质搜寻、宇宙线起源和宇宙线物理、高灵敏度高能伽马射线巡天和监视等方向取得一大批重大科学成果。

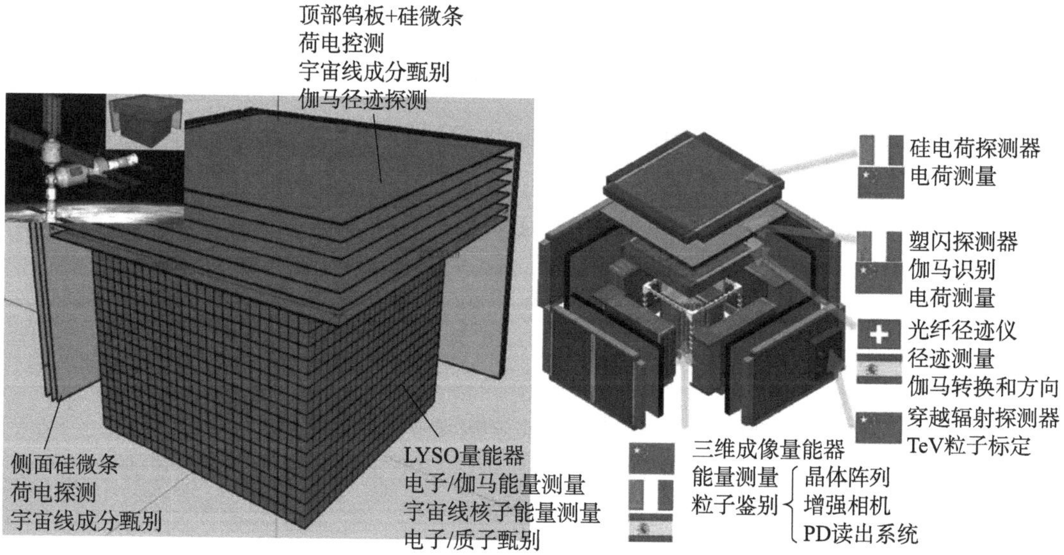

图 1 - 50　基于三维成像量能器＋增强相机读出的 HERD 实验

1.3.2.7　空间磁像仪关键技术研究

承担单位	中国科学院云南天文台		
负责人	屈中权	研究周期	2011.10—2013.9
学科从属	空间天文		
关键词	空间磁像仪、积分视场、滤光器		

课题背景：目前国内外太阳物理研究依赖的大部分资料来源于空间观测获取的资料。太阳磁场在太阳剧烈活动的产生中扮演了至关重要的角色。在光球和色球层次进行矢量磁场、动力学和热力学参量测量，并对与磁场相关的快速变化特征进行分析，将提供从光球底部到色球中部太阳活动能量积累和传输过程细节。目前，虽然我国已建立起一系列地面太阳观测设备，但是从未成功发射空间太阳观测仪器。空间（太阳）磁像仪关键技术的研究便成为我国亟待突破的问题，将为空间太阳显微观测提供支持。

主要目标：

1）设计出采用积分视场光谱仪（Integral Field Spectrograph，IFS）的空间磁像仪。

2）研制一套自动波带稳定闭环控制系统、一套代替旋转密封机构的旋转导入机构试验装置、一套无气泡硅油密封试验装置。

主要研究内容：

1）IFS 关键技术研究。研究采用 IFS 和偏振分析器进行光球和色球矢量磁场同时共空间的精确测量的方法、大量数据的压缩和传输回地面的方法、快速反演光球和色球矢量磁场的方法、在视场光阑代替狭缝进行空间扫描的情况下快速获得全日面扫描偏振光谱稳定可靠的方法，确保整个仪器在发射阶段和空间运行中的稳定性。

2）滤光器关键技术研究。其包括自动波带稳定技术，即解决晶体温度系数的确定、高精度温度的测量及数据采集技术；旋转密封替代技术，即借助真空技术中常用的波纹管转动导入机构，实现从外部电动机到内部旋转波片的传动，避免传统的转动密封存在的侧漏风险，同时从设计、工艺上不断完善以实现小型化、批量化；无气泡硅油密封技术，即将滤光器封口做成滚动隔膜气缸的形式，一方面将侧面密封转化为端面密封，保证无泄漏；另一方面将滑动摩擦转为隔膜滚动，还可有效防止冷焊问题。

代表性成果产出：

1）空间积分视场光谱仪关键技术研究报告。

2）光纤阵列太阳光学望远镜（Fibre Arrayed Solar Optical Telescope，FASOT）原理样机（图 1－51 和图 1－52）。

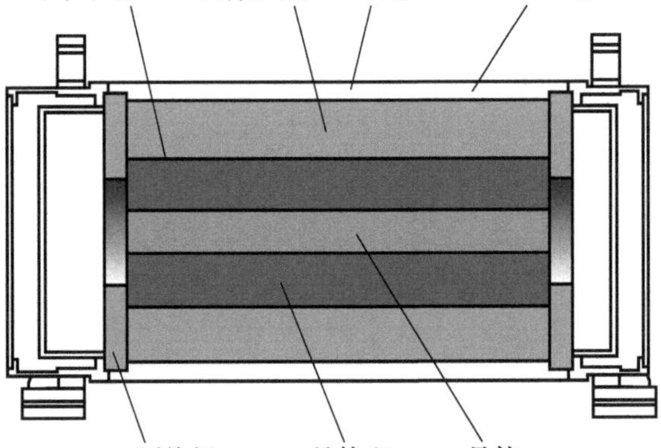

图 1－51　FASOT 精密恒温系统

3）代表性论文：

章海鹰．空间磁像仪关键技术研究［C］．西双版纳：第五届海峡两岸天文望远镜及仪器研讨会，2013.

后续应用：

1）在搭载各类磁像仪的深空太阳探测系列卫星、太阳磁活动的立体观测等预研项目的论证方面发挥重要作用。

2）滤光器关键技术的突破具有重要意义，也为一箭五星太阳 Hα 与白光望远镜的 Hα 滤光器的研制提供技术保障。

图 1-52　地面 FASOT 原理样机

1.3.2.8　太阳硬 X 射线成像望远镜关键技术研究

承担单位	中国科学院紫金山天文台		
负责人	伍健	研究周期	2011.10—2013.9
学科从属	空间天文		
关键词	太阳硬 X 射线、成像观测、调制准直器		

课题背景： 太阳高能现象一直是太阳研究领域的热点，太阳硬 X 射线成像观测是研究太阳高能现象的重要途径之一。傅里叶变换技术因其高灵敏度、高可靠性的特点，从太阳硬 X 射线成像手段中脱颖而出，同时有多种实现方式，其中空间调制准直器和旋转调制准直器是目前广泛使用的硬件配置。作为这两种配置的代表，硬 X 射线望远镜（Hard X-ray Telescope，Yohkoh/HXT）和拉马第高能太阳光谱成像探测器（Reuven Ramaty High Energy Solar Spectroscopic Imager，RHESSI）是星载太阳高能望远镜的成功范例。但随着技术的发展，特别是调制准直器制作水平的极大提高，我们可在 Yohkoh/HXT 和 RHESSI 的技术水平上进一步提高望远镜观测精度和空间分辨能力。

主要目标：

1）借助日趋完善的蒙特卡罗模拟方法，如几何和跟踪蒙特卡罗应用软件包（Geometry and Tracking，GEANT4），在考虑现有工艺水平和探测器实际灵敏度的情况下，通过计算机仿真对未来太阳硬 X 射线望远镜进行设计和优化，提出实际可行和高性价比的方案。

2）依据方案加工若干准直器部件，利用激光进行初步的实验测量，确认其基本性能指标，为将来望远镜建造提供参考和指导。

主要研究内容：

1）通过设计、模拟、成像分析以及调整设计、再模拟、再成像分析的重复过程，最终获得现有技术条件下最佳的空间调制准直器型硬 X 射线成像望远镜的设计方案，满足 8″的空间分辨率、0.5 s 的时间分辨率、1°的视场和 100 cm^2 有效面积。

2）根据设计方案制作出关键的准直器部件，并利用激光进行实验测量，确定其指标。

代表性成果产出：

1）太阳硬 X 射线成像望远镜方案设计报告、太阳硬 X 射线成像望远镜准直器（图 1-53）关键技术研究及实验报告。

2）代表性论文：

[1] 滕藤，伍健，常进．太阳硬 X 射线成像望远镜模拟研究［J］．天文学报，2011，52（4）：339-351.

[2] Zhang Z，Chen D，Wu J，et al. Hard X-ray imager（HXI）onboard the ASO-S mission［J］. Research in Astronomy and Astrophysics，2019，19（11）：49-62.

后续应用：

1）为我国未来旨在监测和预测太阳峰年对灾害天气的影响，并研究太阳耀斑和日冕活动高能物理机制的科学实验卫星做准备。

2）“先进天基太阳天文台”（ASO-S）太阳硬 X 射线成像仪就是在本课题解决的关键问题基础上开展研制的。

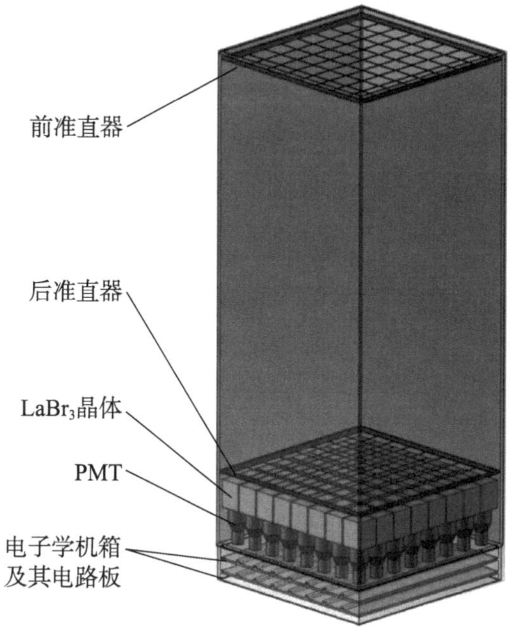

图 1-53　空间调制准直器型硬 X 射线成像望远镜的设计方案

1.3.2.9　莱曼 α 望远镜和日冕仪关键技术研究

承担单位	中国科学院紫金山天文台		
负责人	黎辉	研究周期	2011.10—2013.9
学科从属	空间天文		
关键词	莱曼 α 望远镜、日冕仪、大面积紫外像增强		

课题背景： 国际上虽然在紫外波段有不少观测仪器，如太阳与日球层空间观测台（Solar and Heliospheric Observatory，SOHO）上的紫外成像望远镜(Extreme Ultraviolet Imaging Telescope，EIT)、太阳过渡区与日冕探测器(Transition Region and Coronal Explorer，TRACE）和日地关系空间观测台(Solar Terrestrial Relations Observatory，STEREO）上的极紫外成像仪(Extreme UltraViolet Imager，EUVI)，以及太阳动力学空间观测台（Solar Dynamics Observatory，SDO）卫星上的太阳大气成像组合（Atmospheric Imaging Assembly，AIA）等，但均未在莱曼 α 波长对太阳进行全日面成像观测。国内的太阳成像观测主要集中在可见光波段。紫外和 X 射线观测需要在空

间进行，而国内至今没有一颗太阳观测卫星。本课题在国家开展“太阳活动对地球环境和灾害的影响及其预报”研究的背景下提出，也是 DSO 和 ASO－S 上的重要载荷之一。

主要目标：确定莱曼 α 望远镜和日冕仪的科学目标、技术方案和设计方案。

1）根据莱曼 α 日冕仪研制需求，研究远紫外波段杂光抑制方法，确定莱曼 α 日冕仪杂光抑制方案。

2）研究莱曼 α 日冕仪图像稳定方法，确定莱曼 α 日冕仪高精度稳像方案。

3）通过项目的顺利开展，掌握大面积紫外像增强研制关键技术，研制出符合技术指标要求的大面积紫外像增强器原理样管一只，为莱曼 α 望远镜和日冕仪的研制提供技术基础。

主要研究内容：

1）开展莱曼 α 望远镜和日冕仪性能及科学需求分析和技术方案研究，确定其科学目标、技术需求和方案。

2）杂光抑制方法研究。

3）高精度稳像技术。

4）开展试验验证。

5）大面积双近贴聚焦结构紫外像增强器的优化设计。

6）高量子效率和高均匀性紫外光电阴极制备。

7）高可靠性的大面积像增强器热铟封技术研究。

8）高精度高稳定微型高压电源研制。

9）高均匀高发光效率的荧光屏研制。

代表性成果产出：

1）科学目标和技术方案报告、杂散光抑制和稳像关键技术总结报告、探测器关键技术研究报告（图 1－54）。

2）压电陶瓷转动平台样件（图 1－55）、紫外像增强器样件（图 1－56）。

3）代表性论文：

[1] Li H. Role of magnetic null in solar flares and its requirement for

coronal magnetic field measurement [J]. Boulder: Workshop on Coronal Magnetisim. 2012-05.

[2] 黎辉．莱曼阿尔法成像仪进展 [C]. 深空太阳探测研讨会，2012.

后续应用：

1）可提高我国超光滑表面反射镜加工技术水平，提高精密对日稳定指向技术水平以及大面积紫外像增强技术水准，为自主发展我国远紫外波段成像仪器奠定基础，且具有重要的社会效益和经济效益。

2）本课题的光学设计方案、杂散光抑制技术和稳像技术为 ASO-S 卫星 LST 载荷的设计和研制奠定了基础。

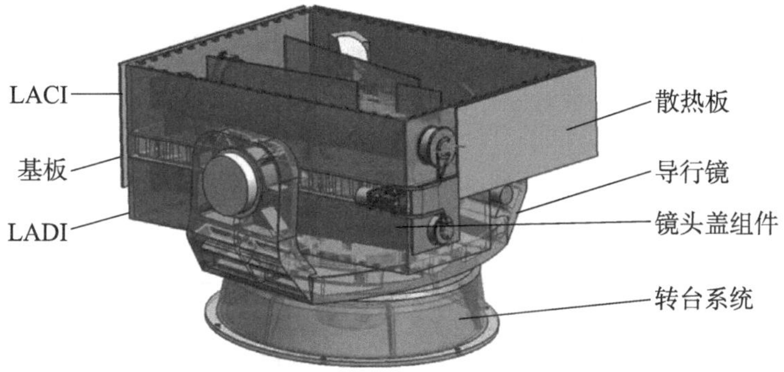

图 1-54　莱曼 α 望远镜和日冕仪结构组成总图

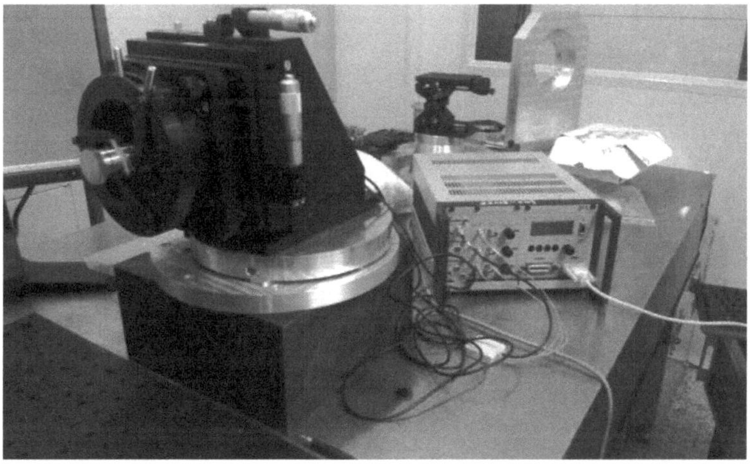

图 1-55　莱曼 α 望远镜和日冕仪压电陶瓷转动平台及测试装置实物

图 1-56 莱曼 α 望远镜和日冕仪紫外像增强器实物

1.3.2.10 热离子成分分析关键技术研究

承担单位	中国科学院国家空间科学中心		
负责人	张爱兵	研究周期	2011.10—2013.9
学科从属	太阳物理与空间物理		
关键词	热离子、成分分析、等离子体探测		

课题背景： 日地联系计划的研究对象为日地空间物理的基本过程、日地空间天气变化的规律，热离子是进行该项研究的重要因素。热离子的主要参数包括能谱、成分、通量、方向等，目前国内已能开展热离子的能谱、通量和方向的探测，而成分测量还是空白。

主要目标： 完成用于空间热离子成分分析的飞行时间（Time of Flight，ToF）系统设计技术和高压技术攻关，研制满足指标要求的热离子成分分析仪原理样机。

主要研究内容：

1）方案论证：对空间等离子体探测情况进行调研，确定探测重点及特点，确保仪器的各项指标满足后续空间探测的需求；对国外同类仪器进行调研，结合已有研制基础，对仪器的性能指标及工程指标进行分析论证，确定合理可行的仪器方案。

2）物理设计与仿真：依据方案论证结果确定的传感器方案，建立传感器的物理模型；使用仿真软件对建立的物理模型进行仿真并迭代优化，最终得出满足性能指标要求并且工程上可实现的物理模型，并给出传感器的机电热接口要求。

3）关键技术攻关：本仪器的关键技术有飞行时间系统设计技术和高压技术。

4）原理样机研制：主要包括元器件和原材料的采购、仪器各个部件的机加工、电子学线路设计与研制、电子学线路测试、软件设计和测试、整机组装测试等。

5）地面验证试验：开展性能指标的地面验证试验，验证仪器设计是否满足技术指标要求；对于高压技术，还需进行热真空试验考核。

代表性成果产出：

1）热离子成分分析关键技术研究报告。

2）热离子成分分析仪原理样机（图 1－57）。

图 1－57　热离子成分分析仪原理样机实物

3）代表性论文：

Kong L，Zhang A，Zheng X，et al. A satellite - borne miniature ion mass spectrometer for space plasma [J]. 空间科学学报，2015，35（6）：755 - 762.

4）代表性专利：

张爱兵．一种微通道板增益的测量电路及方法：CN201310642442.1 [P]. 2014 -03 - 19.

后续应用：

1）填补了国内空间热离子成分探测技术的空白，为我国空间热离子成分探测载荷的工程研制奠定了技术基础。

2）本课题中的相关技术已经应用在我国行星探测工程“天问一号”火星离子与中性粒子分析仪（图 1 - 58）中，该载荷已成功对火星环境中的离子和中性粒子成分开展了探测。

图 1 - 58 “天问一号”火星离子与中性粒子分析仪正样产品

1.3.2.11　大视场日冕仪关键技术研究

承担单位	中国科学院长春光学精密机械与物理研究所		
负责人	张红鑫	研究周期	2011.10—2013.9
学科从属	太阳物理与空间物理		
关键词	大视场日冕仪、CME 成像、杂散光抑制		

课题背景：日地联系计划的研究对象为日地空间物理的基本过程、日地空间天气变化的规律。大视场日冕仪对太阳进行中心遮拦，可在垂直于观测视线方向的天空平面内实现全周向 CME 成像，观测范围跨度可从太阳附近直到地球轨道附近（215 $R_\odot$），对研究外延日冕/内日球层动力学现象，以及 CME 和行星际日冕物质抛射（Interplanetary Coronal Mass Ejection，ICME）的结构、传播和演化具有重要意义，并实现与就位探测的连接。

主要目标：研究太阳极轨射电成像望远镜（Solar Polar Orbit Radio Telescope，SPORT）卫星椭圆轨道下大视场日冕仪的物理方案、光机协同设计，开展杂散光抑制和检测关键技术攻关，完成日冕仪原理样机研制。

主要研究内容：

1）明确大视场日冕仪物理任务方案。

2）边缘衍射光作为杂散光的物理模型建立、传播模式分析与抑制方法研究。

3）散射点产生的散射光作为杂散光的物理模型建立、传播模式分析与抑制方法研究。

4）光学系统鬼像的产生机理分析与鬼像消除方法的研究。

5）大视场二次成像光学设计。

6）消杂光光机系统协同设计。

7）超光滑光学表面的微观光学特性大视场检测技术。

代表性成果产出：

1）大视场日冕仪关键技术总结报告、大视场日冕仪光学系统杂散光的分析与抑制技术报告。

2）大视场日冕仪原理样机（图 1 - 59）。

图 1 - 59　大视场日冕仪室外拍摄实验

3）代表性论文：

[1] Sun M Z，Zhang H X，Bu H Y，et al. Computation of the diffracted field of a toothed occulter by the semi - infinite rectangle method [J]. Journal of the Optical Society of America A，2013，30（10）：2140 - 2149.

[2] 卜和阳，卢振武，张红鑫，等．内掩式透射地基日冕仪中杂光鬼像的消除 [J]. 中国光学，2013，6（2）：231 - 236.

[3] 孙明哲，张红鑫，卢振武，等．大视场日冕仪光学系统杂散光抑制 [J]. 激光与光电子学进展，2014，51（5）：162 - 168.

后续应用：

1）可应用于黄道面内及太阳极轨卫星搭载。

2）将实现从太阳极区高度上对外延日冕（包括 K 冕和 F 冕）和 CME 结构成像，可与 SPORT 射电波段的成像观测相互补充和印证，与其他卫星在黄道面的观测数据联合实现 CME 的三维重构，对于预报太阳爆发对地球及火星等行星影响具有重要意义。

1.3.2.12　太阳系天体上水的探测方法

承担单位	中国科学院地球化学研究所		
负责人	唐红	研究周期	2011.10 — 2013.9
学科从属	行星科学	研究计划	太阳系探测
关键词	太阳系天体、水探测、光谱特征		

课题背景：水在太阳系天体中分布广泛，存在形式多样。不同赋存状态的水具有其独特的红外吸收特征。水的赋存状态及其光谱特征的研究，是认识太阳系天体水来源和成因的基础，是指示天体表面地质的演化过程以及判别天体表面是否存在生命活动的重要依据。同时，水的赋存状态还是天体表面环境的指示剂，对于天体表面的温度、压力等特征及其表面环境演化过程的研究具有重要的意义。

主要目标：根据太阳系天体上水的主要赋存状态和可能载体矿物这一科学问题，对不同赋存状态水光谱特征进行理论分析，并开展相应的模拟实验，确定天体（主要为月球和火星）水几种主要赋存状态的光谱特征，在试验验证的基础上进行光谱探测仪器的各项指标论证，并确定仪器的各项指标，完成有效载荷的方案设计。

主要研究内容：

1）进行太阳系天体水探测的调研，总结太阳系天体水探测的发展历程、太阳系天体水的赋存状态及可能载体矿物，以及天体水探测光谱仪的探测原理和仪器指标设置等。

2）分析不同赋存状态水的光谱特征，并开展地面模拟实验，初步探讨天体水的可见/红外光谱探测的影响因素。

3）结合相应的不同赋存形式水光谱特征研究结果，进行成像光谱仪方案设计分析以及光谱仪器指标的论证，提出较为合理的光谱探测方案。

4）完成天体水探测光谱仪的有效载荷方案设计。

代表性成果产出：

1）太阳系天体水探测光谱仪方案设计（图 1 - 60）报告、不同赋存状态水光谱特征的分析报告。

2）代表性论文：

[1] Tang H，Wang S J，Li X Y. Simulation of nanophase iron production in lunar space weathering [J]. Planetary and Space Science，2012，60（1）：322 - 327.

[2] Gao X H，Xu G H，Yu T，et al. The generating mechanism of strips and destriping algorithm of HJ - 1A hyperspectral images [C]. Proc. SPIE 8910，International Symposium on Photoelectronic Detection and Imaging 2013：Imaging Spectrometer Technologies and Applications. 2013 - 08.

[3] 陈丰，李雄耀，唐红，等．水（冰）：宇宙矿物 [J]. 矿物学报，2015，35（2）：255 - 266.

后续应用： 对于后期月球和火星等天体水的探测方案设计和工程实施均具有重要的指导意义，并将促进我国月球和火星探测等项目发展。

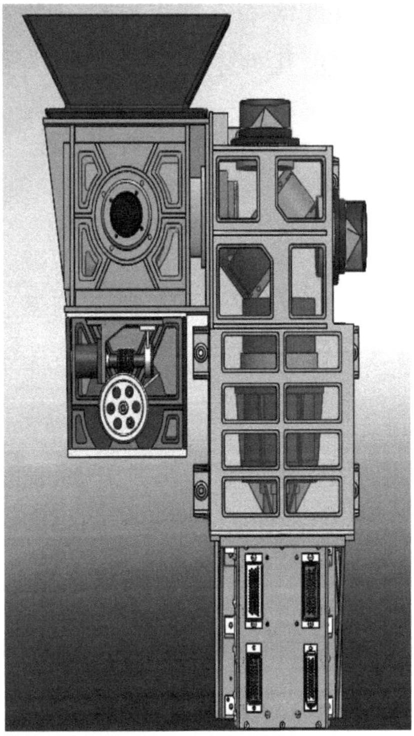

图 1 - 60　太阳系天体水光谱探测仪方案设计

1.3.2.13　空间生物大分子成分质谱探测器

承担单位	中国科学院半导体研究所		
负责人	俞育德	研究周期	2011.10—2013.9
学科从属	行星科学		
关键词	空间生命、生物大分子、质谱仪		

课题背景：生命起源和演化是一项具有长期战略意义的前沿课题，且涉及物理学、化学、生物学、天文学、考古学、地质学、地球化学、空间科学等不同领域的多学科交叉融合。走向深空探索宇宙奥秘、寻找生命起源已是美国、俄罗斯、中国等国家空间科学研究的重点。开展太阳系有机物探测技术研究不仅将推动空间有机物大分子探测装备研发，突破关键技术，而且能为今后获取地球以外生命存在的信息，研究生命起源和演化奠定基础。基于质谱技术的分析仪器是这类研究的重要手段之一。

主要目标：开展轻型化的四级杆质谱仪和离子阱质谱仪的地基研究，完成小型化、低功耗、高精度四级杆质谱仪（1～300 m/z）和离子阱质谱仪（1～2 000 m/z）的地基样机研究，为今后的空间轨道生物有机物检测和空间飞行器安全检测应用奠定基础。

主要研究内容：

1）四级杆结构质谱探测器技术指标：最大质谱检测范围为 1～300、分辨率达到 1 AMU、功耗 95 W、整机质量 13.2 kg 等。

2）开展离子阱结构质谱仪探测器研究，侧重仪器轻量化和离子阱、腔体等关键器件的研究。静电离子阱有机分子质谱仪原理样机以氧离子为测试对象进行了测试，分辨率和灵敏度的测试结果满足要求。

代表性成果产出：

1）空间生物大分子成分质谱探测器研究报告。

2）空间生物大分子质谱探测器（图 1 - 61）、静电离子阱有机分子质谱仪（图 1 - 62）。

后续应用：为我国深空探测计划“小行星探测”背景型号提供备选载荷，为木星系统探测设想的木卫二生命摇篮探测提供备选载荷，并为其他空间科学探测计划提供潜在的探测载荷奠定基础。

图 1－61　空间生物大分子成分质谱探测器四级杆质谱系统实物

图 1－62　空间生物大分子成分质谱探测器静电离子阱传感器内部结构实物

1.3.2.14　星载全球大气波动成像仪关键技术研究

承担单位	中国科学院国家空间科学中心		
负责人	涂翠	研究周期	2011.10—2013.9
学科从属	空间地球科学		
关键词	大气波动、成像观测、临近空间		

课题背景：大气波动在地球系统中的传播，是低层大气与临近空间以及高层大气能量和动量耦合的重要方式之一，对大气结构及全球变化特征起到决定性作用。例如，产生于低层大气的重力波，在向上传播时携带能量和动量，在中层顶附近发生饱和、破碎等过程，将其能量和动量沉淀下来，导致中间层和低热层的大气环流和温度分布严重偏离辐射平衡状态，对该高度范围的大气环流和冬半球温度高、夏半球温度低的大气结构起决定性的作用。利用卫星开展全球大气波动的观测和研究，对于空间地球科学研究具有重要的科学意义。

主要目标：主要对峰值在～94 km 高度的 O_2夜气辉辐射进行成像观测，获取全球大气波动信息，突破全球大气波动成像仪的关键技术，完成地面原理样机研制。

主要研究内容：

1）全球大气波动成像仪总体方案研究。

2）全球大气波动成像仪关键技术研究。

3）原理样机研制与演示试验。

代表性成果产出：

1）星载全球大气波动成像仪技术方案报告。

2）星载全球大气波动成像仪原理样机（图 1－63）。

3）代表性专利：

涂翠，胡雄，李晖，等．一种用于时间延迟积分成像载荷检测的面光源及检测方法：CN201410160687.5 [P]. 2014－07－09.

后续应用：为我国相关空间地球科学卫星计划提供新的载荷设备，为我国临近空间中间层顶区域大气波动和动力学研究提供宝贵的数据，在科学研究和国防安全应用方面具有重要的价值。

图 1-63　全球大气波动成像仪原理样机

1.3.2.15　L2 点地球大气特征的掩星观测研究

承担单位	中国科学院大气物理研究所		
负责人	吕达仁、何晴	研究周期	2011.10—2013.9
学科从属	空间地球科学		
关键词	第二拉格朗日点、地球大气特征、掩星观测		

课题背景： 大气中温室气体浓度的监测对于精确理解 CO_2 排放对全球变化的影响非常重要。卫星遥感探测大气 CO_2 浓度可以连续地获得其全球时空分布变化状况，提高对大气 CO_2 源汇分布以及区域与全球碳循环的认识。而日地系统的第二拉格朗日（L2）点正好是一个测量温室气体高度廓线的理想地点，L2 点位于地球本影外的半影区，在这个特殊的位置上，可以观测地球的黑夜半球以及边缘处的太阳光圈，是一个可以对整个地球进行 24 h 掩星观测的特殊地点。通过太阳掩星观测，测量地球全部纬度的每小时的温室气体浓度，可以生成全球三维分布图。

主要目标：针对在 L2 点测量地球大气温室气体高度廓线的科学目标，建立正演模型与反演算法，对研制太阳掩星成像仪进行可行性分析，提出我国地球大气掩星成像仪技术方案和关键技术，为下一步研制奠定理论基础。

主要研究内容：

1）建立太阳掩星测量地球大气痕量气体廓线的反演算法。

2）对地球大气太阳掩星成像仪进行可行性分析，提出技术方案及其性能指标。

3）确定关键技术，主要包括高角度分辨率光学技术和高光谱分光技术，开展可行性研究。

代表性成果产出：

1）于 L2 点用掩星法观测地球大气特征的反演算法研究报告、地球大气太阳掩星成像仪（图 1－64）关键技术可行性分析与研究报告。

2）摆动扫描干涉分光原理验证装置。

3）代表性论文：

[1] 刘日龙，殷德奎，赵晓科．摆扫干涉光谱仪信号调制度影响分析 [J]. 光电工程，2011，38（1）：81－84.

[2] 刘日龙，殷德奎，赵晓科．基于 FPGA 的电流采集系统设计 [J]. 计算机工程，2011，37（10）：226－227，230.

[3] 刘宇轩，顾明剑．长波红外偏振探测性能分析与成像研究 [J]. 科技和产业，2013，13（5）：129－134.

后续应用：

1）提供高角度分辨率、高光谱地球痕量气体观测资料，以及丰富的大气红外高光谱观测资料，为我国气象、环境、资源、海洋等国民经济部门服务。

2）用于地面常规化学、医药、卫生检测、工业气体测量和分析等，也用于军事目标监测、战场毒剂遥感监测与报警、军用气象保障等。

3）为我国航空航天遥感应用提升技术水平，进一步为经济和国防建设提供更高精度的红外光谱遥感信息，完善我国不同卫星轨道、不同仪器性能的大气探测手段。

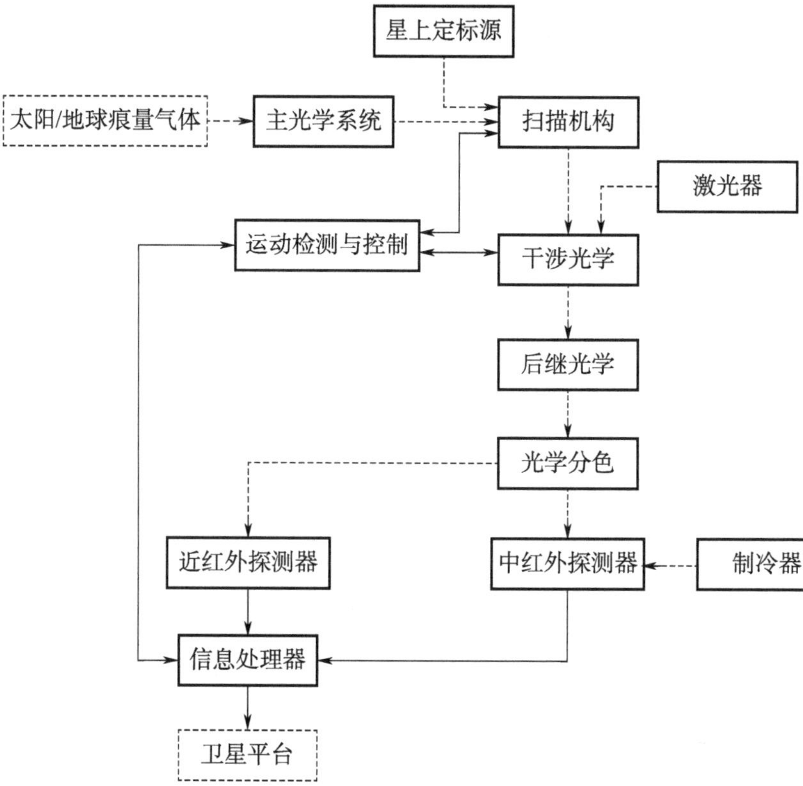

图 1－64　地球大气太阳掩星成像仪原理方案

1.3.3　空间环境下的科学实验

1.3.3.1　空间冷原子干涉仪等效原理实验概念研究

承担单位	中国科学院精密测量科学与技术创新研究院（原名：中国科学院武汉物理与数学研究所）		
负责人	王谨	研究周期	2011.10—2013.9
学科从属	空间基础物理		
关键词	冷原子、高精度、等效原理		

课题背景：等效原理是爱因斯坦广义相对论的基本假设之一，其高精度实验检验具有重要的科学意义。长期以来，人们一直致力于利用宏观物体，如高塔自由落体实验、扭秤实验和激光测月实验，来检验等效原理。微观粒子检验等效原理的实验较少且精度较低。原子干涉仪实验技术的发展为利用微观原子

验证弱等效原理提供了新的途径。空间冷原子干涉仪以原子为检验质量，利用空间微重力环境，可以达到很高的测量和检验精度。

主要目标：

1）开展空间冷原子干涉仪等效原理验证实验的前期研究，提出科学合理的实验方案，并针对空间科学实验条件提出冷原子干涉仪整体小型化设计方案。

2）完成利用原子干涉仪在空间验证等效原理实验方案的可行性论证分析，完成空间冷原子干涉仪整体概念设计、实验方案设计、可行性论证和相关关键技术的攻关。

主要研究内容：

1）通过分析双组份原子干涉仪实验流程，给出合理可行的实验方案，形成空间冷原子干涉仪等效原理验证实验方案的设计报告。

2）通过研究各种实验参数对等效原理验证精度的影响，得出此方案下所能够达到的最佳验证精度，形成技术可行性报告。

3）根据方案设计以及技术指标分析，进行实验系统小型化设计，形成空间冷原子干涉仪实验系统小型化设计方案报告。

代表性成果产出：

1）空间冷原子干涉仪等效原理验证实验方案设计研究报告、空间冷原子干涉仪等效原理验证实验技术可行性研究报告、空间冷原子干涉仪等效原理验证实验系统小型化方案设计报告。

2）代表性论文：

[1] Chen X，Zhong J Q，Song H W，et al. Proportional - scanning - phase method to suppress the vibrational noise in nonisotope dual - atom - interferometer - based weak - equivalence - principle - test experiments [J]. Physical Review A，2014（90）：023609.

[2] Peng W C，Zhou L，Long S T，et al. Locking laser frequency of up to 40 GHz offset to a reference with a 10 GHz electro - optic modulator [J]. Optics Letters，2014（39）：2998 - 3001.

[3] Jin W. Precision measurement with atom interferometry [J]. Chin. Phys. B. 2015 (5)：93-102.

[4] Zhou L，Long S T，Tang B，et al. Test of equivalence principle at 10-8 level by a dual-species double-diffraction raman atom interferometer [J]. Phys. Rev. Lett.，2015 (115)：013004.

[5] Gao D F，Zhan M S. Constraining the generalized uncertainty principle with cold atoms [J]. Phys. Rev. A，2016 (94)：013607.

3）代表性专利：

[1] 仲嘉琪，陈曦，熊宗元，等．基于原子干涉效应的重力势三阶微商测量传感器及其方法：CN201310435037.2 [P]. 2015-11-18.

[2] 宋宏伟，仲嘉琪，陈曦，等．基于原子干涉效应的垂向重力梯度测量传感器：201310437156.1 [P]. 2016-01-20.

[3] 王玉平，仲嘉琪，陈曦，等．基于多组份原子干涉仪的组合惯性传感器及其测量方法：20141 0104203.5 [P]. 2016-04-20.

[4] 朱磊，仲嘉琪，陈曦，等．基于冷原子束干涉仪的水平重力梯度测量传感器：201410261863.4 [P]. 2016.08.17.

[5] 周林，王谨，詹明生．基于声光调制器的多频激光时分复用放大器：201410549070.2 [P]. 2017.06.23.

后续应用：

1）力争在空间冷原子干涉仪技术及利用原子干涉仪开展等效原理验证等空间基础物理研究领域处于世界前列。

2）研制出以铷-85原子作为测试质量的冷原子绝对重力仪，该重力仪参与了绝对重力仪国际比对，比对测量结果（$-3.7\pm10.2\ \mu$Gal）被ICAG-2017的比对报告 [Journal of Geodesy 95，63 (2021)] 采纳。其相关技术正在应用于空间站工程空间应用系统第二批科学实验项目“空间冷原子干涉仪等效原理验证实验”。

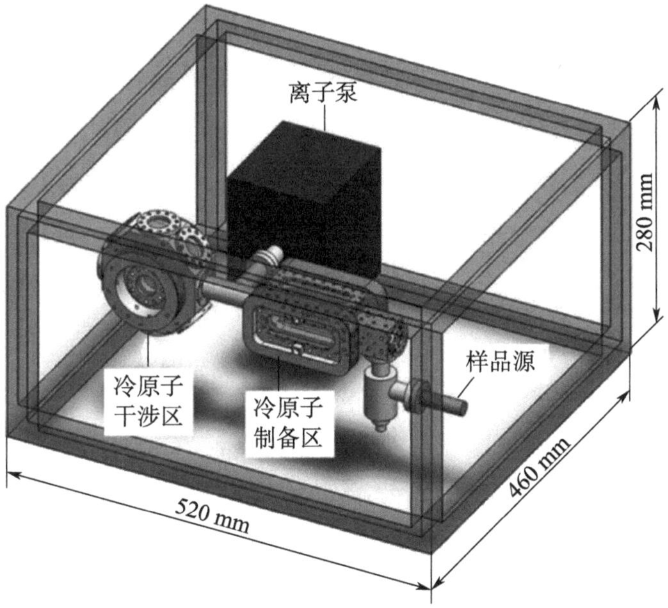

图 1－65　空间冷原子干涉仪物理系统的设计

1.3.3.2　空间冷原子物理实验概念研究

承担单位	中国科学院物理研究所		
负责人	刘伍明	研究周期	2011.10—2013.9
学科从属	空间基础物理		
关键词	超冷量子气体、空间环境、冷原子物理		

课题背景： 空间冷原子物理的发展趋势在于充分发挥微重力环境的优势，深度冷却原子气体，在地面环境无法达到的参数区域内实施冷原子样品的量子调控；同时，推进新型量子器件的开发，实现冷原子的高技术应用。空间微重力环境为冷原子物理提供了一个在地面上无法获得的理想实验环境，对物理理论提供新的更高精度的检验，发现新的物质形态、新的物理特性，认识基本物理规律及宇宙演化。

主要目标： 建立起一套适应空间环境的超冷量子气体实验平台，并以此平台为基础，开展空间冷原子物理实验概念研究。结合空间环境的微重力等优势，攻克冷原子量子调控新手段中涉及的技术难题，研究超冷原子系统中具有深刻科学意义的新奇量子态、量子相变、量子信息和计算等。

主要研究内容：在空间环境中研究具有宏观量子相干性的超冷原子、分子系统，特别是该系统中新量子态的制备、物性和操控，包括：

1）适应空间环境的光晶格中超冷原子关联效应与量子相变研究。

2）空间环境下的简并原子气体的量子磁性和无序性质研究。

3）空间环境的人造规范势中简并玻色和费米原子气体的凝聚动力学。

4）空间环境中基于超冷量子气体的新物态。

5）空间环境下冷原子物理的量子信息。

代表性成果产出：

1）2～3 种空间冷原子实验平台设计方案（图 1－66）报告、空间冷原子实验平台设计方案论证报告。

2）代表性论文：

[1] Liao R Y，Yu Y X，Liu W M. Tuning the tricritical point with spin－orbit coupling in polarized fermionic condensates [J]. Phys. Rev. Lett.，2012，108 (8)：080406.

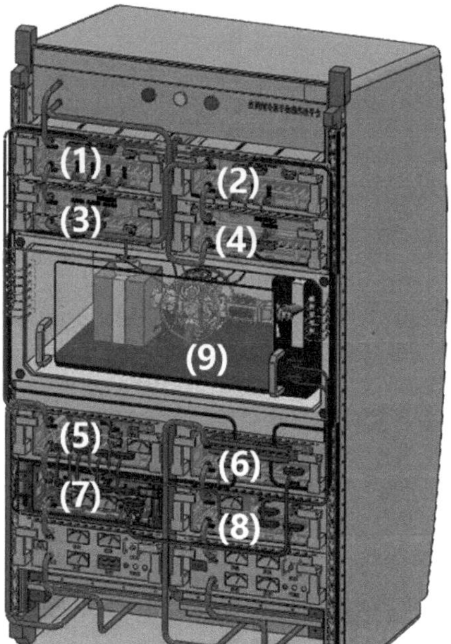

图 1－66　超冷原子物理空间试验平台总体设计

[2] Zhang X F，Sun Q，Wen Y C，et al. Rydberg polaritons in a cavity：a superradiant solid [J]. Phys. Rev. Lett.，2013，110 (9)：090402.

[3] Song S W，Wang D S，Wang H Q，et al. Generation of ring dark solitons by phase engineering and their oscillations in spin - 1 Bose - Einstein condensates [J]. Phys. Rev. A，2012，85 (6)：063617.

后续应用：可进一步模拟极端物理条件和天体物理中的复杂物理过程，如超新星爆发、黑洞激发及塌缩、强关联玻色-爱因斯坦凝聚体的新奇量子态等物理现象的实验研究等。

1.3.3.3　空间量子相变实验概念研究

承担单位	中国科学院物理研究所		
负责人	靳常青	研究周期	2011.10—2013.9
学科从属	空间基础物理		
关键词	量子相变、空间环境、量子凝聚		

课题背景：量子相变指在极低温条件下，主要由源于海森堡不确定性原理的量子力学基本规律确定的相变。国外已有的空间低温实验平台大多采用超流氦制冷。超流态液氦（HeⅡ）温度低、导热性能高、液体内部的温度分布极其均匀，为空间低温实验提供了极佳的实验平台。制冷系统的关键是高绝热性能超流氦贮罐技术和超流氦相分离器技术。

主要目标：开展空间氢-氧体系的压力驱动的量子凝聚现象所需的高压气动隔膜加压装置实验技术、空间微重力低温实验平台技术和空间原位检测分析方法研究；分析各技术实现的可行性，完成研制适用于微重力条件开展量子凝聚研究的低温高压实验平台的概念研究。

主要研究内容：

1）高压连续加压技术和超高压力下的电输运性质测量技术。

2）空间量子相变实验低温平台总体方案（图 1 - 67）。

3）空间环境下弱信号（10^{-7}V、$10^{-7}\Omega$）的采集方法、空间环境下量子相变实验中低温信号的获取技术方法，以及实验过程的控制方法。

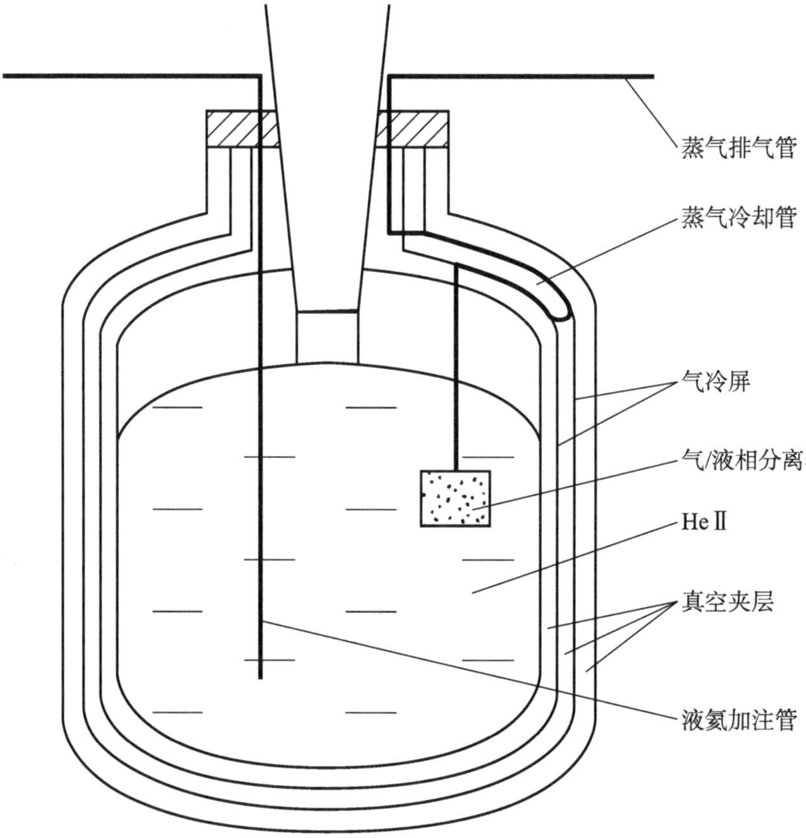

图 1－67　空间量子相变实验低温平台总体方案

代表性成果产出：空间低温凝聚态物理实验总体方案详细设计报告、空间量子相变实验高压装置研究报告、空间量子相变实验低温平台研究报告，空间量子相变实验控制系统研究报告。

后续应用：

1）研制高压装置应用于未来空间量子相变实验等空间科学实验，对于推动我国空间实验和空间物理发展具有重要作用。

2）可进一步集成出空间低温实验平台，为我国深空探测、空间科学实验，以及我国空间技术进步提供重要支撑。

1.3.3.4　空间相变流体科学实验通用装置关键技术研究

承担单位	中国科学院力学研究所		
负责人	刘秋生、赵建福	研究周期	2011.10—2013.9
学科从属	微重力与空间生命科学		
关键词	微重力环境，液滴、气泡和薄液层蒸发，冷凝相变		

课题背景：液滴、气泡和薄液层的蒸发与冷凝相变是相变换热过程中的主要基本形式，也是空间应用两相系统及地面环境中遇到的最典型、最常见的两相流动与传热现象，存在于不同重力（如空间微重力、月球低重力等）以及不同温度环境下。气-液两相的相变流动与传热现象在航天技术领域有重要的应用，涉及航天器热管理系统、流体管理系统、动力系统及空间材料制备与生物技术实验等。

主要目标：探索研究空间相变流体的多功能实验方案，通过解决关键实验技术，提出在卫星任务中完成多项液滴、气泡和薄液层蒸发与冷凝相变的综合科学实验，发展先进的卫星搭载流体物理实验平台。

主要研究内容：

1）设计可进行蒸发液滴、蒸发液层和沸腾气泡热-动力学特征观测研究的实验方案。

2）研制和建立具有综合试验功能的多参数测量实验/演示系统样机，突破两相系统实验观测室、两相界面非接触测量和热控系统等主要关键实验与测试技术。

3）开展原理性实验研究，利用微重力落塔或失重飞机进行部分原理性实验，实验观测受热附壁液滴、薄蒸发液层的蒸发相变过程和沸腾气泡的产生、脱离和运动过程，研究多种效应的耦合机理和热、质输运特性。

代表性成果产出：

1）空间相变流体科学实验通用装置实验方案研究及原理样机研制报告。

2）空间相变流体科学实验通用装置原理样机（图 1－68）。

3）代表性论文：

[1] Liu R, Kabov O A. Instabilities in a horizontal liquid layer in cocurrent gas flow with an evaporating interface [J]. Physical Review E, 2012, 85 (6): 066305.

[2] Liu R, Kabov O A. Effect of mutual location and the shape of heaters on the stability of thin films flowing over locally heated surfaces [J]. International Journal of Heat and Mass Transfer, 2013 (65): 23 - 32.

[3] Liu R, Liu Q S. Nonmodal stability in Hagen - Poiseuille flow of a shear thinning fluid [J]. Physical Review E, 2012, 85 (6): 066318.

[4] Liu R, Liu Q S. Non - modal stability in sliding Couette flow [J]. J. Fluid Mech., 2012 (710): 505 - 544.

4）代表性专利：

朱志强，刘秋生，解京昌，等．一种微重力环境下的大尺寸液滴的形成与保持装置及方法：CN202110540078.2 [P]. 2021 - 5 - 18.

后续应用： 预研项目研究中的蒸发液滴注液和保持技术先后应用于 2016 年成功完成的我国“实践十号”卫星蒸发与对流科学实验装置设计和 2017 年

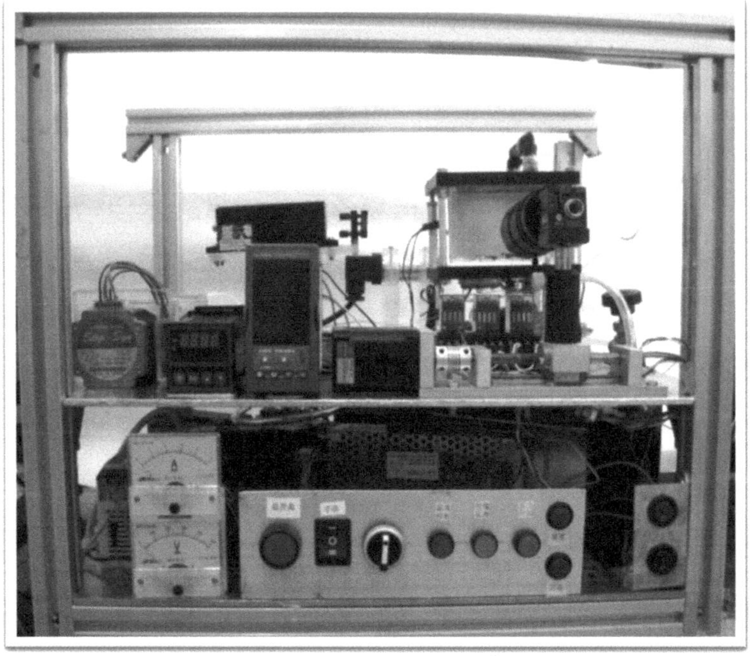

图 1 - 68　空间相变流体科学实验通用装置原理样机

成功完成的我国首艘货运飞船“天舟一号蒸发与冷凝实验与空间两相实验关键技术研究”空间实验装置设计，揭示了微重力环境中相变流动与相变传热的特殊规律，为后续的空间实验研究项目奠定先期的技术预研基础。

1.3.3.5　空间在轨流体管理关键实验技术研究

承担单位	中国科学院力学研究所		
负责人	解京昌	研究周期	2011.10—2013.9
学科从属	微重力与空间生命科学		
关键词	在轨流体、落塔变推力、气/液两相输运		

课题背景：月球和火星等深空探测器的核和化学推进系统往往要用到液氢，需要考虑液氢的长期贮存、供给和控制等低温液体管理问题。推进剂在微重力环境下，液体的表面张力起着重要作用。关于低温推进剂管理装置设计，除了各种加速度环境下的蓄留能力、推进剂的沉底和再填充等，还需要考虑低温推进剂冷却等问题。

主要目标：以解决我国卫星轨道控制技术和火箭上面级主发动机二次启动中液体推进剂等的微重力在轨流体管理关键问题为主要研究目标，研究应用落塔微重力实验平台进行变重力流体管理的实验方案与变推力（变 Bond 数）落塔实验装置，解决模拟空间环境中变重力和低重力（火星、月球）等环境空间在轨流体管理关键试验技术，设计可行的科学实验研究方案，发展流体动态过程的实验和数值仿真方法。

主要研究内容：

1）开展落塔变推力实验方案研究设计。

2）研制模拟在轨流体推进剂空间重定位过程的变推力模拟试验方案和落塔变推力实验装置。

3）利用落塔变推力实验和数值模拟及理论分析相结合的方法，进行空间微重力环境中的气/液两相输运规律和重定位过程的变重力流体管理的初步研究，观测微重力条件下液体推进剂汽液界面形位变化规律，分析变推力对火箭贮箱推进剂输运过程的影响。

代表性成果产出：

1）变推力落塔实验装置方案研究报告、空间在轨流体管理关键实验技术研究总结报告。

2）变推力落塔实验装置原理样机（图 1－69）。

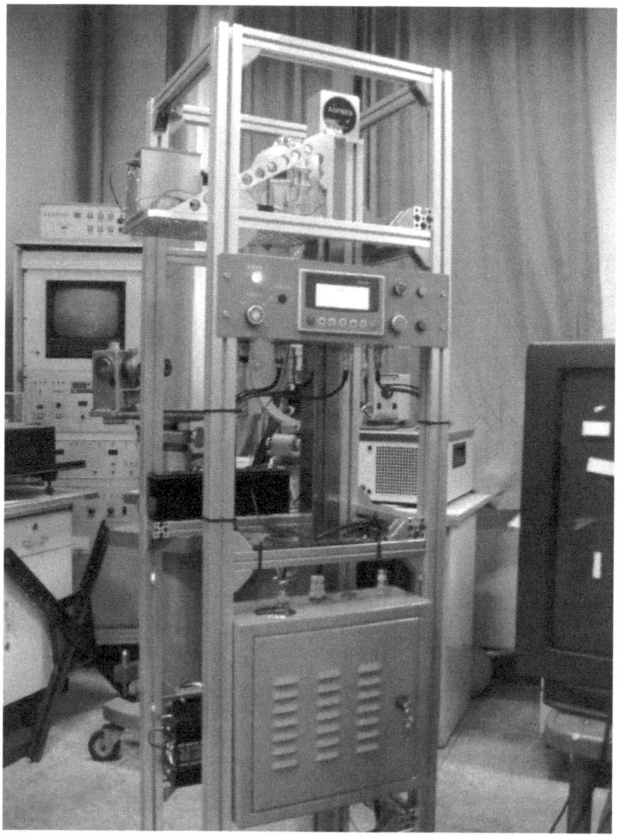

图 1－69　变推力落塔实验装置原理样机

3）代表性论文：

LIN H，XIE J Z. A hardware method to realize control system in the cabinet of drop tower [C]. Guilin：Asian Microgravity Symposium——9th China－Japan－Korea Workshop on Microgravity Sciences. 2012－10－29～11－02.

后续应用：

1）为我国航天工程急需的大型运载火箭和卫星在轨流体管理提供理论和实验依据。

2）为我国今后空间在轨流体管理的科学与技术试验，以及探月、登月、火星等空间探索提供地基短时低重力实验平台和实验技术。

1.3.3.6　微重力燃烧实验中的火焰结构显示和全场温度测量

承担单位	中国科学院力学研究所、国家空间科学中心		
负责人	戴国亮、孙志斌	研究周期	2011.10—2013.9
学科从属	微重力与空间生命科学		
关键词	微重力环境、火焰结构、全场温度测量		

课题背景：显示火焰结构、测量火焰全场温度分布是开展燃烧实验的基础工作之一。针对空间微重力环境燃烧实验的特点，火焰结构显示和温度测量需要采用非接触式方法（如光学诊断法）。此外，测量设备需要具备小型化、模块化和高可靠设计的特点。因此，微重力燃烧实验中的火焰结构显示和温度测量的技术需选择可靠性高的光学诊断技术。

主要目标：研究应用于空间微重力环境燃烧实验中火焰结构显示和全场温度测量的纹影（包括彩虹纹影偏折）技术和差分干涉技术，并研究相应的小型化原理样机。

主要研究内容：

1）通过理论计算和实验完成三种观测方法（纹影法、差分干涉法、彩虹纹影偏折法）的光路设计研究，包括结合不同观测方法进行系统测量参数的影响因素分析、光路系统参数的优化设计研究，以及三种观测方法的光路系统的灵敏度分析。

2）实现小型化、模块化光学诊断设备原理样机研制，包括研制实现微小型结构尺寸能满足性能指标的光路单元，研制三种观测方法的小型化、模块化设计，完成三种观测方法的数据分析技术，以及对原理样机进行系统测试和地基、落塔的实验验证。

3）完成符合空间微重力环境开展燃烧实验特定要求的原理样机的研制，并对研制的原理样机开展地基和微重力落塔的系统测试和实验验证。

代表性成果产出：

1）微重力燃烧实验中的火焰结构显示和全场温度测量原理样机设计方案报告。

2）微重力燃烧实验中的火焰结构显示和全场温度测量原理样机（图 1－70）。

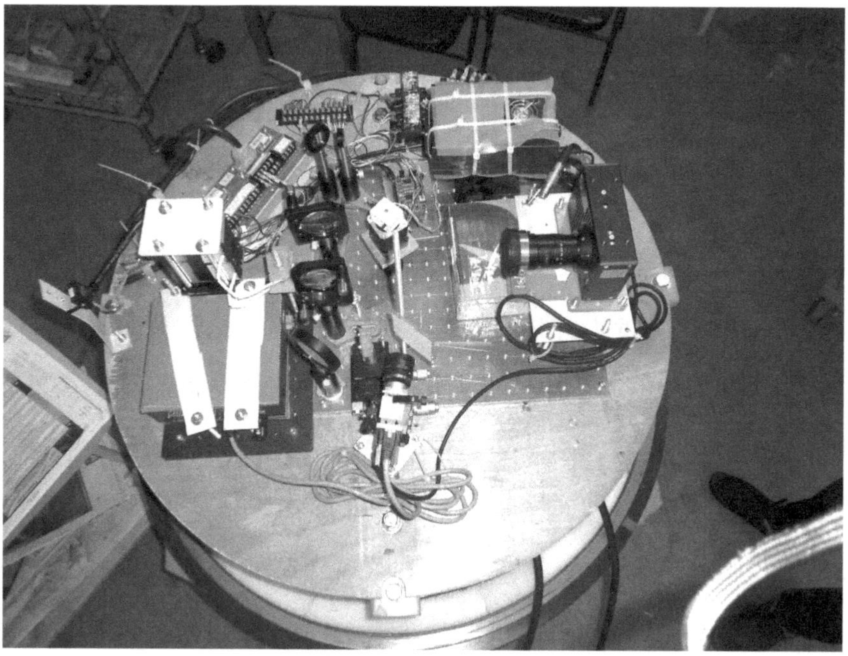

图 1－70　微重力燃烧实验中的火焰结构显示和全场温度测量原理样机

3）代表性论文：

王静，孙志斌，代斌，等．应用于微重力燃烧实验中的火焰结构显示和全场温度测量的原理样机［J］．空间科学学报，2015，35（3）：336－342．

后续应用：

1）可显示地基和空间微重力燃烧实验的火焰结构、测量燃烧温度场，同时为微重力燃烧机理研究提供技术基础。

2）也可用于地基和空间流体物理、材料科学研究等领域中的对流、物质输运过程等研究工作。

3）缩小国内在微重力燃烧实验技术方面与国际先进水平的差距，丰富空间实验中的燃烧诊断技术，对推动我国空间微重力燃烧科学领域的关键技术发展奠定基础。

1.3.3.7　湍流燃烧空间实验方案与实验技术研究

承担单位	中国科学院力学研究所		
负责人	王双峰	研究周期	2011.10—2013.9
学科从属	微重力与空间生命科学		
关键词	湍流燃烧、空间实验		

课题背景：湍流燃烧是燃烧科学与技术中最为重要的问题，微重力为深入认识湍流燃烧过程中的基本规律提供了十分有利的条件。湍流燃烧所涉及的研究范围很广，微重力条件下相关研究工作还很少，缺乏系统性。为了最大限度地发挥微重力实验特别是空间实验的效益，需要对微重力湍流燃烧实验的科学问题进行凝练，对湍流燃烧空间实验的技术方案进行充分研究，以具有创新性的科学研究目标为牵引，同时发展适用的微重力实验技术，为我国开展高质量的微重力湍流燃烧实验做好了准备。

主要目标：总结和优选利用空间飞行器进行湍流燃烧实验的科学研究内容，提出可行的空间实验技术方案，并建立实验装置的原理样机，形成空间实验的完整项目概念和技术实施方案。

主要研究内容：

1）分析和总结湍流燃烧空间实验研究的科学问题，优选空间实验的研究目标和研究内容。

2）设计空间实验的技术方案，研制实验装置的原理样机。

3）原理样机的系统测试和实验验证。

代表性成果产出：

1）湍流燃烧空间实验方案研究报告。

2）湍流燃烧实验装置原理样机（图 1-71）。

3）代表性论文

[1] 王绥德，王双峰，王强．湍流预混火焰熄灭特性的实验研究 [J]. 燃烧科学与技术，2014，20 (5)：466-470.

[2] Wang S D, Wang S F. Experimental investigation of turbulent

premixed flame extinction in normal - and micro - gravity [C]. Beijing：64th International Astronautical Congress，2013.

[3] 王绥德，王双峰，王强．对冲湍流预混火焰熄灭特性的实验研究 [C]. 西安：2013 年中国力学大会，2013.

后续应用：

1）为制定我国微重力燃烧研究计划提供依据，提出的湍流燃烧空间实验的科学问题，作为微重力燃烧领域的重点研究方向写入《2016—2030 空间科学规划研究报告》。

2）建立的湍流燃烧实验系统为后继相关研究提供了良好技术平台。

图 1 - 71　湍流燃烧实验装置原理样机

1.3.3.8　空间高温材料科学实验装置关键技术研究

承担单位	中国科学院上海硅酸盐研究所		
负责人	潘秀红	研究周期	2011.10—2013.9
学科从属	微重力与空间生命科学		
关键词	空间高温材料、加热单元、控制系统		

课题背景：空间材料科学实验装置加工温度的高低决定了所研究材料的种类和范围，是材料专家制定空间材料合成工艺条件所关注的首要因素之一。在我国前期的空间材料科学实验装置中，最高工作温度均在 1 300 ℃以下，制约了具有良好应用前景的高温高性能材料空间科学实验的开展。

主要目标：突破空间材料高温实验装置的关键技术，研制拥有自主知识产权的高温加热单元及其控制系统。

主要研究内容：

1）高温长寿命发热体研制：遴选在 1 500 ℃高温下工作的发热体材料、优化功能参数以及抗氧化工艺处理，研究加热体形状、加热功率、各种工艺参数对发热体工作寿命的影响规律。

2）绝热保温结构优化设计：以小型、轻质、低功耗为准则，进行发热体绝热保温结构优化设计；研究发热体多层隔热结构、高温辐射反射结构、气氛环境等对实验温度的影响。

3）精确测控温技术研究：研究在温度达 1 500 ℃条件下的高精度控温技术，包括高温传感信号提取和处理、高温炉控制方法、高温炉控制软件等的研究，重点研究系统中弱信号的检测方法和抗干扰措施。

代表性成果产出：

1）空间高温材料科学实验装置关键技术研究报告。

2）空间高温材料科学实验装置原理样机（图 1 - 72 和图 1 - 73）。

3）代表性专利：

温海琴，张明辉，潘秀红，等．一种低功耗高温电阻炉：ZL201520107865.8

[P]. 2015-07-15.

后续应用：

1）可直接在我国现行的各种空间飞行器上工作，包括载人飞船和返回式卫星。

2）为我国载人空间站载荷高温材料科学实验柜（最高温度要求1 600 ℃）的研制奠定了技术基础。

图1-72　高温加热单元原理样机

图1-73　控制系统原理样机

1.3.3.9　材料样品悬浮实验装置关键技术研究

承担单位	中国科学院国家空间科学中心		
负责人	翟光杰	研究周期	2011.10—2013.9
学科从属	微重力与空间生命科学		
关键词	材料悬浮、加热与冷却、凝固试验		

课题背景： 材料悬浮实验是目前国际空间材料研究领域广泛采用的一种研究手段。国际空间站上已装备该类实验设施，而我国目前尚无适合空间实验的材料悬浮实验装置。该装置既要满足材料悬浮实验要求，又要满足空间运行的适应性、安全性、可靠性等诸多要求，而目前可参考的资料非常有限，需在技术上大力创新。

主要目标： 突破材料悬浮实验中的关键技术，完成材料样品悬浮实验装置控制单元样机及演示系统。

主要研究内容：

1）研究悬浮样品的多激光加热与冷却控制技术，完成多激光加热与冷却控制单元样机的研制，开展演示验证试验。

2）优选 3～5 种材料样品，利用研制的材料样品悬浮实验装置开展无容器悬浮凝固试验，对试验过程中材料的温度变化、凝固过冷度、再辉过程等进行研究，对材料熔体热物性进行测量，并对凝固组织进行系统分析。一方面获得各种材料在悬浮条件下的凝固特征及组织特征，另一方面借此综合考核与评估研制设备的实验能力。

代表性成果产出：

1）材料样品悬浮实验装置关键技术研究装置研制总结报告。

2）材料样品悬浮实验装置（图 1-74）。

3）代表性论文：

[1] 代斌，孙志斌，王飞龙，等．基于 PSD 的静电悬浮位置测量与控制系统设计 [J]. 传感器与微系统，2015，34（3）：97-99，102.

[2] Zhai G J. The electrostatic levitation facility for material experiment with

drop tube [C]. Guilin: 9th China - Japan - Korea Workshop on Microgravity Science, 2012.

后续应用： 为未来拟利用该材料悬浮实验装置开展空间材料实验的研究人员提供实验工艺设计参考及实验规范。

图 1 - 74 静电悬浮实验装置系统实物

1.3.3.10 空间实验数字全息干涉仪

承担单位	中国科学院力学研究所		
负责人	段俐	研究周期	2011.10—2013.9
学科从属	微重力与空间生命科学		
关键词	数字全息、空间实验、复杂流场		

课题背景： 基于全息干涉原理的空间实验数字全息干涉仪，可实现空间流体动力学行为的全场相位动态测量，是对复杂物场进行高灵敏度动态可视化测量与表征的一种理想测量仪器。

主要目标： 研制可实现全场动态测量的空间实验数字全息干涉仪，得到表征流场变化的数字全息干涉图，实现异地准实时数值重建流场分布，进而得到空间环境下复杂流场的相关物理参数，如折射率、温度、密度、浓度等。

主要研究内容：

1）研究满足空间实验环境特点和流场测量需要的数字全息干涉仪系统设计方案，包括小型化和轻型化、温度稳定性，以及抗冲击震动等的技术途径。

2）研究数字全息干涉仪系统远程控制技术及软件设计、流场数字全息干涉图的数值重建技术及软件设计。

3）研制满足空间实验环境特点和流场测量需要的数字全息干涉仪系统硬件。

代表性成果产出：

1）空间实验数字全息干涉仪研究报告。

2）空间实验数字全息干涉仪原理样机（图 1－75）。

图 1－75　空间实验数字全息干涉仪原理样机开展软硬件联测

3）代表性论文：

［1］Wu B J，Zhao J L，Wang J，et al. Visual investigation on the heat dissipation process of a heat sink by usingdigital holographic interferometry［J］. Journal of Applied Physics，2013，114（9）：193103.

[2] Wang J，Zhao J L，Qin C，et al. Digital holographic interferometry based on wavelength and angular multiplexing for measuring the ternary diffusion [J]. Optics Letters，2012，37（7）：1211－1213.

[3] 张朔婷，胡良，段俐，等．多液滴热毛细迁移及温度场分布的研究[J]. 力学学报，2014，46（5）：802－806.

后续应用：

1）经过更进一步的小型化、轻量化和高稳定性的系统结构设计等，并融合新的数值重建算法设计，可将空间数字全息干涉仪更广泛地推广应用。

2）依据该空间数字全息干涉仪项目的基础，在空间站流体物理实验柜中研制了一套数字全息干涉仪，为后空间站时代微重力流体物理空间科学实验提供温度场、浓度场高精度测量设备。

3）可广泛应用于生物医学研究、微器件检测等诸多科研和生产领域。如果能开发具有自主知识产权的相关数字全息干涉产品，将打破国外对我国高精密检测技术的封锁。

1.3.3.11 落舱无拖曳控制方案研究

承担单位	中国科学院力学研究所		
负责人	康琦	研究周期	2011.10—2013.9
学科从属	微重力与空间生命科学		
关键词	落塔、无拖曳、微重力水平		

课题背景：影响落塔微重力水平的主要因素是空气阻力产生的拖曳效应，阻力的大小与下落速度相关联。无拖曳控制技术将检验质量置于固定在落舱质心附近的真空容器内，通过内置的激光位移传感器测得下落过程中外部容器相对于检验质量位移变化（落舱相对于检验质量的位移变化），使无拖曳控制器产生相应的控制指令，驱动落舱外的推进系统产生推力，修正相对位移的变化，从而提高落舱的微重力水平。

主要目标：针对我国现有的百米落塔落舱设施，用数值仿真的方法分析落舱下落过程中的空气阻力以及动力学特征，应用无拖曳控制技术和微推进技术进行设计，提出落舱无拖曳控制改造方案，在理论上使落舱系统微重力水平达到 $10^{-8}\ g$。

主要研究内容：

1）落舱下落全程所受阻力仿真计算。流体力学计算软件对落塔和落舱结构进行三维几何建模，计算下落过程中空气阻力的大小和变化特征，用于无拖曳控制模型抵偿空气阻力所需要的推进系统推力大小的设计以及无拖曳控制模型控制设计。

2）检验质量和测量系统设计。采用多对光学位移传感器来检测落舱系统对于理想失重状态的偏离，发展高测量精度、高响应率检测系统是实现无拖曳控制需首先解决的问题。

3）冷气推进系统分析与设计。设计推力大的单元抵偿正面的阻力影响，小推力单元进行补偿和落舱姿态调整。

4）无拖曳控制分析与控制器设计。结合动力学仿真计算、落塔动力学特征等，根据控制算法产生相应的指令，控制冷气推进系统产生推力，使落舱在下落过程中的残留加速度和姿态扰动处于预定的偏差范围之内。

代表性成果产出：

1）落舱无拖曳控制方案（图1－76）研究报告。

2）代表性论文：

[1] 高辉．基于镓元素的FEEP推进器设计［C］. 兰州电推进会议，2013.

[2] 申波．基于扭称的弱力测量装置设计［C］. 兰州电推进会议，2013.

3）代表性专利：

[1] 高辉，康琦，段俐，等．一种用于空间环境模拟真空设备的复合装置：CN201310163396.7［P］. 2013－09－11.

[2] 赵凤鸣，高辉，康琦，等．一种电推进器弱力测量装置：CN201310275810.3［P］. 2013－10－02.

后续应用：

1）为未来基础物理和高精度惯性传感器等研究项目服务，且有助于制造工艺的改进，填补国家在这一领域的空白。

2）落舱作为卫星无拖曳控制技术的地面实验平台，可积累无拖曳技术的实践经验，为将来的无拖曳卫星奠定基础。

3）无拖曳控制的技术以及控制算法在空间先导专项的空间引力波探测及地面半物理仿真平台验证和“太极计划”的实施中得到了应用。

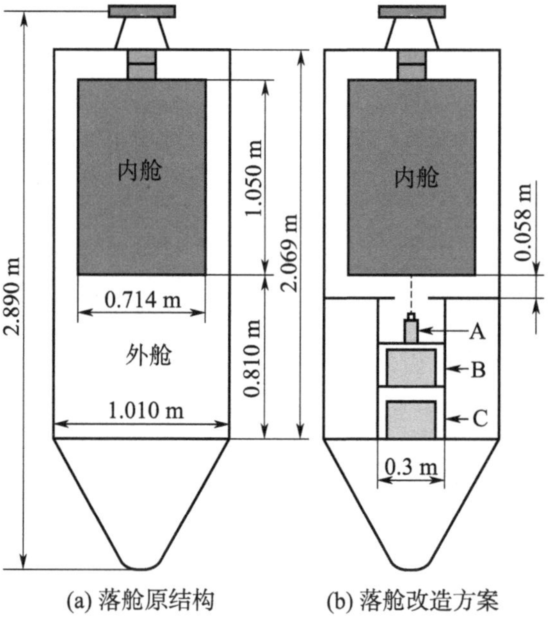

图 1－76　落舱原结构和落舱改造方案

1.3.3.12　空间细胞生物力学工程技术平台研究

承担单位	中国科学院力学研究所		
负责人	龙勉	研究周期	2011.10—2013.9
学科从属	微重力与空间生命科学		
关键词	微重力、细胞力学、力学-生物学、耦合、微重力生物学效应		

课题背景：航天员存在骨流失、免疫功能异常等健康问题。空间微重力环境下细胞与其生存环境（细胞周围、胞外基质或溶液）间的相互作用与地面相比发生显著变化，需要开展空间细胞力学-生物学耦合机制的基础理论研究，并开发相应的空间及地基模拟实验技术与装置，为人类空间探测活动中面临的

生理问题采取应对措施，以及为骨质疏松、免疫应答等地面人类健康问题研究提供支撑。

主要目标：

1）发展用于微重力环境下细胞力学-生物学耦合机制研究的技术装置和实验方案，促进空间实验平台对细胞培养实验力学环境的规范和定量控制，样机经拓展可适用于各特异性细胞、组织生长的空间实验。

2）发展空间实时重离子探测系统，实现实时探测重离子辐射的离子种类、大小和位置，并可用于研究细胞辐射效应。

主要研究内容：

1）研制一套空间细胞生物力学工程技术平台原理样机（图 1－77），用以模拟生理条件物质输运过程和生长规律，适用于特异性细胞、组织乃至器官生长。

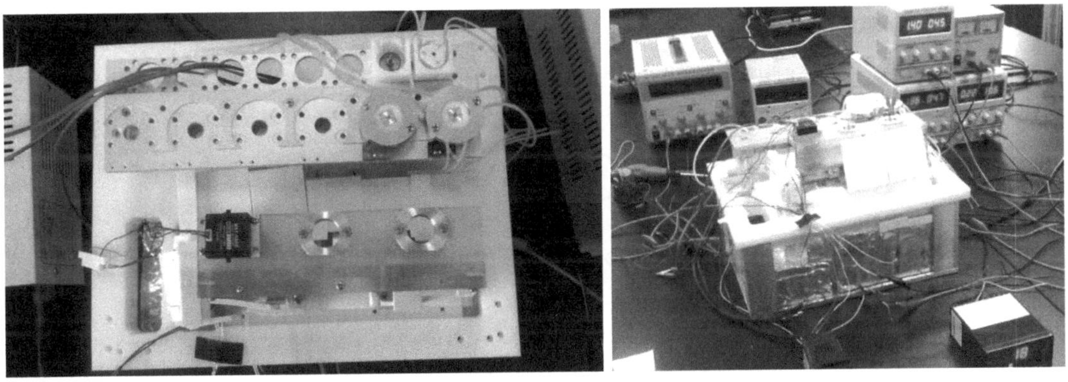

图 1－77　空间细胞生物力学工程技术平台原理样机

2）通过（微）重力下细胞生命活动和生物学过程的生物力学模型化研究，促进实验平台对力学环境的定量描述。

3）在（微）重力下的细胞力学-生物学耦合规律、亚细胞组元重建与组装动力学及其分子调控，以及生理系统改建或重建生物力学机制的方案研究上取得进展。

4）研制一套能在空间环境下研究细胞辐射效应的空间实时重离子系统样机（图 1－78），包括实时重离子种类鉴别系统、辐射位置定位系统和活细胞培养系统，重点考虑空间重离子辐射，能实时给出重离子辐射的辐射种类、大小和位置，同时可以实时研究对细胞产生的效应。

图 1 - 78　空间细胞生物力学工程技术平台的空间实时重离子系统样机探测腔

代表性成果产出：

1）空间细胞生物力学工程技术平台研究报告。

2）空间细胞生物力学工程技术平台样机、空间重离子径迹实时装置样机。

3）代表性论文：

［1］闫思齐，卢小龙，党秉荣，等．重离子径迹影像探测器研制及初步实验测试［J］．核技术，2014，37（8）：44 - 50.

［2］Li Z，Gong Y W，Sun S J，et al. Differential regulation of stiffness，topography，and dimension of substrates in rat mesenchymal stem cells［J］. Biomaterials，2013（34）：7616 - 7625.

［3］Zhan D Y，Zhang Y，Long M. Spreading of human neutrophils onto ICAM - 1 - immobilized substrate under shear flow［J］. Chin. Sci. Bull，2012，57（7）：769 - 775.

4）代表性专利：

［1］孙树津，龙勉．一种生物反应器用微型旋转密：CN201210499197.9［P］．2013 - 03 - 20.

[2] 孙树津，龙勉．一种生物反应器用双通道微型旋转密封：CN201210544243.2 [P]. 2012-11-29.

后续应用：

1）为我国载人航天工程、空间站生命科学研究应用任务及相关空间和地面的生命科学研究提供技术支持。

2）空间细胞生物力学工程技术平台原理样机的改进型号已应用于“实践十号”返回式科学实验卫星（图 1-79）的空间实验任务，其气泡分离技术、微型泵阀技术也应用于中国空间站建造期实验装置研制。

图 1-79　在空间细胞生物力学工程技术平台原理样机基础上，研制的“实践十号”返回式卫星空间实验装置

1.3.3.13　无人航天器的微生物监控技术研究

承担单位	中国科学院微生物研究所		
负责人	朱宝利	研究周期	2011.10-2013.9
学科从属	微重力与空间生命科学		
关键词	无人航天器、微生物安全、蛋白质微阵列		

课题背景：航天生物安全一直是人类空间探索过程中广泛关注的问题之一。在空间某些特殊环境下，微生物表现出很强的生存能力，对航天设备的危害具体表现为微生物对钛、铝、电缆等多种材料及设备的腐蚀。对无人航天器

的微生物进行实时监测，有助于明确微生物对航天设备损坏的可能性，也将为载人航天器中微生物监测奠定基础。

主要目标：

1）开发基于环介导等温扩增技术（Loop - mediated Isothermal Amplification，LAMP）的、航天器内部监测微生物安全的小型检测设备原理样机和技术方案，包括设计自动采样设备模型、设计基于 LAMP 的液体芯片，以及建立自动化的温度控制反应体系。

2）研究适合于多通道微生物检测的光学蛋白质微阵列传感器技术，实现航天器的微生物多通道、高灵敏度和自动化测量。

主要研究内容：

1）以封闭空间微生物的收集扩增和识别为设计目标，设计和研制关键部组件；进行收集和扩增实验，进行荧光浓度识别验证实验，使设计研制的部组件接近实际应用要求。

2）针对微生物的三大主要类别设计检测细菌、古菌和真菌的特异扩增引物并进行实验验证，然后分别选取大类中至少 30 种具体微生物物种设计特异 LAMP 扩增引物。

3）设计 LAMP 反应器。首先设计易于空间自动操作的反应体系，即将反应试剂制成干粉并与缓冲液分开配置，加入样品后启动反应；然后将分开的试剂组装于单一样品反应池；最后将 96 个单一反应池整合至一个反应板中，以实现高通量操作。

4）采用已经有成功基础的蛋白质微阵列生物传感方法学，并用于研究微生物的检测。通过测量这一变化来得到芯片表面生物大分子相互作用的信息。

代表性成果产出：

1）无人航天器的微生物监控技术研究报告、LAMP 技术检测微生物引物设计方案报告（图 1 - 80）。

2）小型化椭偏成像仪原理样机。

3）代表性论文：

[1] Jin G，Niu Y，Zhao Z. Detection of neuron specific enolase（NSE）

with the protein biosensor based on imaging ellipsometry [J]. Journal of Analytical Oncology, 2012, 1 (1): 111 - 116.

[2] Niu Y, Zhuang J, Liu L, et al. Two kinds of anti - ricin antibody and ricin interaction evaluated by biosensor based on imaging ellipsometry [J]. Thin Solid Films, 2011, 519 (9): 2768 - 2771.

[3] 张苑怡，武娜，朱宝利，等．快速检测 NDM - 1 基因的环介导恒温扩增技术的建立与评价 [J]. 生物工程学报，2011，27 (8): 1232 - 1238.

后续应用: 应用于实时监测可能损害无人航天设备的微生物，并为今后载人航天器中的微生物监测奠定基础。

图 1 - 80　基于 LAMP 的微生物监测技术

1.3.3.14　地球生命对空间环境的适应与响应机制实验方案研究

承担单位	中国科学院微生物研究所		
负责人	刘梅	研究周期	2011.10—2013.9
学科从属	微重力与空间生命科学		
关键词	地球微生物、空间环境、适应与响应机制		

课题背景：研究地球极端环境下的微生物及藻类在空间环境条件下的耐受情况及其对空间环境条件的适应性，可为筛选更适合空间生存的微生物菌株和藻株，确定其在各种空间环境条件下的存活率与代谢活性变化状况提供参考。

主要目标：开展地球生命对空间环境的适应与响应机制实验方案研究，研究可用于观察和探测在宇宙环境压力下，长期飞行过程中生命对环境的适应与响应机制的实验方案。

主要研究内容：

1）地球极端环境的典型微生物、石内生微生物群落中典型微生物的选择、活化培养。

2）使用模拟空间环境技术平台（辐射、真空、极端温度等）进行存活菌的筛选。

3）研究存活菌株与出发菌株之间的相关基因序列和表达水平的差异，初步了解菌株对模拟空间环境的适应与响应机制。

4）设计地球极端环境典型微生物在宇宙环境压力下，长期飞行过程中的暴露实验装置、在轨培养实验装置及在轨检测实验装置，设计上述实验方案。

5）从极端环境条件下采集藻类样品，从而筛选、分离具有较强抗逆性的藻种；通过对比分离得到藻类在空间环境条件下的生理特性，初步揭示藻类对空间环境条件的适应机理，并探究藻类在不同空间环境条件下的耐受程度与存活率。

6）设计地球生物对空间环境适应与响应机制研究方案。

代表性成果产出：

1）地球生命对空间环境的适应与响应机制实验方案与实验装置设计方案报告，微生物空间暴露实验装置（图 1－81）、微生物在轨培养检测装置（图 1－82）设计报告。

2）代表性论文：

［1］Zhang Y，Li X，Wang G，et al. Physiological responses of synechocystis sp. PCC 6803 under clinorotation［J］. Microgravity Science and Technology，2012 (24)：281－286.

[2] Zhang Y，Li X，Ge H，et al. Influence of clinorotation on cellular structure，photosynthetic activity，carbohydrate and astaxanthin metabolism of haematococcus pluvialis [J]. Fresenius Environmental Bulletin，2012，21 (8)：2017 - 2026.

图 1 - 81　地球极端环境典型微生物在宇宙环境压力下、长期飞行过程中的暴露实验装置实物（已装填月壤）

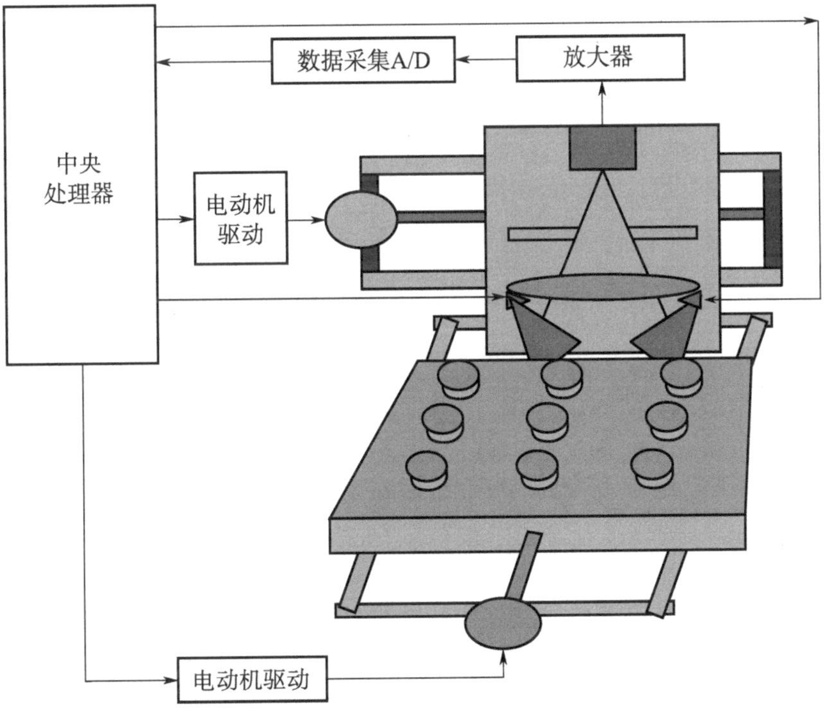

图 1 - 82　地球极端环境典型微生物在宇宙环境压力下、长期飞行过程中的微生物在轨培养检测装置设计

后续应用：

1）选取微生物菌株进行“神舟九号”飞船空间搭载实验，获得系列空间环境耐受菌株，并对筛选菌株进行了初级代谢、次级代谢等差异研究。

2）可为地球生命对空间环境的适应与响应研究提供研究方案和初步研究基础，可将该研究方案在长期空间飞行过程中以及空间站等加以实施。

3）为支持开发行星际和微重力环境下的再生生命支持系统提供数据，为未来人类的星际拓殖，以及地球生命的起源与进化研究提供支撑。

1.3.4 其他

1.3.4.1 空间科学发展相关政策研究

承担单位	中国科学院科技战略咨询研究院(原名:科技政策与管理科学研究所)		
负责人	穆荣平	研究周期	2011.10—2013.9
学科从属	其他		
关键词	空间科学、政策理论、可持续发展		

课题背景：随着空间探索活动的广泛开展，我国在空间天文、太阳系探测、微重力科学、空间生命科学等领域取得了长足发展。空间科学政策是开展空间科学研究活动的行为规范和准则。然而，当前空间科学政策体系在管理体制、政策连续性和完善性等方面还存在诸多问题。空间科学发展相关政策研究，将有利于系统开展空间科学的战略价值、政策环境和国际合作等事关空间科学长远发展的重大政策问题研究。

主要目标：

1）为空间科学先导专项顺利实施提供方法论支持，保障专项长期可持续发展。

2）阐明开展空间科学研究的战略价值，为开展空间科学研究、发展空间科学能力提供合理性依据。

3）分析空间科学发展的战略环境，明确我国空间科学未来发展面临的机会、威胁、机遇与挑战。

4）分析空间科学领域合作的动力机制，识别潜在的合作对象，总结归纳主要的合作模式，为未来空间科学国际合作提供有益借鉴。

5）提出符合我国发展状况的空间科学发展政策建议，为完善空间科学政策机制提供理论支持。

主要研究内容：

1）开展空间科学学科特点分析，系统综述国内外关于空间科学政策领域的理论研究，界定空间科学政策内涵，分析空间科学政策的功能定位等。

2）系统综述国内外关于空间科学战略价值研究，确立空间科学战略价值分析框架，选取部分空间科学项目进行重点案例研究。

3）系统分析我国空间科学发展面临的国际国内环境，明确我国空间科学发展的优势与劣势，识别影响我国空间科学发展的机会和影响因素。

4）开展空间科学领域国际合作动力机制研究，开展若干国内外空间科学领域合作的典型案例研究，提出推进我国空间科学领域合作的政策建议。

5）系统调研美国、欧盟、日本等国家和地区空间科学发展政策现状，提出完善空间科学发展规划、重大空间科学项目决策与组织管理机制、空间科学预算管理机制等方面的政策建议（图1-83）。

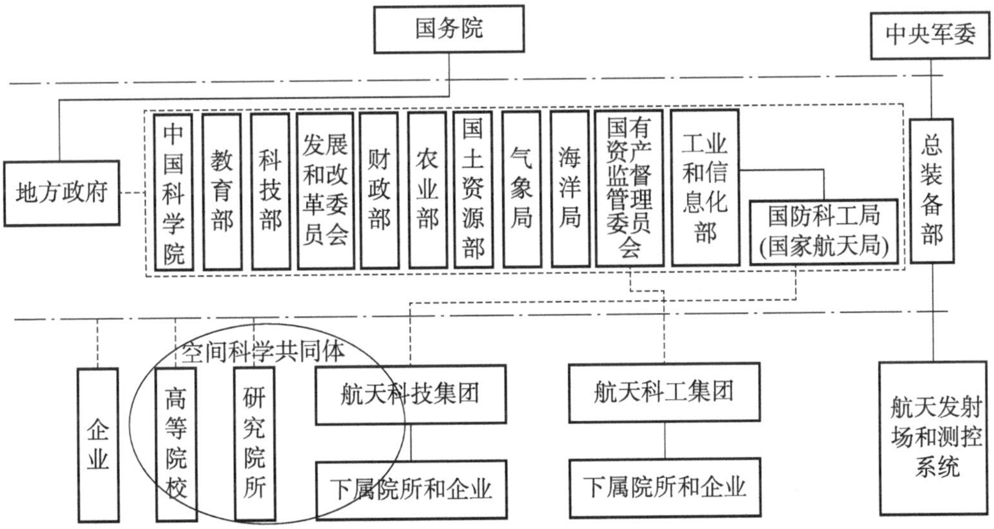

图1-83 空间科学部门的宏观管理体制（多元分散的治理结构）

代表性成果产出：

1）空间科学发展相关政策研究报告、空间科学政策国际比较分析报告、空间科学发展典型案例研究报告、空间科学研究现状分析报告。

2）代表性论文：

[1] 樊永刚，穆荣平．国家空间能力测度与国际比较研究 [J]. 科学学研究，2013，31（5），666－673.

[2] 樊永刚，孙丽琳，穆荣平．我国空间科学发展政策问题初探 [J]. 中国科学院院刊，2014，29（5）：613－619.

[3] 樊永刚，杨利锋，王婷，等．空间政策研究述评与展望 [J]. 中国航天，2014（10）：46－52.

[4] Mu R P，Fan Y G. An overview of Chinese space policy [G]. // Kai－Uwe Schrogl. Handbook of Space Security：Policies，Applications and Programs. Springer，2015：413－430.

后续应用：

1）支持和完善空间科技先导专项的组织管理，推动空间科学政策领域的国内外交流合作，为空间科学政策制定提供理论支撑和政策建议。

2）基于该课题的相关研究基础，研究团队后续承担了《面向 2030 年的空间科技领域技术研究》《国家战略性新兴产业“十三五”规划》《国家重大科技基础设施“十三五”规划》战略研究等。

1.3.4.2 面向空间科学发展战略与组织管理的情报研究

承担单位	中国科学院文献情报中心（原名：国家科学图书馆）		
负责人	杨帆	研究周期	2011.10—2013.9
学科从属	其他		
关键词	空间科学发展战略、组织管理、情报研究		

课题背景：根据“空间科学发展战略与总体规划”战略研究和发展需求，发挥专业特长和优势，开展面向空间科学发展战略与空间科学先导专项组织实

施的情报研究与服务。

主要目标：

1）通过相关情报研究与服务，为空间科学发展战略研究、空间科学先导专项组织实施提供具有重要参考价值的证据（链）。

2）基于可靠数据、科学论证的评估结果和建议，为专项的规划与布局、重要项目遴选及组织管理等提供支撑。

主要研究内容：

1）动态监测：对 NASA、ESA、JAXA（Japan Aerospace Exploration Agency，日本宇宙航空研究开发机构）、美国国家研究理事会（National Research Council，NRC）、空间研究委员会（SSB）等组织以及空间科学主要国家的发展理念和战略、重大计划和项目、学科发展前沿等进行动态跟踪。

2）专题研究：根据“空间科学发展战略与总体规划”战略研究和发展需求，进行专题情报调研。

3）态势评估：基于空间科学发展规划的新调整、空间科学各分支领域的前沿进展和重大突破，以及空间科学领域发展的相关热点，通过文献计量学方法对我国和世界空间科学领域的年度发展态势进行评估。

代表性成果产出：

1）如图 1－84 所示，《空间科学发展战略与学科前沿动态》2012 年第 01 期～2013 年第 12 期（共计 24 份），空间科学领域态势分析评估报告（2000—2011），空间科学领域 2012 年度态势分析评估报告，空间物理领域 2013 年度态势分析评估报告，ESA 空间科学卫星项目遴选历程、经验教训及主要成果调研报告，日本空间科学卫星遴选机制及前五颗星调研报告，与空间科学相关的国际科学技术奖获奖情况简介调研报告，NRC 空间科学十年调查经验和教训，NASA 空间飞行计划和项目管理要求。

2）代表性论文：

[1] 杨帆，韩淋，王海名，等．国际空间科学发展态势研究与思考［J］．中国科学院院刊，2014，29（5）：603－612.

[2] 韩淋，范唯唯，杨帆，等．太阳系探测国际发展态势分析［J］．科学观

察，2016，11（5）：18 - 25.

[3] 杨帆，王海霞，韩淋，等．国际空间计划加速基本科学问题和空间技术的重大突破[J]. 中国科学院院刊，2013，28（5）：596 - 598.

[4] 王海霞，王海名，张新民．暗物质粒子的探测和研究可能取得突破[J]. 中国科学院院刊，2013，28（5）：550 - 553.

[5] 韩淋，王海名，杨帆，等．2012 年国际空间站科学研究与应用进展[J]. 载人航天，2013，19（4）：90 - 96.

后续应用： 参与国家自然科学基金委员会与中国科学院共同组织的中国学科发展战略——空间科学研究，持续支持中国科学院战略性先导科技专项。

（a）空间科学发展战略与学科前沿　　（b）空间科学领域态势分析评估报告

图 1 - 84　空间科学发展战略与学科前沿以及空间科学领域态势分析评估报告（2000—2011）

1.3.4.3　液氦温区小型机械制冷技术研究

承担单位	中国科学院理化技术研究所		
负责人	刘彦杰	研究周期	2011.10—2013.9
学科从属	其他		
关键词	液氦温区、小型、制冷		

课题背景： 随着空间技术的发展，深空探测、空间天文观测和量子通信等

领域均亟需空间液氦温区机械制冷技术的支持。目前的液氦温区低温制冷机，如吉福德-麦克马洪（G－M）制冷机和 G－M 型脉冲管制冷机，都普遍存在制冷效率低、体积质量大、功耗高、需要水冷及定期维护等突出问题，不适合于空间应用。从 21 世纪 90 年代起，空间液氦温区制冷技术一直是 NASA 和 ESA 空间制冷技术的重点研究领域之一，同时也是以美国为首的发达国家对我国封锁的空间关键技术之一。与此同时，国内液氦温区的小型机械制冷技术的研究仍处于起步阶段，存在着诸多尚待解决的问题。

主要目标：针对空间天文观测和量子通信等领域对液氦温区制冷技术的需求，解决低温下材料比热急剧下降、工作气体非理想性大幅增加等物理现象带来的技术难题，在突破高效线性压缩机技术、大冷量脉冲管制冷技术、低温级高效回热技术、节流线性压缩机技术等关键技术的基础上，研制出最低温度可以达到 4.5K 以下的小型低温制冷机原理样机。

主要研究内容：

1）液氦温区多级脉冲管制冷机研究：主要包括多级高频脉冲管制冷机的级联方式和级间耦合技术研究、高效线性压缩机技术研究、低温级脉冲管制冷机的调相技术研究、液氦温区的回热器材料选择和实验方案研究、液氦温区回热器的损失机制和设计原则研究。

2）节流制冷机的研究：主要包括液氦温区焦耳-汤姆逊（J－T）节流制冷流程研究、高效紧凑的逆流式热交换器技术研究、带进排气阀的无油线性压缩机技术研究和 J－T 微型制冷机回路的氦气纯化方法研究。

3）两种制冷方式的耦合研究：主要包括高频脉冲管制冷机与 J－T 节流制冷机的最佳耦合方案研究，以及高频脉冲管与节流循环管路及节流循环管路之间的热耦合问题研究。

代表性成果产出：

1）液氦温区小型机械制冷机原理样机研制总结报告。

2）液氦温区小型机械制冷机样机（图 1－85）。

3）代表性论文：

［1］ Quan J，Liu Y J，Liu D，et al. 4K high frequency pulse tube cryocooler used for Terahertz space application [J]. Chinese Science Bulletin, 2014, 59 (27): 3490 - 3494.

[2] Quan J, Zhou Z J, Liu Y J. A miniature liquid helium temperature JT cryocooler for space application [J]. Science China Technological Sciences, 2014, 57 (11): 2236 - 2240.

[3] 刘欣彤，全加，刘彦杰，等. 60K 大冷量同轴型脉冲管制冷机的设计与优化 [J]. 工程热物理学报，2014，35 (9)：1698 - 1701.

4）代表性专利：

王娟，周振君，刘彦杰，等. 一种用于液氦温区小型节流制冷系统：CN20131023155.8 [P] 2016 - 05 - 18.

图 1 - 85　三级高频脉冲管制冷机预冷节流制冷机原理样机

后续应用：

1）应用于中国空间站巡天望远镜（China Space Station Telescope，CSST）“多功能光学设施高灵敏度太赫兹探测模块 8K 温区制冷机组件”项目。

2）为我国在空间天文学、太赫兹（THz）技术、空间极低温物理实验、红外探测、微波背景辐射探测等方面的发展提供技术支持。

1.3.4.4　星载光无线总线技术研究

承担单位	中国科学院国家空间科学中心		
负责人	黄永辉	研究周期	2011.10—2013.9
学科从属	空间科学综合探测技术		
关键词	有效载荷、数据传输、光无线		

课题背景：与航天器内电缆网经典的导线传输总线结构相比，无线总线可以有效减小体积和质量，降低功耗，具有传输速率高、可靠性强、电磁兼容优良，以及简化卫星总装、测试与试验（Assembly Integration and Test，AIT）过程等优点。光通信没有电磁干扰和电磁兼容问题的优势，成为星内无线总线的首选技术。

主要目标：突破低速率星载光无线网络的关键技术，验证光无线网络技术应用于星内总线系统的可行性，掌握光无线有效载荷数据传输技术，为高速率光无线网络技术的空间应用提供支持。

主要研究内容：开展 MIL－STD－1553B 总线的全无线物理层设计技术研究，构建有效载荷数据传输的光无线网络地面演示系统（图 1－86），完成光无线网络的数据传输速率和数据传输的比特错误率测试实验。其具体包括：

1）星体内部结构布局对光无线链路的影响。

2）建立光无线总线传输及接收的星内信道模型。

3）建立星内光无线应用的网络拓扑结构及传输协议。

4）建立星载光无线总线调制方式、多址方式。

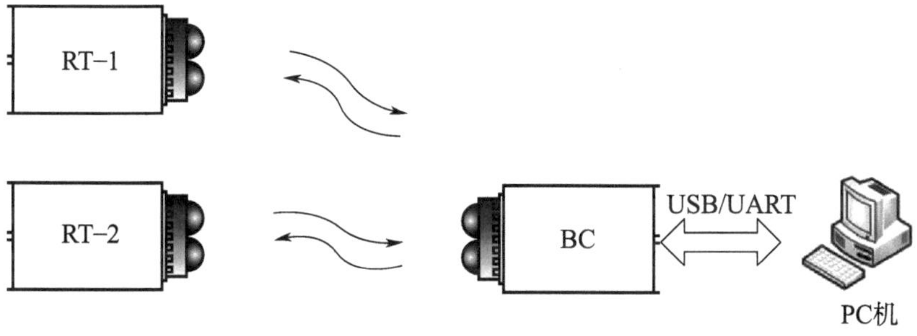

图 1－86　光无线 1553B 总线地面演示系统设计

5）设计兼容 MIL - STD - 1553B 和串行外设接口（Serial Peripheral Interface，SPI）协议的红外收发器。

代表性成果产出：

1）星载光无线总线技术研究报告、星载光无线总线技术研制总结报告。

2）光无线 1553B 总线地面演示系统。

3）代表性论文：

[1] 曹红红，李华旺，王永，等．微小卫星星内光无线通信系统的设计[J]. 遥测遥控，2013，34（6）：40 - 44.

[2] 周莉，安军社，谢彦，等．基于 ASIC 技术的 1553B IP 核的设计 [J]. 空间科学学报，2014，34（1）：127 - 136.

[3] 周莉，安军社，方青文，等．一种面向航天器综合电子的 ASIC 芯片设计 [J]. 空间科学学报，2014，34（4）：497 - 504.

后续应用：星载无线网络技术在“实践十号”（SJ10）任务中进行了在轨验证（图 1 - 87），实现了三个节点基于红外技术的光通信，码速率为 1 Mbit/s；实

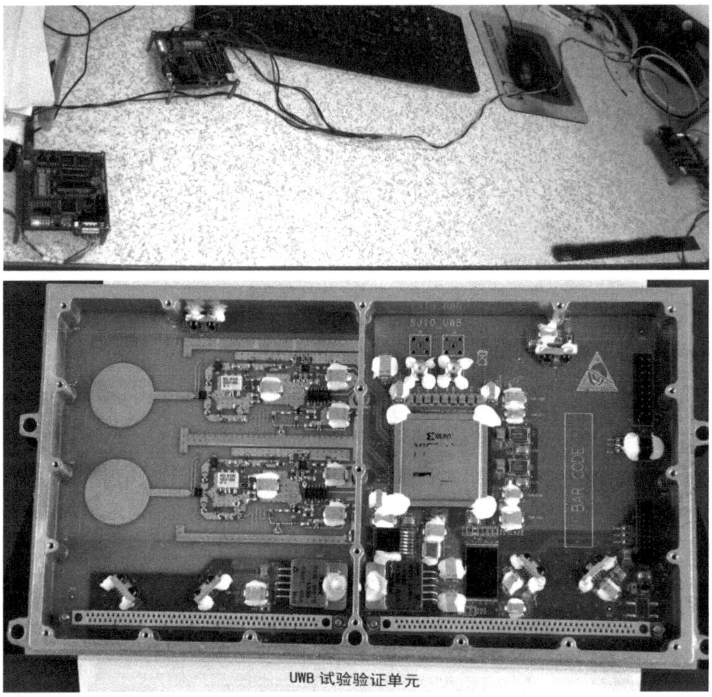

图 1 - 87　SJ10 号任务中光无线 1553B 总线在轨验证试验板

现了两个节点基于超宽带（Ultra Wide Band，UWB）技术的高速通信，码速率为 50 Mbit/s。在 48 h 的无线通信测试中，误码率为 0，验证了无线通信技术在航天器内应用的可行性和可靠性，将为空间飞行器和空间科学任务的支撑服务设计开辟一条新的道路。

1.3.4.5　X 射线脉冲星自主导航技术研究

承担单位	中国科学院国家空间科学中心		
负责人	郑建华	研究周期	2011.10—2013.9
学科从属	空间科学综合探测技术		
关键词	X 射线脉冲星、自主导航、时空基准		

课题背景：与近地卫星相比，深空探测器具有距离远、与地面通信延迟大的特点，迫切需要深空探测器具有自主导航能力。脉冲星以其稳定的脉冲信号和高精度的空间位置，可为卫星自主导航提供绝佳的空间参考基准和时间参考基准，是卫星天然的导航信标。本课题对 X 射线脉冲星自主导航技术进行研究，利用脉冲星的 X 射线辐射信号确定卫星的位置和姿态，在未来深空自主导航中具有广阔的应用前景。

主要目标：突破 X 射线脉冲星自主导航关键技术，为提高深空探测器的可靠性与生存能力奠定技术基础；开发出一套 X 射线脉冲星自主导航仿真系统，为下一步的研究工作提供有力的支撑。

主要研究内容：

1）X 射线脉冲星的筛选研究。

2）空间飞行器时空基准的建立与保持技术研究。

3）脉冲到达时间转换技术研究。

4）脉冲辨识及互相关处理研究。

5）自主导航滤波算法研究。

6）X 射线脉冲星自主导航数字仿真分析。

代表性成果产出：

1）X 射线脉冲星自主导航技术研究报告、X 射线脉冲星自主导航关键技术研究报告。

2）X 射线脉冲星自主导航仿真软件（图 1 - 88）。

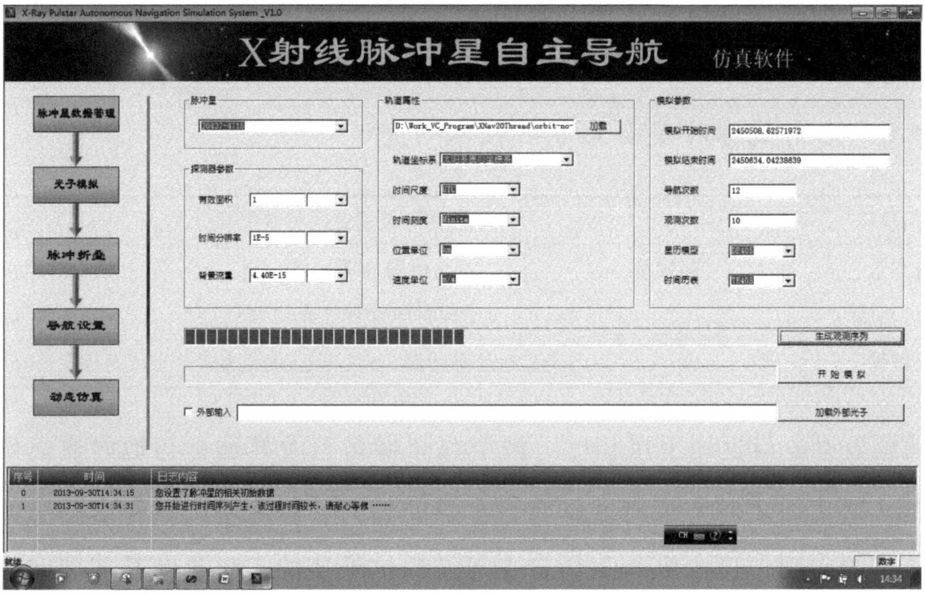

图 1 - 88　X 射线脉冲星自主导航仿真软件

3）代表性论文：

［1］ Deng X P，Coles W，Hobbs G，et al. Optimal interpolation and prediction in pulsar timing ［J］. Monthly Notices of the Royal Astronomical Society，2012，424 （1）：244 - 251.

［2］ Deng X P，Hobbs G，You X P，et al. Interplanetary spacecraft navigation using pulsars ［J］. Advances in Space Research，2013，52 （9）：1602 - 1621.

［3］ Du Y J，Qiao G J，Chen D. Radio and gamma - ray pulsed emission from millisecond pulsars ［J］. The Astrophysical Journal，2013，763 （1）：29.

［4］ 杨成伟，郑建华，高东．基于脉冲星和紫外敏感器的自主定轨定姿授时研究 ［J］. 空间科学学报，2013，33 （2）：194 - 199.

后续应用：可应用于我国深空探测计划。

1.4　空间科学预先研究项目（第三批，2014—2016 年）

表 1-5　空间科学预先研究项目（第三批）责任专家名单

序号	姓名	职称	单位
1	王　赤	院　士	中国科学院国家空间科学中心
2	常　进	院　士	中国科学院紫金山天文台
3	吴　季	研究员	中国科学院国家空间科学中心
4	张双南	研究员	中国科学院高能物理研究所
5	卢方军	研究员	中国科学院高能物理研究所
6	颜毅华	研究员	中国科学院国家天文台
7	甘为群	研究员	中国科学院紫金山天文台
8	徐寄遥	研究员	中国科学院国家空间科学中心
9	邹永廖	研究员	中国科学院国家天文台
10	李　磊	研究员	中国科学院国家空间科学中心
11	施建成	研究员	中国科学院空天信息研究院
12	陈洪滨	研究员	中国科学院大气物理研究所
13	胡　雄	研究员	中国科学院国家空间科学中心
14	刘秋生	研究员	中国科学院力学研究所
15	王双峰	研究员	中国科学院力学研究所
16	冯　稷	研究员	中国科学院物理研究所
17	潘明祥	研究员	中国科学院物理研究所
18	康　琦	研究员	中国科学院力学研究所
19	龙　勉	研究员	中国科学院力学研究所
20	刘志恒	研究员	中国科学院微生物研究所
21	张元仲	研究员	中国科学院理论物理研究所
22	孟　新	研究员	中国科学院国家空间科学中心
23	孙丽琳	正高级工程师	中国科学院国家空间科学中心

表 1－6　空间科学预先研究项目（第三批）课题清单

序号	分类	课题名称	课题负责人	牵头单位	备　注
1	空间科学任务方案	空间引力波探测方案的深化研究	朴云松	中国科学院大学	—
2		系外行星天文成像初步方案及关键技术试验研究	窦江培	中国科学院国家天文台南京天文光学技术研究所	—
3		“宇宙网”紫外发射线探测器概念研究	纪　丽	中国科学院紫金山天文台	—
4		星际快车——“神梭”探测计划初步方案研究	李　晖	中国科学院国家空间科学中心	—
5		小行星表面有机物的红外光谱探测方法研究	唐　红	中国科学院地球化学研究所	—
6		面向全球变化的月基对地观测方案研究	刘　广	中国科学院遥感与数字地球研究所	—
7	有效载荷关键技术	暗物质“源”探测预先研究	范一中	中国科学院紫金山天文台	—
8		微量能器型 X 射线谱仪关键技术研究	刘聪展	中国科学院高能物理研究所	—
9		新型高能电子和伽马射线探测器技术深化研究	彭文溪	中国科学院高能物理研究所	—
10		X 射线脉冲星导航空间探测器研制	盛立志	中国科学院西安光学精密机械研究所	—
11		新型空间化双折射滤光器关键技术	王东光	中国科学院国家天文台	—
12		L5 点莱曼阿尔法及白光内日冕仪初步方案及关键技术研究	黎　辉	中国科学院紫金山天文台	—
13		太阳带电粒子高精度探测关键技术研究	张珅毅	中国科学院国家空间科学中心	—
14		滤光器型空间磁像仪关键技术深化研究	章海鹰	中国科学院国家天文台南京天文光学技术研究所	—
15		太阳带电粒子高精度探测关键技术研究	李新乔	中国科学院高能物理研究所	—
16		金星大气同位素探测器关键技术研究	王馨悦	中国科学院国家空间科学中心	—
17		基于静止轨道卫星监测大气污染物时空变化的可行性研究	蔡兆男	中国科学院大气物理研究所	—

续表

序号	分类	课题名称	课题负责人	牵头单位	备　注
18	空间环境下的科学实验	空间蒸发与冷凝热循环实验方案与关键技术研究	刘秋生 朱志强	中国科学院力学研究所	—
19		基于激光光谱技术的空间燃烧多参数测量技术研究	余西龙	中国科学院力学研究所	—
20		微重力无容器加工装置熔体液滴振荡技术与热物性测量技术研究	孙志斌	中国科学院国家空间科学中心	—
21		基于扭秤的弱力测量系统	段　俐	中国科学院力学研究所	—
22		微重力环境下哺乳动物细胞培养的物质输运控制技术研究与实验方案设计	孙树津	中国科学院力学研究所	—
23		(微)重力下细胞骨架和囊泡运转对植物细胞壁建成与特性的影响	乐　捷	中国科学院植物研究所	—
24		磁性引力场空间检验计划初步方案研究	刘润球	中国科学院数学与系统科学研究院	—
25		低(变)重力环境下液体毛细、界面效应与流体静-动态重定位研究	解京昌	中国科学院力学研究所	—
26		空间燃烧科学实验通用装置的方案和技术研究	王双峰	中国科学院力学研究所	—
27		实验观测磁控对流对晶体生长的作用	王晓东	中国科学院大学	—
28		基于实时重离子辐射装置的空间生物效应	党秉荣	中国科学院近代物理研究所	—
29	—	陀螺-加速度计新等效原理实验关键技术研究	张元仲	中国科学院理论物理研究所	课题中止,未进入成果汇编

1.4.1 空间科学任务方案

1.4.1.1 空间引力波探测方案的深化研究

承担单位	中国科学院大学		
负责人	朴云松	研究周期	2014.01—2015.12
学科从属	空间天文		
关键词	空间引力波、黑洞、物理特性		

课题背景：双黑洞并合和宇宙早期的相变都将产生引力波，这些引力波一直残留到现在，是记录宇宙早期信息的无污染载体，对理解宇宙的起源有重要意义。空间引力波探测已被列入中国科学院制订的空间科学 50 年规划中。在 2008 年成立的中国科学院引力波论证组对我国空间引力波探测的初步规划中，预计在 2030 年前后发射由位于等边三角形顶端三颗卫星组成的引力波探测星座，用激光干涉方法开展中低频波段引力波的直接探测。

主要目标：开展我国空间引力波探测方案的深化研究，针对空间引力波探测的物理设计需求，开展黑洞及其他可预见的引力波源物理特性等研究。

主要研究内容：

1）对探测器获得的信号分析。扣除背景噪声，可将信号分成来自不同引力波源的信号，这些信号的频段为 $10^{-4}\sim10^{-1}$ Hz，包括正在合并的黑洞系统，以及宇宙早期相变产生的引力波。

2）检验不同的引力理论和建立新的模型（图 1 - 89）。目前有很多不同于广义相对论的引力理论，这些理论都会预言不同于广义相对论的引力波信号。

代表性成果产出：

1）空间引力波探测方案的初步设计报告、空间引力波探测的科学需求和国内外进展报告。

2）代表性论文：

[1] Feng K X，Piao Y S. Gravitational waves induced by spinor fields [J]. Phys. Rev. D.，2015，92（2）：023535.

［2］Wang Y T, Piao Y S. Parity violation in pre - inflationary bounce [J]. Phys. Lett. B., 2015 (741): 55 - 60.

［3］龚雪飞，徐生年，袁业飞，等. 空间激光干涉引力波探测与早期宇宙结构形成［J］. 天文学进展，2015，33 (1)：59 - 83.

后续应用： 可用于确定未来空间引力波探测的工作频段等技术指标，有助于完善未来空间引力波探测计划方案设计，对我国引力波探测工程实施的需求有重要的应用前景。

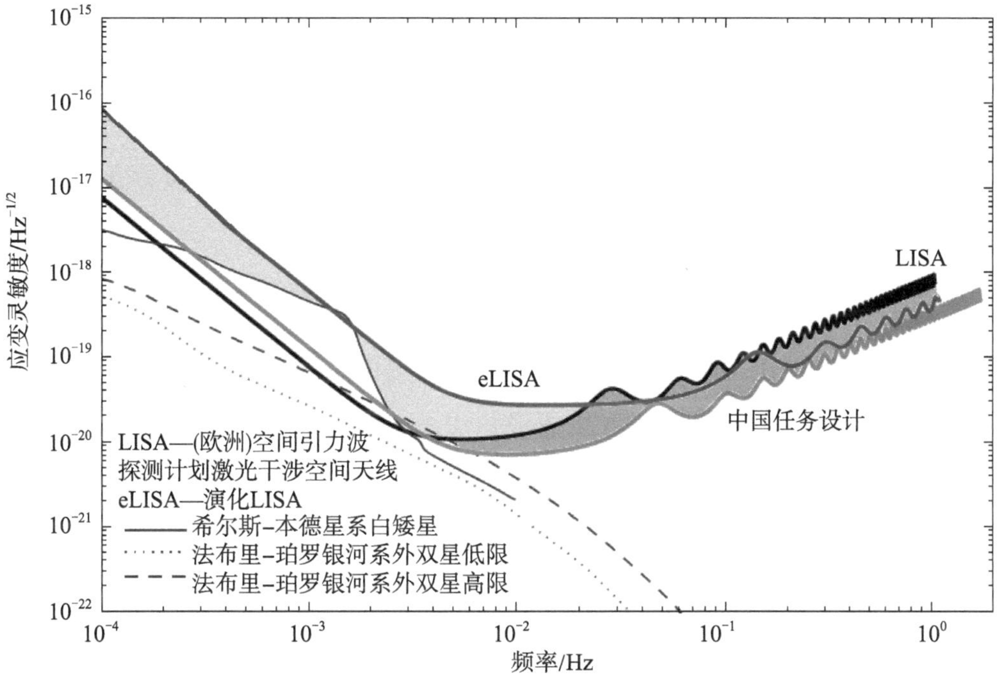

图 1 - 89　空间引力波探测方案中空间引力波探测器的灵敏度曲线

1.4.1.2　系外行星天文成像初步方案及关键技术试验研究

承担单位	中国科学院国家天文台南京天文光学技术研究所		
负责人	窦江培	研究周期	2014.01—2015.12
学科从属	空间天文		
关键词	系外行星、高对比度成像、噪声抑制和消除		

课题背景： 系外行星直接成像探测意义重大，能够直接获取行星有效温

度、大气光谱等重要物理信息，而视向速度等间接探测方式难以获取这些信息。近几年来，系外行星成像研究已经取得了多项重要进展，地基最高探测水平在 0.3″～0.5″附近成像对比度达到 10^{-6}。在技术上，主要受限于观测波段和超级自适应光学（ExAO）校正限制；科学上，主要集中在红外波段探测年轻的系外“热”行星系统。然而，确认系外生命特征信号需要寻找太阳光谱型宜居带内的地球质量的“冷”行星，对该类行星进行高对比度直接成像观测和大气光谱分析。该类行星在可见光波段主要靠反射主星光，对成像对比度要求达到 10^{-10}～10^{-9}。因此，未来探测系外生命信号，需要到空间在可见光和近红外波段开展研究。

主要目标：确立系外行星空间天文成像观测初步方案，完成高对比度成像试验系统关键技术攻关，试验成像对比度初步达到 10^{-8}，并确定未来观测目标，开发出用于系外行星空间天文成像软件。

主要研究内容：

1）针对系外类木和类地行星天文成像观测的极高对比度要求，开展系外行星天文成像观测空间望远镜方案研究。

2）开展高对比度成像星冕仪试验系统光子噪声抑制和散斑噪声消除关键技术攻关；研发有限带透过率光瞳调制试验系统，并进行和 DM 静态波像差校正试验系统的集成工作；开展关键技术演示试验系统的实际性能测试和分析。

3）结合空间望远镜和高对比度成像预期性能，开展天文观测目标选取工作，并基于图像旋转相减（Image Rotation and Subtraction，IRS）技术，开发用于太阳系外行星空间成像观测的天文数据处理算法和软件。

代表性成果产出：

1）太阳系外行星空间天文成像观测计划初步方案报告、系外行星空间天文超高对比度成像关键技术试验攻关报告。

2）系外行星超高对比度成像试验系统（图 1－90）。

3）代表性论文：

［1］Dou J P，Ren D Q. Phase quantization study of spatial light modulator for extreme high－contrast imaging［J］. Astrophysical Journal,

2016，832（1）：84.

［2］Dou J P，Ren D Q，Zhao G，et al. A high - contrast imaging algorithm：optimized image rotation and subtraction［J］. Astrophysical Journal，2015（802）：1.

［3］Ren D Q，Zhang X，Dou J P，et al. Pupil - transformation multiconjugate adaptive optics for solar high - resolution imaging［J］. Optical Engineering. 2016，55（9）：094103.

［4］Guo J，Ren D Q，Liu C C，et al. Design and calibration of a high - sensitivity and high - accuracy polarimeter based on liquid crystal variable retarders［J］. Research in Astronomy and Astrophysics，2017，17（1）：8－10.

［5］Liu C C，Ren D Q，Zhu Y T，et al. A high - contrast imaging polarimeter with the stepped - transmission filters based coronagraph［J］. Research in Astronomy and Astrophysics，2016，16（5）：4.

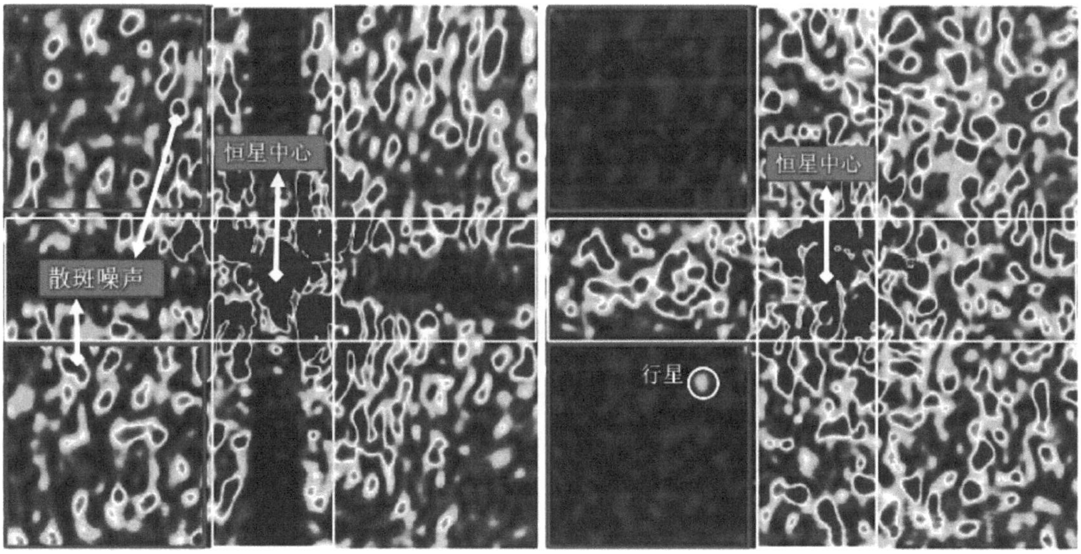

图 1－90　极高对比度成像实验结果（成像对比度在 3～32 λ/D 大区域内达到 10^{-9}，该结果入选 2019 年度“十大天文科技进展”）

后续应用：

1）本课题研发的系统兼备大区域和宽波段超高对比度成像性能，在系外行星高对比度成像技术领域具有独特的优势，为下一步发射系外行星天文成像卫星和研发科学终端仪器奠定基础。

2）相关技术成果还能够用于恒星星周盘、褐矮星以及双星系统的成像观测和研究，能够帮助天文学家逐步解答恒星、行星系统的形成、演化机制等重要科学问题。

3）基于上述技术研究成果，提出的外星黄道尘盘成像和系外类木/类地行星谱征研究（Jupiter/Earth Twin Explanets and Exo－zodiacal Dust Imager and Spectrometer，JEEEDIS），即基于 1.8～2.5 m 的望远镜项目，列入《2016—2030 空间科学规划研究报告》。

4）为系外类地行星成像与生命特征信号探测卫星计划（Extraterrestrial Life Signal Explorer，ELSE），即基于 3m 及以上口径望远镜开展系外生命信号研究提供了输入。

5）该技术助力 CSST 系外行星成像星冕仪（Cool Planet Imaging Coronagraph，CPI－C）项目于 2019 年立项，为空间首台探测围绕类太阳型恒星系外“冷”行星的仪器。该仪器将首次对视向速度探测已知的若干系外行星进行高对比度直接成像后随观测，对近邻恒星开展高对比度成像观测和系外冷行星普查，并对恒星星周尘盘以及外星黄道尘进行检测和定量测量。为下一步直接成像搜寻“类地行星”和系外生命特征信号迈出关键一步。

1.4.1.3 “宇宙网”紫外发射线探测器概念研究

承担单位	中国科学院紫金山天文台		
负责人	纪丽	研究周期	2016.01—2016.10
学科从属	空间天文		
关键词	宇宙网、重子物质、远紫外发射线		

课题背景：人类对宇宙现有认识的一个基础构架是宇宙学层状结构演化模型。这一模型依赖于对星系形成和反馈的正确理解和自洽处理。对比理论预言与观测结果验证这一天文基本模型具有重大的科学意义。迄今为止的观测表明，还有大约占总数 50%的重子物质没有被观测到，而基于该模型的数值模

拟预言，这些失踪的重子以温热星系际介质的形式存在于“宇宙网”中。“宇宙网”是整个天文研究领域有待验证的重要的预言之一。现有对温热星系际介质的研究大多基于紫外吸收线观测，而从根本上解决这个重大课题，还需要结合紫外发射线成图观测，提供弥漫气体的三维空间结构信息及其物理性质。

主要目标：开展“宇宙网”紫外发射线探测器概念研究，提出科学目标和有效载荷配置建议。

主要研究内容：

1）论证领域科学前沿，提出科学目标。

2）调研所需探测器的技术基础和解决方案。

3）项目总体有效载荷设计。

4）数据接收和处理软件的概念设计。

代表性成果产出：

1）“宇宙网”紫外发射线探测器概念研究报告（图 1 - 91）。

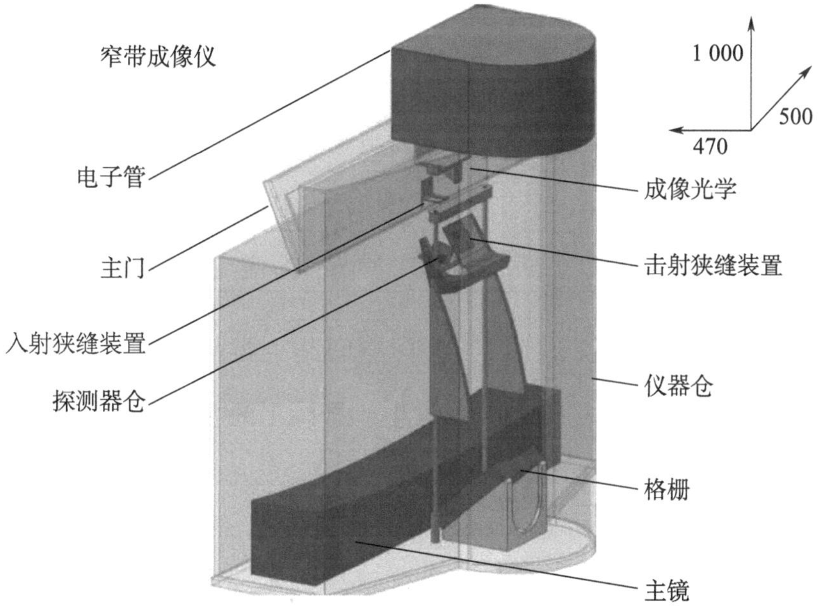

图 1 - 91　“宇宙网”紫外发射线探测器科学载荷

2）代表性论文：

[1] Lou Z, Ji L, Wang S . Optics design of a multi - channel narrow -

band imager for Lyman ultraviolet observation of diffuse sources [J]. Applied Optics，2019，58（4）：1016 - 1024.

[2] Ji L，Lou Z，Zhang J，et al. Mapping Diffuse Emission in Lyman UV band [C]. Space Telescopes and Instrumentation 2020：Ultraviolet to Gamma Ray，USA，2020 - 12 - 13.

3）代表性专利：

娄铮，纪丽．一种大视场远紫外光谱成像仪：109323763A [P]. 2018 - 9 - 2.

后续应用： 由此提出的莱曼紫外发射线成图探索小卫星（Census of Warm - hot Intergalactic Medium，Accretion，and Feedback Explorer，CAFE）项目正在进行关键技术研发；已应用于中国空间站舱外独立载荷“弥漫源的莱曼紫外探测”（Lyman Ultraviolet Radiation from Interstellar Medium and Circum - galactic Medium，LyRIC），以及紫外空间望远镜“宇宙重子紫外巡天”（Comic Bayons Ultraviolet Surveyor，CBUS）任务的相关研究。

1.4.1.4 星际快车——“神梭”探测计划初步方案研究

承担单位	中国科学院国家空间科学中心		
负责人	李晖	研究周期	2014.01—2015.12
学科从属	太阳物理与空间物理		
关键词	外日球层、星际空间、星际航行推进、引力辅助、深空探测		

课题背景： 外日球层以及（恒）星际空间是人类从未直接探索过的崭新领域，蕴含着许多重大科学发现。迄今为止，国际上还没有一个专门的探测计划对其展开综合性的就位与遥感探测。

星际快车（Interstellar Express）——“神梭”探测计划将成为国际首个为飞出日球层、探索人类从未触及且知之甚少的星际空间而专门设计的空间科学任务，旨在对外日球层和星际空间的等离子体、中性成分、尘埃、磁场、高能粒子、宇宙线和太阳系外红外辐射等信息开展首次综合性就位及遥感探测，揭示日球层与星际介质的相互作用过程及影响机制，促进对外日球层、临近星际空间以及二者之间耦合过程的深入认识。

主要目标： 设计一种能在 15 年内穿过日球层边界、到达 200 AU（AU：天文单位，指从地球到太阳的距离，约为 1.5 亿 km）以外星际空间的探测器推进技术方案，凝练并优化科学目标，并在此基础上设计有效载荷的配置方案。

主要研究内容：

1）科学目标的设计与凝练：调研世界星际探测领域现状及发展趋势，确定关键科学问题，凝练“神梭”探测计划的科学目标。

2）有效载荷配置方案设计：确定该计划拟探测的物理参量及测量精度，明确其动态范围，综合设计有效载荷配置方案。

3）探测器推进技术及轨道方案的设计与优化：使得任务发射后的 15 年内能穿过日球层边界，到达 200 AU 以外的星际空间。

代表性成果产出：

1）星际快车初步方案设计报告、星际快车轨道方案设计报告（图 1－92 和图 1－93）。

2）采用引力辅助和太阳光压辅助的太阳帆飞往外太阳系任务仿真软件。

3）代表性论文：

钱航，郑建华，李明涛，等．星际探测太阳帆行星和太阳借力轨道全局优化［J］．国防科技大学学报，2016，38（1）：137－142.

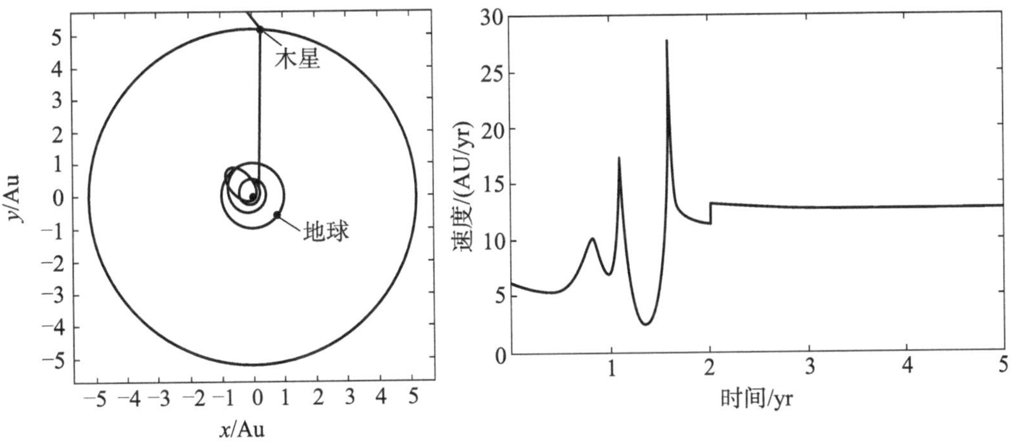

图 1－92　太阳帆＋木星借力轨道设计方案

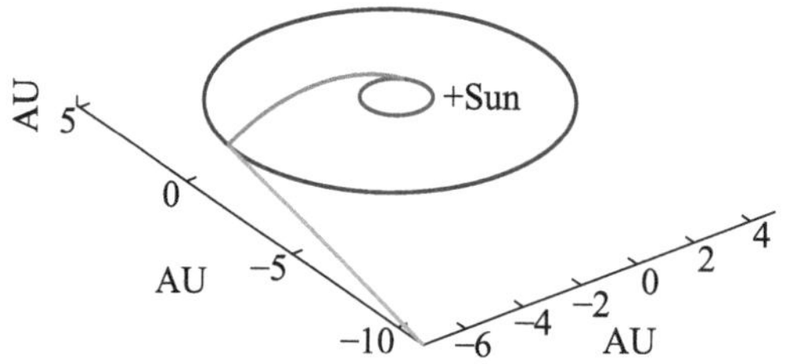

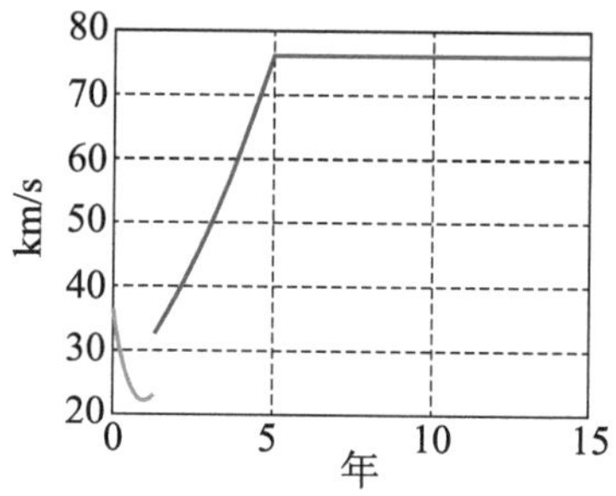

图 1－93　核电推进＋木星借力轨道设计方案

后续应用：

1）推动太阳系边际探测的工程论证，为实施我国的外日球层和星际探测科学任务奠定基础。

2）推动先进星际推进技术的研究，以及引力辅助推进的轨道设计与优化，拓展我国深空探测能力，并为未来星际航行做技术准备。

1.4.1.5　小行星表面有机物的红外光谱探测方法研究

承担单位	中国科学院地球化学研究所		
负责人	唐红	研究周期	2016.01—2016.10
学科从属	行星科学		
关键词	小行星、表面有机物、红外光谱特征、深空探测、太阳系起源		

课题背景：小行星有机物记录了太阳系最初有机物成分的形成发展历史，同时也为地球早期生命前体的出现提供了重要的依据，对于生命起源和演化的研究具有重要意义。

目前小行星有机物研究主要为碳质球粒陨石研究及地基红外光谱仪观测。空间红外光谱仪已广泛应用于月球、火星、金星、类木行星、小行星和彗星等探测，主要对天体表面矿物、水、大气成分等进行鉴定，尚没有专门用于小行星有机物的红外光谱仪。

主要目标：针对小行星表面主要有机物的成分、种类及其赋存状态，结合对应有机物红外光谱的理论分析和模拟实验，开展小行星表面有机物红外光谱探测有效载荷的初步方案设计，为制定相关科学探测方案提供参考。

主要研究内容：

1）结合目前陨石的研究成果和小行星的红外探测数据，系统分析小行星表面的有机物特征，推断小行星表面可能存在的有机物种类、成分及其赋存状态。

2）根据小行星的真空和低温特殊环境，开展理论分析和地面模拟实验，研究有机物不同官能团的红外光谱特征，分析有机物红外光谱吸收特征的影响因素，探讨真空、低温特殊环境条件对小行星表面有机物红外探测的影响。

3）根据有机物不同官能团的红外光谱特征及其影响因素，结合陨石中有机物的主要成分和种类，确定红外特征判别频率，提出利用红外光谱探测小行星表面有机物的初步方案（图 1－94）。

代表性成果产出：

1）小行星表面有机物红外光谱探测初步方案设计报告、小行星表面有机物红外光谱特征研究报告，小行星表面有机物特性分析报告。

2）代表性论文：

[1] 唐红，周传娇，李雄耀，等．小行星表面有机物的红外光谱探测方法研究 [J]. 空间科学学报，2022，42（1）：117－126.

[2] 任旭，唐红，吴焱学，等．Murchison 陨石中草莓状磁铁矿的成因及意义 [J]. 矿物岩石地球化学通报，2020，39（4）：836－842.

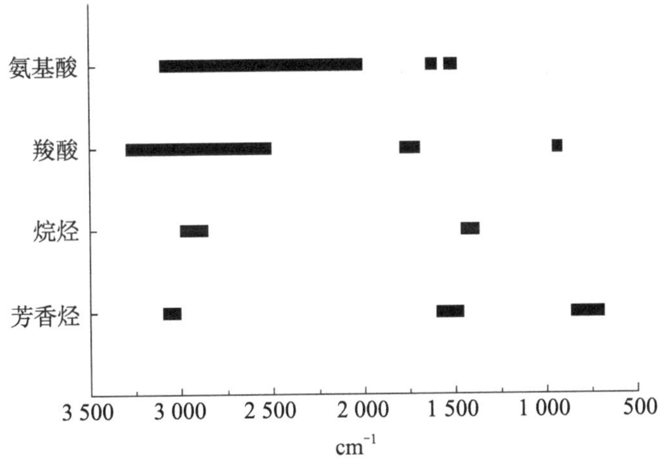

图 1－94　小行星有机物红外光谱探测的有效探测波段

后续应用：对于我国未来小行星表面有机物探测的方案设计和工程实施均具有指导意义，并为深空探测和地外生命探测等提供重要指导。

1.4.1.6 面向全球变化的月基对地观测方案研究

承担单位	中国科学院遥感与数字地球研究所		
负责人	刘广	研究周期	2016.01—2016.10
学科从属	空间地球科学		
关键词	全球变化、月基对地观测、大尺度、动态变化		

课题背景：人类正面临着前所未有的全球性环境变化问题，面向全球变化的对地观测研究越来越受世界各国的重视。当前基于星-机-地平台的对地观测仍然只能对地球上有限区域的科学现象进行短暂观测，在大尺度地球科学现象观测方面面临相当大的挑战，难以保证全球尺度上地球观测的时间一致性和空间连续性。为满足对大尺度全球变化现象进行整体实时观测的需求，需要在现有平台的基础之上进一步考虑新的载体平台。在月球上部署传感器对地球进行全面、持续、长期观测是一种新概念空间观测手段，在全球变化研究中具有其独特的优势。

主要目标：

1）针对全球变化研究，调研国内外月基对地观测的现状，分析其在全球变化中的应用能力；分析适于开展月基对地观测的全球变化现象，并面向典型的全球变化现象分析其观测参数，制定可行的观测方案。

2）研究全球变化月基观测中共性的关键科学技术问题，以充分发挥其优势，为全球变化等科学研究提供理想的观测手段。

主要研究内容：

1）开展月基对地观测国内外发展现状、趋势的调研。

2）研究适于月基观测的全球变化现象，如全球尺度的固体地球运动、全球能量平衡等，以及针对全球变化因子（包括大气成分、反照率、冰雪监测等）开展重点研究。

3）针对不同的适于月基观测的全球变化科学现象，进行相应的最佳波段及空间分辨率等参数设计。

4）通过观测模拟、图像模拟和文献调研等手段，分析月基对地观测过程中涉及的关键技术问题并给出解决方案。

5）设计全球变化的月基观测方案。

代表性成果产出：

1）月基对地观测方案和关键技术研究报告（图 1－95）。

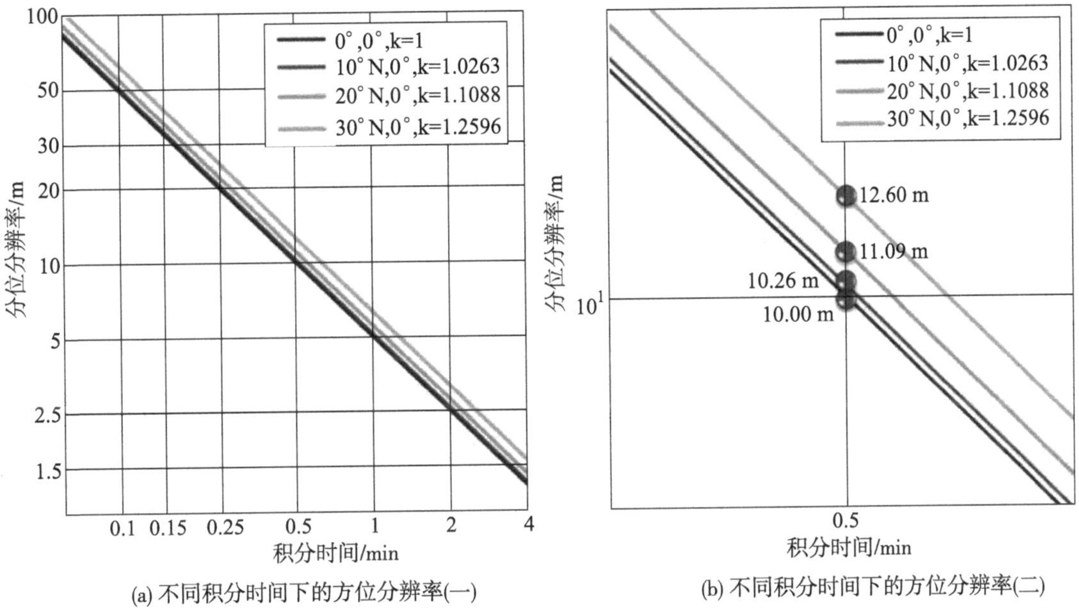

图 1－95　面向全球变化的月基雷达传感器特性（见彩插）

2）代表性论文：

[1] Ren Y Z. Simulation of moon－based observation for large－scale earth science phenomena [C]. Beijing: Geoscience and Remote Sensing Symposium (IGARSS) 2016 IEEE International，2016.

[2] Ye H L，Guo H D，Liu G. The coverage analysis for moon－based platform at three－polar regions on earth [J]. IOP Conference Series: Earth and Environmental Science，2016 (46)：012024.

[3] Ren Y Z，Guo H D，Liu G，et al . Simulation study of geometric characteristics and coverage for moon－based earth observation in the electro－

optical region [J]. IEEE Journal of Selected Topics in Applied Earth Observations and Remote Sensing，2017，10 (6)：2431 - 2440.

后续应用：

1）月基平台多传感器对地观测可为全球尺度多圈层集成研究提供保障，实现对地球上发生的大尺度、动态变化的全球尺度、时间连续、空间同步观测。

2）月基对地观测系统也可作为嫦娥探月工程二期以及国际月球科研站的一部分，将进一步发挥探月工程在全球环境变化方面的作用，为我国乃至全世界建立一个“永远不落的”对地观测平台。

1.4.2 有效载荷关键技术

1.4.2.1 暗物质“源”探测预先研究

承担单位	中国科学院紫金山天文台		
负责人	范一中	研究周期	2014.01—2015.12
学科从属	空间天文		
关键词	暗物质探测、空间探测器、盘古计划、伽马射线探测		

课题背景： 20世纪70年代以来，国际上发射了系列高能天文卫星（从X射线、软伽马射线至硬伽马射线波段）并建造了大型地面望远镜，其观测促进了黑洞、中子星、吸积盘、宇宙线等物理学及宇宙学领域的蓬勃发展。但是，在MeV - GeV能区，只有康普顿伽马射线天文台（Compton Gamma Ray Observatory，CGRO）上灵敏度相对较低的康普顿成像仪（Imaging Compton Telescope，COMPTEL）开展过初步巡天观测，国际上尚无该类型专门的设备立项。

为此，紫金山天文台、日内瓦大学等联合提出了“盘古”计划（PAir - production Gamma - ray Unit，PANGU），其中包括高空间分辨MeV - GeV伽马射线探测器，即大面积、宽视场、高能量分辨、高空间分辨暗物质粒子探测器，有望在暗物质间接探测、宇宙射线源的证认、伽马射线天文研究方面取得重大突破。

主要目标：为实现暗物质“源”探测的科学目标，通过模拟确定所需探测器的性能指标，提出下一代暗物质探测任务的初步方案。

主要研究内容：

1）处理费米伽马射线空间望远镜上的大面积望远镜（Fermi Gamma－ray Space Telescope－Large Area Telescope，Fermi－LAT）的伽马射线数据，并结合阿尔法磁谱仪（Alpha Magnetic Spectrometer，AMS－02）已发表的宇宙射线数据，联合限制暗物质的基本物理参数。

2）根据上述参数开展数值模拟，研究探测器需求及初步方案，提出对卫星平台的需求。

3）根据主要技术指标并结合现有技术储备，开展关键技术分析及解决途径研究。

代表性成果产出：

1）高空间分辨 MeV－GeV 伽马射线探测器初步技术方案报告（图 1－96）。

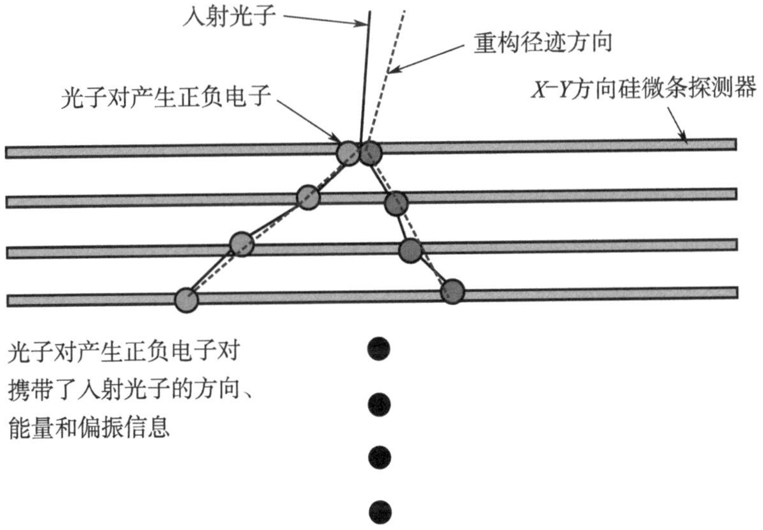

图 1－96　高角分辨 GeV－TeV 探测器工作原理

2）代表性论文：

[1] Li S，Liang Y F，Duan K K，et al. Search for gamma - ray emission from eight dwarf spheroidal galaxy candidates discovered in year two of Dark Energy Survey with Fermi - LAT data [J]. Physical Review D.，2016，93 (4)：043518.

[2] Liang Y F，Shen Z Q，Li X，et al. Search for a gamma - ray line feature from a group of nearby galaxy clusters with Fermi LAT Pass 8 data [J]. Physical Review D.，2016，93 (10)：103525.

[3] Liang Y F，Xia Z Q，Shen Z Q，et al. Search for gamma - ray line features from Milky Way satellites with Fermi LAT Pass 8 data [J]. Physical Review D. 2016，94 (10)：103502.

后续应用：针对暗物质“源”探测科学需求，经持续攻关，发展出兼顾角分辨、探测效率、宽波段伽马射线探测的“径迹与低能伽马探测器”方案，拟应用于 VLAST 计划。

1.4.2.2　微量能器型 X 射线谱仪关键技术研究

承担单位	中国科学院高能物理研究所		
负责人	刘聪展	研究周期	2016.04—2016.09
学科从属	空间天文		
关键词	微量能器、X 射线谱仪、Si 热敏电阻型		

课题背景：以微量能器为基础的 X 射线能谱仪在 1～10 keV 能区可以达到<1‰的能量分辨率，超过了现在 X 射线光栅的能量分辨率；其探测效率可以达到 80%以上，而且对不同能量 X 射线的探测效率差异很小。X 射线能谱仪在空间天文观测领域具有很好的应用前景，与指南中“天体号脉”计划中的高能量分辨率的 X 射线谱仪的需求十分吻合。目前国内还没有开展微量能器自主研制的研究。

主要目标：

1）凝练微量能器型 X 射线谱仪关键技术的研究目标，为进一步的研究及实验提供依据。

2）以 Si 电阻型微量能器研究为突破口，首次将绝缘体上硅（Silicon on Insulator，SOI）材料及微加工技术应用到微量能器探测器研制。

主要研究内容：

1）调研国内外同类型探测器的研究动态和应用情况，明确发展本项目的微量能器型 X 射线谱仪的必要性和其自身特点。

2）明确微量能器型 X 射线谱仪在高能天文观测方面的应用目标。

3）以 Si 热敏电阻型微量能器为重点，通过模拟计算和部分验证性试验论证原理设计和技术路线的可行性。

4）提出下一步的研究方向和计划目标，制定合理的技术路线图。

代表性成果产出：

1）基于 Si 热敏电阻型微量能器初步原理设计报告（图 1-97）、微量能器器件初步工艺设计报告。

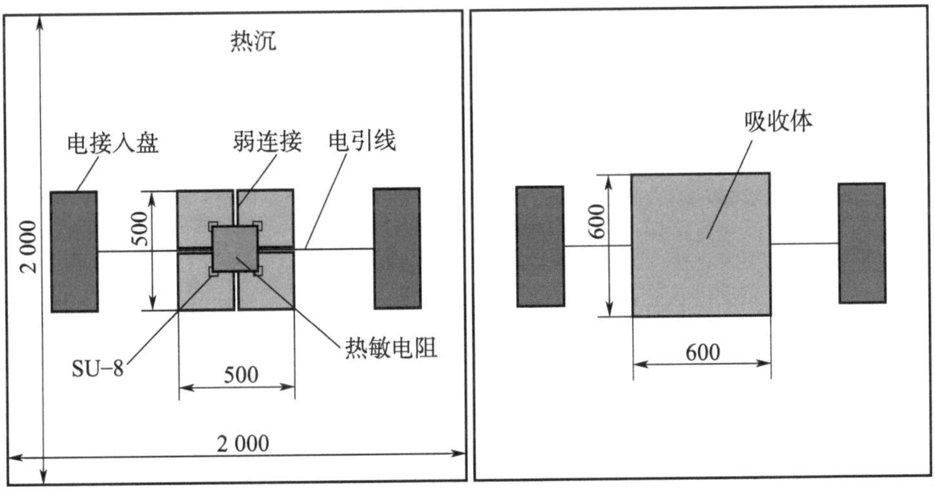

(a) 无吸收体　(b) 带吸收体

图 1-97　基于 Si 热敏电阻型的微量能器元件的结构

2）代表性论文：

[1] 刘聪展．TES 型微量能器 X 射线探测相关技术［C］．苏州：全国电离辐射计量 2016 年学术研讨会，2016.

后续应用：

1）根据国际上的发展趋势，后续研究方向转为第二代微量能器——超导转变边沿探测器（Transition Edge Sensor，TES）的研究，具有更好的性能和更广泛的应用场景。

2）鉴于微量能器优越的能量分辨能力、探测效率、探测能区宽等特性，可作为焦平面探测器，开展空间 X 射线观测，也可以在同步辐射光源、计量、高灵敏度元素检测等领域产生应用，以开启高灵敏度微波天文观测等。

1.4.2.3 新型高能电子和伽马射线探测器技术深化研究

承担单位	中国科学院高能物理研究所		
负责人	彭文溪	研究周期	2016.01—2016.10
学科从属	空间天文		
关键词	高能电子、伽马射线、硅微条探测器		

课题背景：硅微条探测器组件是粒子径迹、电荷和能谱测量的重要技术，具有高位置分辨率、高能量分辨率、大面积拼接、高度集成等特点，已被广泛应用于高能物理试验，如紧凑缪子线圈（Compact Muon Solenoid，CMS）和超环面仪器（A Toroidal LHC Apparatus，ATLAS），以及空间天文观测项目，如 AMS－02、Fermi、敏捷（AGILE）伽马射线小卫星、“悟空”号 DAMPE 和瞳（Hitomi）卫星。DAMPE 中的探测器组件主要通过国际合作研制，存在外方研制的质量和进度不受控的风险，亟需实现硅微条探测器组件研制的国产化。

主要目标：研究基于硅微条探测器技术的高能电子和伽马光子的探测器系统，突破硅微条探测器前端电子学匹配、低噪声读出和大面积拼接组装工艺等关键技术，研制一台小型原理样机并完成原理验证试验。

主要研究内容：

1）匹配硅微条探测器的大规模低噪声读出电路研究：完成低噪声前端混合电路板（Tracker Front－end Hybrid，TFH）的设计与研制，突破大规模集成低噪声读出的关键技术。

2）硅微条探测器级联组装工艺研究：研究多个硅微条探测器级联组装工艺（包括 TFH 的集成），包括定位、胶结、键合等，并以此完成原理样机的硅微条探测器组件的研制。

代表性成果产出：

1）硅微条探测器原理样机研制总结。

2）硅微条探测器原理样机（图 1－98）。

(a) 读出电子学单元

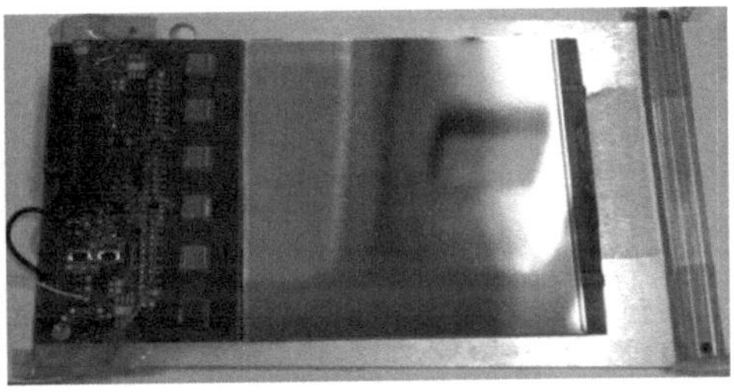

(b) 1个探测单元

(c) 4个探测单元

图 1－98　新型高能电子和伽马射线探测器硅微条探测器组件样机

后续应用：

1）硅微条探测器及其集成读出技术可直接应用于我国未来空间高能天文观测项目，包括高能粒子探测、硬 X 射线成像、伽马射线成像、高能宇宙线电荷分辨测量等，如 HERD。

2）为未来建造地面大型高能物理试验径迹探测器（如超级对撞机等远景规划项目）提供技术支撑。

3）应用于核医学领域 CT 及其他数字图像系统方面，如同步辐射试验、X 射线衍射分析、辐射环境监测、安检、工业探伤和核医疗仪器等。

1.4.2.4　X 射线脉冲星导航空间探测器研制

承担单位	中国科学院西安光学精密机械研究所		
负责人	盛立志	研究周期	2016.01—2016.10
学科从属	其他		
关键词	X 射线、脉冲星导航、MCP 探测器		

课题背景：脉冲星是一种快速旋转的致密中子星，自转发射的脉冲信号长期稳定度优于铯原子钟，可提供稳定的空间参考基准和时间基准，作为空间飞行的航天器天然导航信标。高灵敏度、高时间分辨、大面积轻量化星载 X 射线探测器决定了整个 X 射线脉冲星导航系统的精度，也是信号解算和导航算法的基础。

主要目标：开展大面积 400 cm^2 的 MCP 探测器集成拼接技术研究和原理样机研制；建立 X 射线脉冲星辐射源模拟装置和实验系统，实现探测器的灵敏度（探测效率）、时间分辨、时间响应等关键技术指标测量与标定。

主要研究内容：

1）MCP 探测器性能对脉冲到达时间（Time of Arrival，TOA）的影响。

2）MCP 探测器的时间响应机理的研究。

3）通过研究 MCP 探测器的量子效益、信噪比、响应时间和延时特性，确定其技术指标和研制方案。

4）数据处理方法、脉冲轮廓构建算法和 TOA 测量研究。

5）研究 MCP 拼接技术及多路电子学读出技术，以实现大面积 X 射线脉冲探测。

6）X 射线探测器地面标定系统研制。

代表性成果产出：

1）X 射线脉冲星导航探测器设计报告。

2）基于 MCP 拼接的 X 射线脉冲星探测器原理样机（图 1－99）。

图 1－99　基于 MCP 拼接的 X 射线脉冲星探测器原理样机

3）X 射线脉冲星模拟光源（图 1－100 和图 1－101）。

4）代表性论文：

[1] 宋娟，赵宝升，盛立志，等．基于 MCP 大面阵 X 射线探测器共享阳极的研究 [J]. 光子学报，2014，43（8）：43－48.

[2] 代锦飞，赵宝升，盛立志，等．标定脉冲星导航探测器的荧光 X 射线光源 [J]. 物理学报，2015，64（13）：426－431.

图 1 - 100　X 射线脉冲星辐射特性模拟源

图 1 - 101　根据 X 射线脉冲星辐射特性模拟源构建的实验系统

[3] 宋娟，赵宝升，盛立志，等．X 射线脉冲星导航探测器的微通道板甄选 [J]．光学精密工程，2015，23（2）：402－407.

[4] Li L S，Qiang P F，Sheng L Z，et al. Nested grazing incidence optics for X ray detection [J]. Chinese Physics B，2017，26（10）：156－160.

[5] 徐能，盛立志，张大鹏，等．X 射线脉冲星导航动态模拟实验系统研制与性能测试 [J]．物理学报，2017，66（5），334－340.

5）代表性专利：

[1] 盛立志，刘永安，陈琛，等．一种 X 射线脉冲探测器测试标定光源的方法：CN104165639 [P]．2014－11－26.

[2] 苏桐，盛立志，赵宝升，等．基于 X 射线的 VLBI 测量方法和系统以及地面验证装置：CN201610985872.7 [P]．2017－05－10.

后续应用：该项研究后续进一步得到了中国第二代卫星导航系统重大专项的支持，针对轻量化 X 射线脉冲星探测装备、脉冲星导航的应用体制演示验证等进行了深入研究，为我国脉冲星自主导航的实现提供了技术基础。

1.4.2.5　新型空间化双折射滤光器关键技术

承担单位	中国科学院国家天文台		
负责人	王东光	研究周期	2014.01—2015.12
学科从属	太阳物理与空间物理		
关键词	小型化、新型化、双折射滤光器、液晶波片		

课题背景：将传统观测设备小型化、轻型化成为空间太阳仪器研究的新内容。双折射滤光器是太阳望远镜观测太阳磁场、监测太阳活动的重要部件。目前的滤光器需要使用多个电动机，通过机械旋转机构带动各晶体级中的偏振元件旋转来调整滤光器的透过波长。其机械结构复杂，且要通过动密封与滤光器内的硅油接触，对空间运用的可靠性存在巨大威胁。本课题提出利用向列液晶波片的位相延迟随驱动电压连续变化的特性，实现双折射滤光器的透过波长调节功能，从而彻底排除旋转电动机带来的弊端，且可以降低功耗，减小滤光器体积和质量，提高波带调节时间分辨率。

主要目标：

1）突破液晶波片的双折射滤光器的关键技术，并研制地面演示系统。

2）完成液晶波片空间适用性研究的总体方案论证。

主要研究内容：

1）针对双折射滤光器的要求，对液晶波片的相关性能展开研究，选择适用的液晶器件，建立一套液晶波片检测系统。

2）在对液晶波片的性能充分了解的基础上，开展基于液晶波片的双折射滤光器的关键技术攻关，研制一个地面演示系统，并完成该系统的测试评估。

3）完成对向列液晶波片的空间适用性研究的总体方案论证，并提供可行的防护措施设计。

代表性成果产出：

1）基于液晶波片双折射滤光器研究报告（图1-102）。

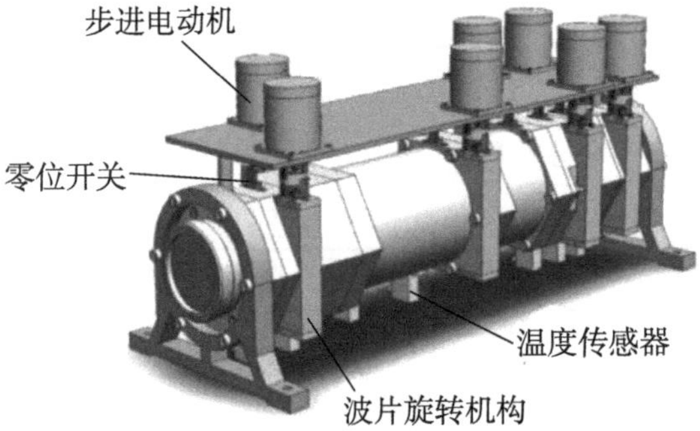

(a) 基于机械调制滤光器

(b) 基于液晶波片滤光器

图1-102　基于机械调制滤光器和基于液晶波片滤光器

2）基于液晶波片的双折射滤光器地面演示系统。

3）代表性论文和专利：

[1] 张洋，王东光，孙文君．基于液晶波片的双折射滤光器的机械结构设计［J］. 科学技术与工程，2015，15（31）：56-60.

[2] 王刚，侯俊峰，林佳本，等．液晶可变延迟器相位延迟-电压曲线精确快速标定［J］. 光学精密工程，2020，28（4）：827-833.

[3] 黄威，侯俊峰，林佳本，等．星载液晶试验仪的设计和力热性能研究

[J]. 中国激光，2022，49（17）：71－80.

4）代表性专利：

[1] 张洋，王东光．一种液晶波片双折射滤光器：CN201520878127.3 [P]. 2016－03－30.

[2] 孙英姿，王东光．一种实现太阳磁场望远镜透过轮廓的在轨调试系统及方法：CN201410455760.1 [P]. 2014－12－03.

后续应用：

1）可用于地面任何需要达到单色视频图像的太阳望远镜；目前已应用于国家重大科技基础设施项目子午工程二期的全日面矢量磁像仪中光球和色球滤光器的研制，南京大学 2.5 m 太阳望远镜中色球单色像滤光器的研制方案。

2）对液晶波片空间适用性的研究结果，将为液晶波片的空间应用提供设计依据与技术基础，为研制星载双折射滤光器提供技术手段。基于此成果，中国科学院先导二期 ASO－S 卫星 FMG 的偏振分析器确定了基于液晶波片做偏振调制的设计方案。

1.4.2.6　L5 点莱曼阿尔法及白光内日冕仪初步方案及关键技术研究

承担单位	中国科学院紫金山天文台		
负责人	黎辉	研究周期	2014.01—2015.12
学科从属	太阳物理与空间物理		
关键词	莱曼阿尔法波段、白光内日冕仪、超光滑表面反射镜、分光镜		

课题背景：在第五拉格朗日点（L5）开展观测，能够比地球轨道更早知道太阳相应区域的活动情况，对可能的空间天气提早做出预报。本课题提出研制莱曼阿尔法及白光内日冕仪（Solar Lyman－alpha Inner Corona Explorer，SLICE）作为 L5 点探测的太阳观测有效载荷之一，在莱曼阿尔法波段（121.6 nm±10 nm）和白光波段（450 nm±20 nm）可以实现对内日冕（1.1～3.0 太阳半径）的全天候高时空分辨率成像监视，并观测 CME、边缘耀斑和喷流（jet）等活动现象。

主要目标：

1）完成包含科学目标在内的 SLICE 的初步方案。

2）掌握超光滑表面反射镜加工方法，研制一块样镜。

3）研究 SLICE 关键部件之一的分光镜的研制方法，研制一片样镜。

主要研究内容：

1）调研国内外相关的科学需求和仪器情况，完善、优化 SLICE 的科学目标，开展仪器设计。

2）针对莱曼阿尔法波段特性，探索莱曼阿尔法波段的镀膜工艺并加工超光滑反射镜样件，研究超光滑表面反射镜检测、评价方法，对样件进行实测和评价。

3）探索 SLICE 通带反射膜研制技术，开展通带反射膜工程化应用及空间环境适应能力的关键技术攻关，进行 SLICE 中分光镜研制。

代表性成果产出：

1）L5 点莱曼阿尔法及白光内日冕仪初步方案报告。

2）超光滑表面反射镜样镜（图 1－103）、分光镜样镜（图 1－104）。

图 1－103　L5 点莱曼阿尔法及白光内日冕仪超光滑表面反射镜样镜

图 1－104　L5 点莱曼阿尔法及白光内日冕仪分光镜样镜

3）代表性论文：

[1] Zhao J，Gilchrist S A，Aulanier G，et al. Hooked flare ribbons and flux－rope related QSL footprints [J]. The Astrophysical Journal，2016，823 (1)：62.

[2] Zhao J，Gilchrist S A，Aulanier G，et al. Erratum："Hooked flare ribbons and flux－rope related QSL footprints" [J]. The Astrophysical Journal，2016，825 (1)：80.

后续应用：

1）莱曼阿尔法波段超光滑表面加工技术以及分光镜相关技术已应用于 ASO－S 卫星的 LST 载荷。

2）可用于日地 L5 点太阳探测卫星，也可用于其他太阳观测卫星。

1.4.2.7　太阳带电粒子高精度探测关键技术研究

承担单位	中国科学院国家空间科学中心		
负责人	张珅毅	研究周期	2014.01—2015.12
学科从属	太阳物理与空间物理		
关键词	太阳高能带电粒子、超热粒子、粒子鉴别、抗粒子干扰		

课题背景： 太阳带电粒子探测需重点突破 10～100 keV 的超热电子测量技术，以及高精度的粒子鉴别和抗粒子干扰技术。目前我国尚无针对 10～100 keV 能段的电子探测器。

主要目标： 突破太阳 10～100 keV 的超热粒子测量中的多项关键技术，研制出适用于“太阳全景”等太阳观测计划的超热粒子探测器原理样机，并进行相应的试验验证。连接等离子体和中高能粒子测量空白能段，实现我国粒子辐射探测 eV－MeV 的无缝式测量。

主要研究内容：

1）开展针对 10～100 keV 的超热粒子探测的方案设计，研制出同时测量太阳超热电子和质子测量的原理样机，具备太阳超热电子和质子高精度测量的能力。

2）突破 10～100 keV 超热粒子测量中电子、质子的区分和鉴别，阶梯电压设计，电压与测量能量对应关系设计和验证，超低噪声电路研制等关键技术。

3）开展相关的粒子测量和抗污染能力试验验证。

代表性成果产出：

1）高精度太阳带电粒子探测器方案设计报告、高精度太阳带电粒子探测器研制总结报告。

2）10～100 keV 超热粒子探测器样机（图 1－105）。

3）代表性论文：

Zhang S Y，Shen G H，Sun Y，et al. A new method of testing space－based high－energy electron detectors with radioactive electron sources [J]. Nuclear Instruments and Methods in Physics Research A，2016（817）：63－69.

后续应用：

1）为太阳全景计划中的粒子探测提供必要的技术准备，为国内开展太阳粒子观测的科学计划奠定技术基础。

2）可用于磁层、电离层、地球辐射带及行星际空间粒子的观测。

图 1 - 105　太阳 10～100 keV 超热粒子探测器样机

1.4.2.8　滤光器型空间磁像仪关键技术深化研究

承担单位	中国科学院国家天文台南京天文光学技术研究所		
负责人	章海鹰	研究周期	2016.01—2016.10
学科从属	太阳物理与空间物理		
关键词	滤光器型、空间磁像仪、自动波带稳定技术、硅油密封技术		

课题背景： 太阳是一个巨大的磁等离子体，太阳物理的重大成就和主要困难都与太阳磁场的观测及理论研究有关。地基观测虽然消除了地球大气扰动等影响，但地球大气和电离层还阻挡了多个波段的电磁辐射，无法实现全时段的太阳观测覆盖。多通道或单通道空间磁像仪可以对太阳矢量磁场进行局部或全日面高分辨率成像，满足揭示太阳磁场的结构与演化规律以及磁场与各类太阳爆发现象之间物理内在联系的需求。

主要目标： 完成滤光器型空间磁像仪的方案设计及关键技术研究，完成滤光器关键技术集成样机的研制及关键技术演示试验。

主要研究内容：

1）开展滤光器型空间磁像仪总体方案研究，对关键技术进行可行性研究，包括入射窗、在轨调焦、稳像系统等关键技术研究、高时空分辨率的偏振分析器的空间应用研究，以及大数据量的高速传输问题研究。

2）在突破自动波带稳定技术和硅油密封技术等关键技术基础上，完成关键技术集成样机的研制和演示试验，主要包括集成样机的自动波带稳定技术和整体密封性能演示。

代表性成果产出：

1）磁像仪方案设计及关键技术研究报告。

2）空间滤光器原理样机（图 1－106）。

3）代表性论文：

[1] 章海鹰，邓元勇，甘为群，等．空间磁像仪背景型号研究进展 [J]．天文学进展，2016（34）：108－114.

[2] 朱冉，章海鹰．一种空间太阳望远镜光学窗口在轨热设计 [J]．天文学报，2016，57（5）：597－607.

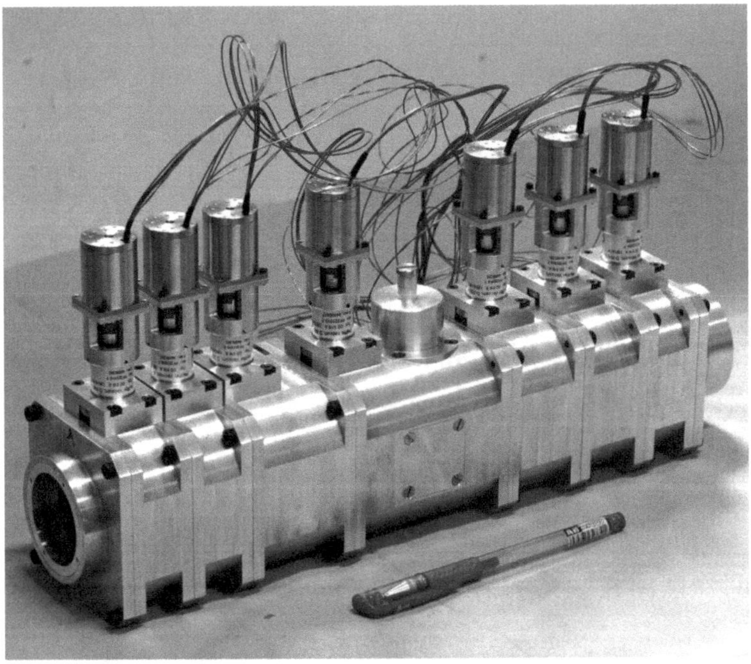

图 1－106　空间滤光器原理样机

4）代表性专利：

章海鹰，朱冉，徐洁倩．一种空间太阳望远镜：ZL201520117252.2 [P]. 2015-06-17.

后续应用：为搭载磁像仪的 ASO-S、SPORT 等项目提供重要输入。其中，滤光器型空间磁像仪的方案设计及关键技术研究成果为 ASO-S 卫星的工程立项奠定了良好的基础，同时空间滤光器原理样机中突破的自动波带稳定技术、硅油密封技术也为 ASO-S 卫星 FMG 的双折射滤光器研制提供了坚实的技术保障。

1.4.2.9　太阳带电粒子高精度探测关键技术研究

承担单位	中国科学院高能物理研究所		
负责人	李新乔	研究周期	2016.01—2016.10
学科从属	太阳物理与空间物理		
关键词	太阳带电粒子、种类鉴别、能谱测量		

课题背景：太阳宇宙线的主要成分是质子和电子，也包括少量其他核成分。太阳质子和电子的高精度探测可以为太阳耀斑的起源、带电粒子的加速及传播过程等太阳物理前沿问题提供依据，也有助于研究日地环境效应和空间天气，对航天器、航天员辐射安全防护问题提供数据支持。

主要目标：突破太阳带电粒子高精度探测器关键技术，包括高精度带电粒子种类鉴别技术、大的动态范围实现技术和高效的本底排除技术，为研究太阳高能带电粒子辐射和各类爆发现象之间的内在联系与物理机制提供技术手段。

主要研究内容：以同时探测太阳高能电子（10～100 keV）和质子（10～100 MeV）为目标，开展高精度带电粒子鉴别和能谱测量的探测器新技术研究及物理设计。

1）完成对太阳高精度带电粒子探测器的物理设计，对探测器的相关参数进行理论计算、模拟，并对探测器及核心部件的选型和可获得性开展调研。

2）在太阳高精度带电粒子探测器的物理设计基础上，结合模拟和测试，讨论探测器的关键技术的解决方案，确定解决方案条件下探测器的相关指标。

代表性成果产出：

1）太阳带电粒子高精度探测关键技术设计方案（图1-107）报告、太阳带电粒子高精度探测关键技术研究报告。

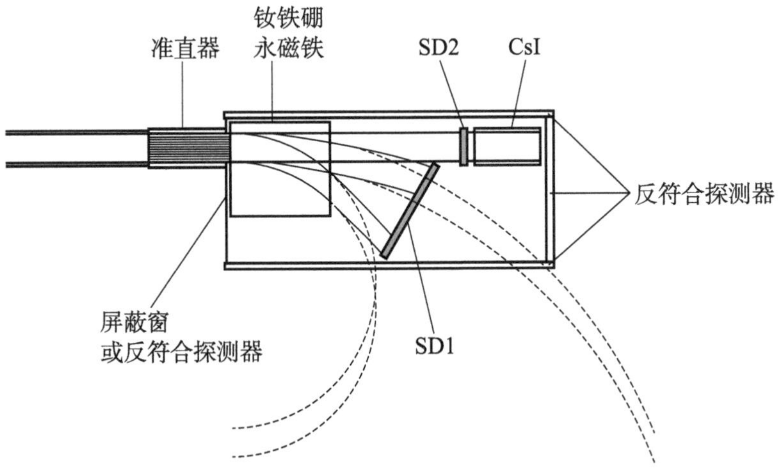

图1-107　太阳带电粒子高精度探测器设计方案

2）代表性论文：

Li X Q，Xu Y B，An Z H，et al.，The high-energy particle package onboard CSES [J]. Radiation Detection Technology and Methods，(2019) 3：22，DOI：10.1007/s41605-019-0101-7

后续应用：

1）本项目集成电子学读出（Application Specific Integrated Circuit，ASIC）系统可对探测器进行多路信号的读取，不仅可以应用于卫星实现太阳活动监测，同时又可为空间带电粒子探测及空间环境预报服务。

2）由于该探测器具有多粒子鉴别、同时可获取能谱及粒子通量信息等特点，因此在核物理的研究工作中具有重要用途。

3）可应用于空间环境辐射监测、环保等领域；本项目的相关设计在我国“张衡一号”卫星高能粒子探测器中得到应用，如硅探测器匹配晶体量能器探测及鉴别高能带电粒子的设计和方法。基于该载荷数据，已在GRL、JGR等杂志发表多篇成果。

1.4.2.10　金星大气同位素探测器关键技术研究

承担单位	中国科学院国家空间科学中心		
负责人	王馨悦	研究周期	2014.01—2015.12
学科从属	行星科学		
关键词	金星、大气同位素、天体演化		

课题背景：大气同位素特别是惰性气体同位素是研究天体演化的重要线索。测量金星大气同位素可以为比较行星学研究提供大量有价值的信息，识别行星大气的起源以及涉及的物理过程，提供行星大气形成和演化的关键信息。本课题瞄准我国自主金星浮空器探测器发展目标，满足金星大气同位素探测及相关课题研究需求。

主要目标：突破金星大气同位素探测器的减压技术、宽质量数范围技术、高质量数分辨技术、宽离子流检测动态范围技术和微弱电流检测技术等关键技术，完成关键部件研制。

主要研究内容：明确金星大气同位素探测技术外部输入和输出条件，研究探测器设计方案，梳理关键技术和解决途径，突破探测器关键技术，完成关键部件研制。需解决的关键技术和需研制的关键部件如下：

1）金星浮空器减压系统研制。创新开发适合于金星浮空器资源和外部环境的减压系统，满足金星浮空器在漂流高度上高大气压力环境下同位素探测器传感器内达到动态压力$\leqslant 10^{-2}$ Pa 的工作压力，基本减压比为$\geqslant 10^{6}$，同时减压系统要逐步做到小型化（体积小、质量小）、低耗能（功耗小），减压系统存放和工作时无污染。提出减压系统设计方案和技术路线，初步完成减压系统的构建并达到减压比指标。

2）金星大气同位素探测器分析系统研制。拓展能测定金星大气中氮（N）、氖（Ne）、氩（Ar）和氪（Kr）为主的同位素和定量分析，二期延伸能测定氙（Xe）同位素和定量分析。设计研制新型调制和精确调控射频扫描器。研制金星大气同位素探测器宽动态范围离子流检测器和微弱电流检测器，发展多种检测技术的综合系统和微弱电流测量电子学电路，满足宽同位素比（10^8）分析需求，设计研制出相应的检测系统。

代表性成果产出：

1）金星大气同位素探测器减压系统方案设计（图 1 - 108）报告、金星大气同位素探测器关键技术设计报告。

2）金星大气同位素探测器关键部件。

3）代表性论文：

［1］王馨悦，张爱兵，荆涛，等．高能电子爆发与绕月卫星表面电位大幅下降的联动效应［J］. 地球物理学报，2016，59（10）：3533 - 3542.

［2］王馨悦，孙越强，李永平，等．质谱计在行星系统与小天体探测中的应用［J］. 深空探测学报，2017，4（6）：522 - 528.

4）代表性专利：

王馨悦，郑晓亮，李永平，等．一种平流层大气压力增减装置及方法：201910506811.1［P］. 2021 - 04 - 09.

图 1 - 108　金星大气同位素探测器减压系统

后续应用：

1）将突破阻碍我国行星大气同位素探测技术发展的多项关键技术，为探测器的工程研制奠定技术基础，提高我国在相应领域的探测水平。未来不仅有望应用于金星、火星等行星大气探测，也有望应用于地球临近空间大气原位探测。

2）本项目解决的关键技术——减压系统的构建方法已应用于鸿鹄专项“大气 NO_x 气体分析仪”的研制中，并对青藏高原 20～30 km 的大气环境成功的开展了探测。

1.4.2.11　基于静止轨道卫星监测大气污染物时空变化的可行性研究

承担单位	中国科学院大气物理研究所		
负责人	蔡兆男	研究周期	2014.01—2015.12
学科从属	空间地球科学		
关键词	光谱仪、大气污染物、反演模拟		

课题背景：监测对流层主要大气污染物的全球分布，通常利用低轨道卫星平台在紫外、可见光和热红外波段的观测光谱。目前，美国、欧洲和中国均已发射可用于对流层污染物观测的极轨卫星。但低轨卫星由于较低的时空及垂直分辨率，限制了目标气体的观测精度和时空分辨率，在空气质量监测和大气物理化学过程研究中存在一定局限。静止轨道卫星可以始终“凝视”同一观测区域，从而提高观测信号强度和观测数据的时空分辨率。近年来，美国、韩国及欧洲先后启动了利用静止轨道卫星监测对流层污染物的项目，计划分别以北美、东亚和欧洲为目标区域发射静止卫星。了解和定量监测我国大气痕量气体、气溶胶及其前体物的物理化学特性、光学性质、时空分布与变化机制等，对于空气污染监测具有重要意义。本课题利用观测模拟实验的方法（Observing System Simulation Experiment，OSSE），探讨在中国地区基于静止轨道卫星平台观测大气主要污染物，即对流层臭氧（O_3）、二氧化氮（NO_2）、二氧化硫（SO_2）、甲醛（HCHO）及气溶胶的可行性。

主要目标： 以现有星载紫外-可见光光谱仪观测原理为基础，以中国及周边地区为目标区域，提出针对中国大气污染物实现高时间分辨率和高空间分辨率的静止轨道卫星观测方案和仪器参数指标，验证这些指标的可行性，为未来优化仪器指标提供理论依据和模拟工具。

主要研究内容：

1）构建全链路的理论仿真模拟实验（OSSE），论证基于静止轨道卫星平台紫外-可见光光谱仪观测中国及周边地区对流层 O_3、NO_2、SO_2、HCHO 及气溶胶的可行性。

2）提出针对中国大气污染物的静止轨道卫星观测方案和仪器参数指标，讨论光谱仪的光谱分辨率、波段选择、信噪比等指标参数配置的敏感性和精度，讨论光谱定标和辐射定标对大气污染物监测反演精度的影响。

3）建立综合反演模拟系统，利用模拟观测光谱反演对流层 O_3、NO_2、SO_2、HCHO 及气溶胶光学参数，并进行反演敏感性和反演误差分析。

代表性成果产出：

1）优化光谱仪设计指标论证报告，反演 O_3、NO_2、HCHO、SO_2和气溶胶分析报告（图 1-109）。

2）代表性论文：

[1] Cai Z N. Deriving cloud parameters for O_3 profile retrieval [C]. Washington：4th TEMPO Sciena Team Meeting，2016.

[2] 陈曦，蔡兆男，刘毅，等. 基于静止轨道卫星监测中国大气污染物的模拟分析 [J]. 中国科学：地球科学，2018，48（10）：1352-1362.

后续应用： 补充了针对中国区域的静止卫星探测大气污染研究，为优化将来中国静止轨道卫星光谱仪仪器指标提供了理论依据和模拟工具。

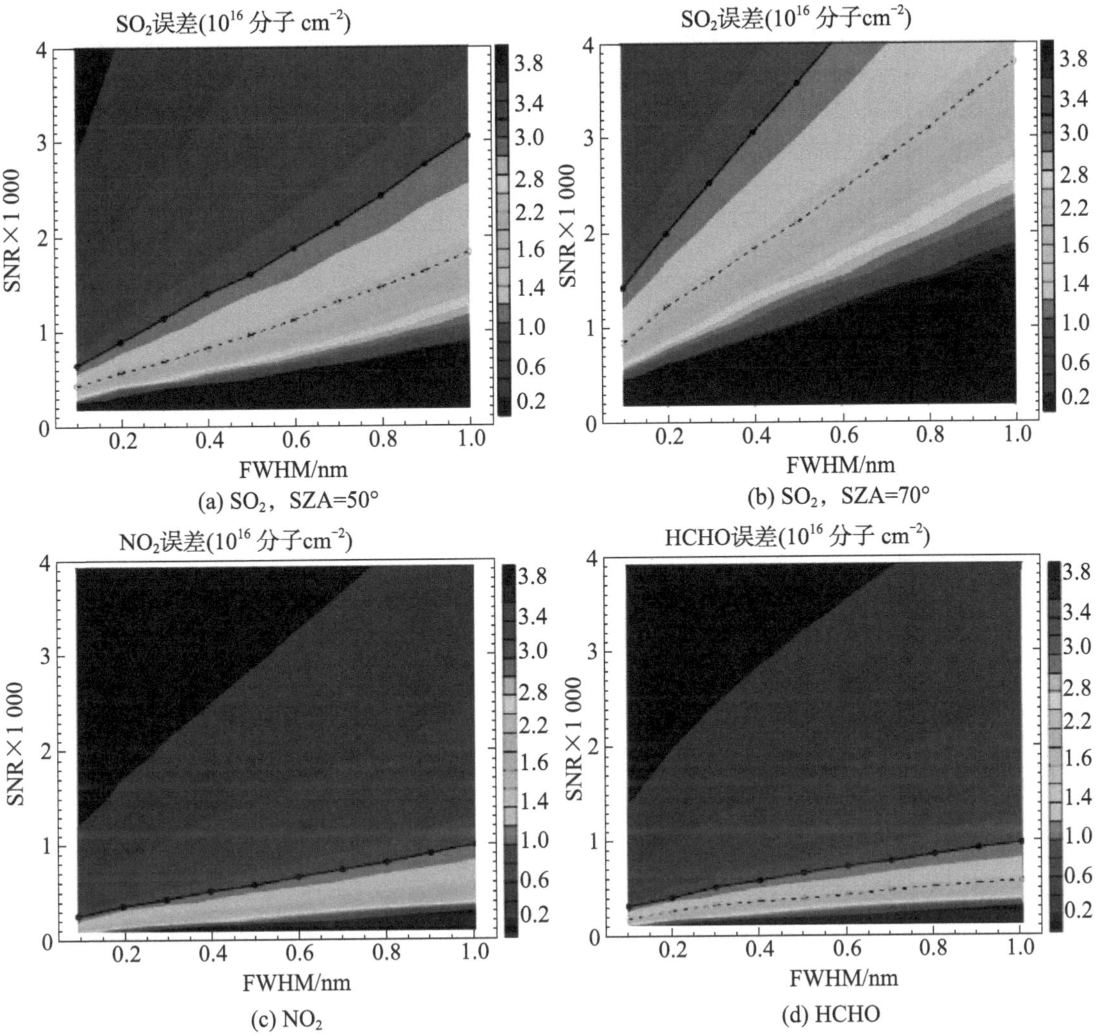

图 1-109　大气成分反演误差随光谱分辨率（Fullwidth at Half Maximum，FWHM）和信噪比（Signal Noise Ratio，SNR）的变化（见彩插）

（黑色实线和虚线分别表示 1 h 和 3 h 分辨率下目标气体反演精度的要求）

1.4.3　空间环境下的科学实验

1.4.3.1　空间蒸发与冷凝热循环实验方案与关键技术研究

承担单位	中国科学院力学研究所		
负责人	刘秋生、朱志强	研究周期	2014.1—2015.12
学科从属	微重力与空间生命科学		
关键词	微重力、液体蒸发、气体冷凝、热循环		

课题背景：研究对空间微重力环境下蒸发、冷凝相变与气液相变传热等现象及其规律，是传热传质、相变换热等微重力科学研究的基础，在基础研究和工程应用领域有重要价值。

主要目标：提出在一次卫星任务中完成液体蒸发与气体冷凝相变循环过程的综合科学实验方案，研制专用于两相流体相变与热循环过程的多功能空间实验原理样机。

主要研究内容：

1）设计可进行液体蒸发和气体冷凝相变传热过程的观测研究实验方案。

2）突破蒸发与冷凝相变系统实验观测室、两相界面非接触测量等关键技术，开展原理性实验和获得验证结果。

3）研制和建立具有蒸发和冷凝相变热循环功能的多参数测量实验/演示系统样机，其中蒸发/冷凝台温控采用高热流密度的电子加热器/半导体致冷片、饱和蒸气发生器采用电加热与压力控制方法、蒸发和冷凝液膜形态观测采用一体化的小型激光干涉仪测量技术等。

代表性成果产出：

1）空间蒸发与冷凝循环实验方案与关键技术研究方案及原理样机研制报告。

2）空间蒸发与冷凝热循环实验方案与关键技术研究原理样机（图 1－110）。

3）代表性论文：

［1］Chen X，Zhu Z Q，Liu Q S，et al. Thermodynamic behaviors of macroscopic liquid droplets evaporation from heated substrates［J］. Microgravity Sci. Technol.，2015，27（5）：353－360.

［2］Wang X W，Liu Q S，Zhu Z Q，et al. Experiments of transient condensation heat transfer on the heat flux senor［J］. Microgravity Sci. Technol.，2015，27（5）：369－376.

4）代表性专利：

［1］刘秋生，陶跃群，朱志强，等．一种精确判定冷凝液膜形成起始点的综合测量系统：CN202022950731.6［P］．2021－07－23.

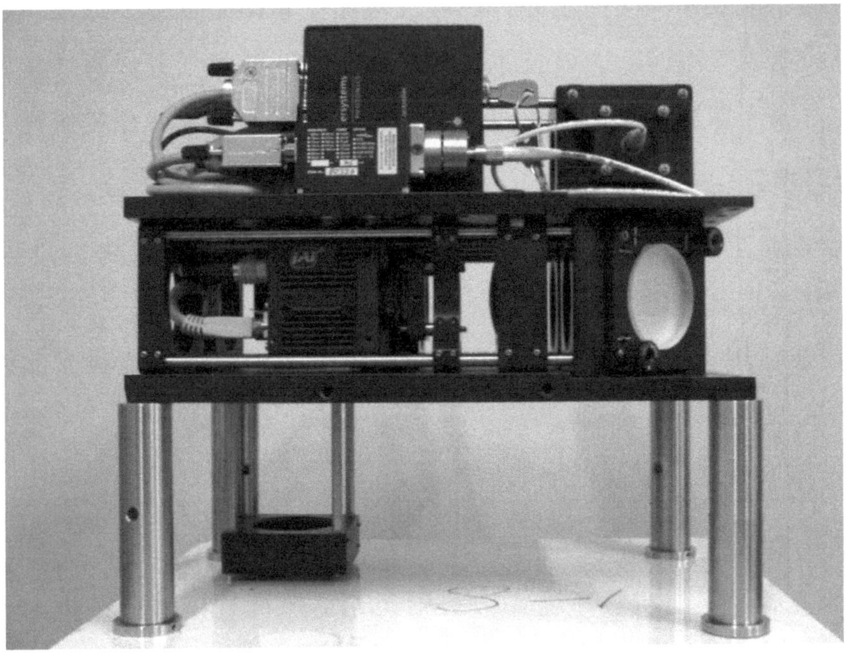

图 1-110　空间蒸发与冷凝热循环实验方案与关键技术研究原理样机

[2] 刘秋生，陶跃群，朱志强，等．一种精确判定冷凝液膜形成起始点的综合测量系统及方法：202011443936.3 [P]. 2021-02-19.

后续应用：成功将该蒸发与冷凝实验方案预研成果应用于中国空间站工程中首艘货运飞船的“天舟一号蒸发与冷凝实验与空间两相实验关键技术研究”空间实验项目，以及空间站两相系统实验柜首发空间实验项目“空间蒸发相变与热质传输过程”（2022—2023 年实施）的科学实验装置设计。

1.4.3.2　基于激光光谱技术的空间燃烧多参数测量技术研究

承担单位	中国科学院力学研究所		
负责人	余西龙	研究周期	2014.1—2015.12
学科从属	微重力和空间生命科学		
关键词	空间燃烧、激光光谱、可调谐二极管		

课题背景：激光吸收光谱技术可实现对各复杂流场和燃烧场的多组分参数，包括水（H_2O）、二氧化碳（CO_2）、一氧化碳（CO）等的同时测量，具

有测量精度、重复频率高的优势，已广泛应用于超燃直联台、激波风洞、激波管等设备的在线气流诊断。该技术也可应用于空间科学任务以探测星际大气组分，需针对深空探测微重力环境对测量技术的特殊要求开展相关研究。

主要目标：

1）根据微重力燃烧测量的特殊要求，发展以小型化、模块化为基本要求，高精度、激光光谱燃烧诊断技术。

2）集成适用于空间燃烧试验的诊断系统，为微重力燃烧科学实验项目提供技术支撑。

3）发展成可适合空间科学实验装置。

主要研究内容：

1）研究满足空间实验环境要求的激光光谱燃烧气体组分浓度、碳黑浓度和温度测量技术方案。利用可调谐二极管激光吸收光谱技术和调制吸收/发射光谱技术，分析可以应用到微重力科学研究可能的技术方案。开展详细的理论光谱分析，获得燃烧组分不同温度下的吸收线型和吸收系数。通过测量的灵敏度分析，获得适合于燃烧下对温度和浓度同时敏感的波长，同时考虑其他组分吸收灵敏度较高的波长，以满足测量灵敏度的要求。

2）研制原理样机，并进行系统测试与验证。建立吸收光谱浓度、温度诊断和碳黑浓度测试系统，利用实验室现有的标准的平面火焰燃烧器作为标准源进行测量，以确定测量系统的可靠性和测量精度。

代表性成果产出：

1）基于可调谐二极管激光吸收光谱/调制吸收/发射光谱（TDLAS/MAE）的火焰温度、组分浓度和碳黑浓度测量方案、基于激光光谱技术的空间燃烧多参数测量技术。

2）基于 TDLAS/MAE 技术的空间燃烧多参数测量原理样机（图 1－111）。

3）代表性论文：

[1] Li F，Zeng H，Yu X L. Measurements of spectral parameters for nitrousoxide near 4.56 μm using a quantum cascade laser [J]. Journal of Quantitative Spectroscopy & Radiative Transfer，2016（185）：79－85.

图1-111 基于TDLAS/MAE技术的空间燃烧多参数测量原理样机实物

（从上至下分别为显示器、工控机、控制箱1、控制箱2、控制箱3）

[2] Zeng H, Li F, Zhang S H, et al. In situ measurement for N_2O in ADN based thruster with a 4.56 μm quantum cascade laser [C]. Proceedings of 2015 Asian-Pacific Conference on Aerospace Technology and Science. South Korea, Jeju Island: 2015-03.

[3] Yu X L, Zeng H, Li F, et al. Simultaneous detection of N_2O, CO, NO and temperature in an ammonium Dinitramide based monopropellant thruster using tunable diode laser absorption spectroscopy [C]. Hong Kong: The 8th Across Strait Symposium on Shock Waves/Complex Flows. 2016-02.

4）代表性专利：

李飞，曾徽，余西龙．一种用于吸收系数标定的高温高压光学腔及其使用方法：CN201610443242.7 [P]. 2016-11-23.

后续应用：

1）应用于微重力燃烧研究、载人航天系统中组分分析测量和星际探测大气组分测量等。

2）可应用于航空航天、环境保护、石油化工、钢铁冶金、生物、半导体等工业领域。

1.4.3.3 微重力无容器加工装置熔体液滴振荡技术与热物性测量技术研究

承担单位	中国科学院国家空间科学中心		
负责人	孙志斌	研究周期	2014.1—2015.12
学科从属	微重力和空间生命科学		
关键词	无容器加工、液滴振荡、热物性测量		

课题背景：静电悬浮无容器技术是进行高熔点材料深过冷和热物性研究的一种较为先进的手段，与常规测量方法相比，能减少熔融样品受到的干扰，提供深过冷热物性和高熔点热物性研究的条件。本课题建立了一套静电悬浮无容器材料热物性测量装置，可利用该装置在地面和空间开展无容器条件下材料热物性的实验研究。

主要目标：针对过冷熔体黏度、比热、密度、膨胀系数等热物性的测量需求，突破空间微重力无容器加工装置中的液滴振荡技术，以及主要热物性测量与分析技术，为微重力下的材料非平衡凝固和新材料探索等实验研究提供技术支持。

主要研究内容：

1）开展微重力无容器加工中多种类型（金属合金、氧化物和半导体）材料悬浮样品的液滴热特性分析。

2）进行多种材料过冷液滴振荡和热物性测量分析等关键技术攻关。

3）编制热物性分析图像处理与计算分析软件。

4）完成关键模块原理样机的研制，并开展演示验证试验。

代表性成果产出：

1）熔体材料热物性测量技术特征的材料试验研究分析报告、微重力无容器加工装置熔体液滴振荡技术与热物性测量技术研究报告。

2）微重力无容器加工装置熔体液滴振荡技术与热物性测量技术原理样机（图1-112）。

图1-112　微重力无容器加工装置熔体液滴振荡技术与热物性测量技术原理样机

3）代表性论文：

[1] Wang F L，Dai B，Liu X F，et al. Containerless heating process of deeply undercooled metal droplet by electrostatic levitation [J]. Chinese Physics Letters. 2015，32（11）：43－46.

[2] 王飞龙，翟光杰，孙志斌．基于图像测量技术的双波长测温仪在线校准方法 [J]. 仪表技术与传感器，2016（04）：40－41，45.

4）代表性专利：

[1] 翟光杰，王飞龙，孙志斌．无容器材料加工系统：CN201410664890.6 [P]. 2015－04－08.

[2] 翟光杰，王飞龙，孙志斌，等．一种模拟微重力环境的材料样品凝固实验的装置及方法：CN201510009614.0 [P]. 2015－04－29.

后续应用：为我国材料科学提供先进的熔体材料热物性测量平台，为未来空间微重力环境下相关研究提供先进的装置和技术手段，为未来拟利用该实验装置开展空间材料实验的研究人员提供实验工艺设计参考及实验规范。

1.4.3.4 基于扭秤的弱力测量系统

承担单位	中国科学院力学研究所		
负责人	段俐	研究周期	2014.1—2015.12
学科从属	微重力和空间生命科学		
关键词	扭秤系统、μN～mN 量级、弱力测量		

课题背景：微推进技术是空间引力波探测的关键技术之一，正在研制的微推力器场发射和射频离子发动机（Micro－Newton Level Radio－frequency Ion Thruster，μRIT），其最大推力均为百微牛量级，推力分辨率达到亚微牛量级，后续的小型射频离子推力器将会达到几毫牛。对推力及推力噪声的直接测量，关系到整个微推力器的研究。

主要目标：针对 μN～mN 量级的微推进器，设计出基于扭秤的直接测量弱力的整套技术方案；研制出测试系统样机，完成相应的标定及测量工作。

主要研究内容：

1）准确得到标准弱力。设计一种能够产生 μN～mN 量级标准弱力的装置，可以获得 μN～mN 量级的弱力，并对该弱力进行标定。

2）设计一套新的扭秤系统（图 1－113）。系统测量的推力范围为 μN～mN 量级，测量的范围跨度较大；需要考虑不同量级的推力测量，设计结构是否满足；同时，综合考虑传统扭秤测量系统的优点和缺点，设计扭秤系统，作为测量系统的主体，进行测量实验的研究。

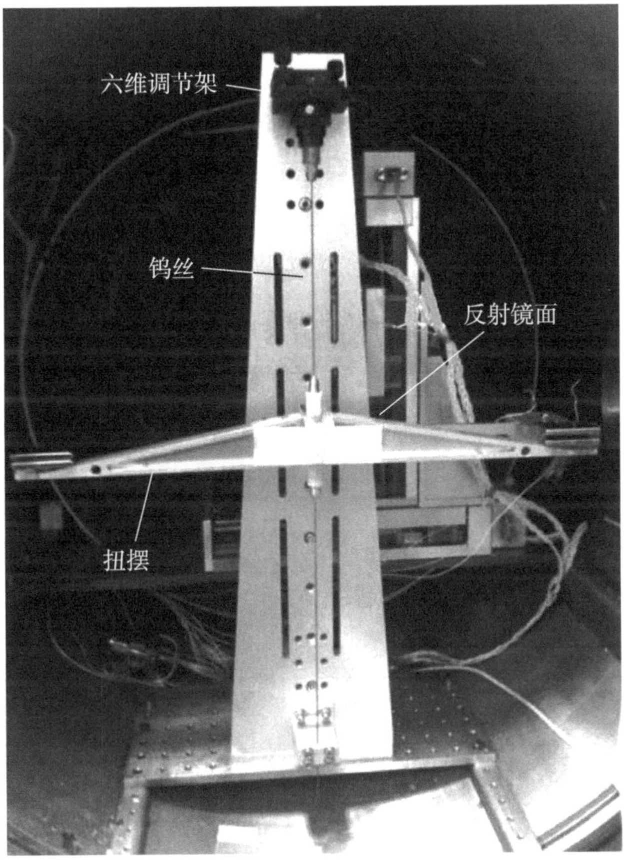

图 1－113　扭秤初步搭建

3）设计角位移测量方案。精确测量扭秤系统在运动过程中扭摆所产生的偏转角位移。对扭秤系统进行标定，给出标准力 F_0 与扭转角 $\Delta\theta$ 的函数关系。

4）测量系统在真空环境下运行，考虑相关的外部因素如噪声、振动、环境温度等对整个测试系统的影响，给出抑制解决方案，作出相应的误差分析。

代表性成果产出：

1）基于扭秤的弱力测量系统研制总结报告。

2）基于扭秤的弱力测量系统。

3）代表性报告：

［1］马隆飞．基于扭秤的微牛级推力测量系统［C］. 哈尔滨：第十二届中国电推进研讨会议．2016.

［2］马隆飞，贺建武，薛森文，等．双丝扭秤微推力测量系统［J］. 推进技术，2018，39（4）：948－954.

4）代表性专利：

赵凤鸣，高辉，康琦，等．一种电推进器弱力测量装置：CN201310275810.3［P］. 2013－10－02.

后续应用：

1）可对 μN 量级的推进器和 mN 量级的推进器进行弱力测量，极大缩短推进器的研发时间及周期。

2）可用于我国空间地球重力场测量无拖曳卫星的推进器推力特性的标定，并为未来空间引力波探测卫星的推进器研发打下良好的基础。

1.4.3.5 微重力环境下哺乳动物细胞培养的物质输运控制技术研究与实验方案设计

承担单位	中国科学院力学研究所		
负责人	孙树津	研究周期	2014.1—2015.12
学科从属	微重力和空间生命科学		
关键词	哺乳动物、细胞培养、物质输运		

课题背景：微重力对生命活动的影响主要是由于重力变化后生物体内外的力学环境变化引起的，失重本身可能引起细胞组织结构的应力状态变化，失重后流体行为的改变也可能造成细胞生存环境物质交换条件的变化，进而影响新陈代谢和生长。在空间实验中，分离实验技术本身的间接影响和重力条件变化对细胞的直接影响，是空间细胞生物实验研究面临的技术难题。

主要目标： 围绕空间微重力环境下进行哺乳动物细胞培养实验的物质输运控制技术与实验方案进行地面预先研究，着重考察流体动力和物质输运对细胞生物学功能的影响，开展空间细胞培养实验装置的关键培养液供给方式研究，进而制定初步技术规范。

主要研究内容：

1）空间细胞培养实验装置的液体储存、输送与温控技术：主要研究空间环境下 4 ℃低温储存区与 37 ℃培养区间的液体输送和热交换问题，以及样品安装注入过程中的防止污染问题。

2）空间细胞培养实验装置的气液交换技术：主要研究空间环境下密闭细胞培养系统的 O_2 和 CO_2 气体交换控制技术。

3）空间细胞培养实验装置的气泡排除技术：主要研究空间细胞培养装置的自动气泡分离和排除技术。

4）空间细胞培养实验装置的培养液供给方式：主要研究空间细胞培养装置的培养液供给技术规范，包括液体供应流量、循环次数、连续供应与间歇供应对实验结果的影响、定常流与脉动流对细胞的影响、流动剪切对细胞的影响等。

代表性成果产出：

1）微重力环境下哺乳动物细胞培养的物质输运控制技术研究与实验方案设计研究报告。

2）空间细胞生物力学实验模块原理样机（图 1－114）。

3）代表性论文：

[1] 上官冰，孙树津，高宇欣，等. 空间细胞生物反应器技术研究进展 [J]. 医用生物力学，2014，29（6）：582－588.

[2] Wang C Z，Li N，Zhang C，et al. Effects of simulated microgravity on functions of neutrophil－like HL－60 Cells [J]. Microgravity Sci. Technol.，2015 (27)：515－527.

4）代表性专利：

[1] 孙树津，龙勉．一种生物反应器用微型旋转密封：CN201210499197.9

[P]. 2013 -03 - 20.

[2] 孙树津，龙勉．一种生物反应器用双通道微型旋转密封：CN201210544243.2 [P]. 2013 - 03 - 27.

后续应用：

1）将为我国载人航天工程、空间站生命科学研究应用任务及相关空间细胞生物学实验研究提供技术支持，提升空间细胞生物学实验研究的数据质量，提高空间资源利用效率，并为空间实验研究技术标准的制定奠定基础。

2）核心关键技术已应用于目前中国空间站建造期实验装置的研制。

图 1 - 114　空间细胞生物力学实验模块样机

1.4.3.6 （微）重力下细胞骨架和囊泡运转对植物细胞壁建成与特性的影响

承担单位	中国科学院植物研究所		
负责人	乐捷	研究周期	2014.1—2015.12
学科从属	微重力和空间生命科学		
关键词	植物、细胞壁、微重力、响应机制		

课题背景：为适应重力这一地球环境因素，植物进化出了特有的重力响应调控机制。植物细胞具有细胞壁，空间微重力或地面模拟微重力可导致众多与

细胞壁建成的相关基因或蛋白表达水平发生明显变化，逐步成为在空间生命科学研究中植物细胞生物效应研究的重要目标之一。

主要目标：以典型模式植物拟南芥为研究材料，围绕地上部茎和下胚轴，在重力和模拟微重力条件下对生长中的细胞壁响应机制开展试验设计和验证。

主要研究内容：

1）重力及模拟微重力条件下，植物地上部重力响应细胞生长和细胞壁成分及特性的相互关系验证。

2）重力及模拟微重力条件下，细胞骨架和囊泡动态变化，及其参与调控细胞壁建成、成分和细胞生长机制探讨。

3）重力及模拟微重力条件下，对重力响应突变体与野生型重力响应细胞中转录组水平进行差异分析，寻找参与细胞壁合成及代谢相关及其他和重力响应相关的基因。

4）探索在微重力条件下，优化植物所需要的激素、营养、光照等生长条件，提出提高植物适应微重力生长的方案设计（图1－115）。

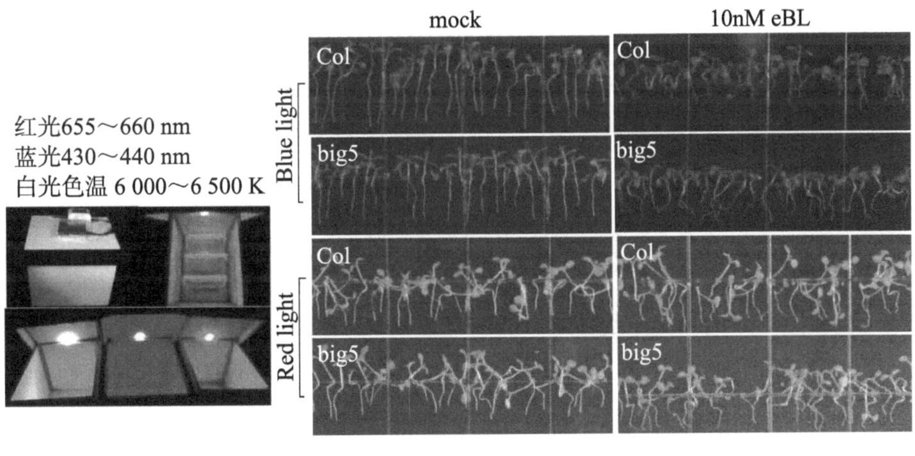

图1－115　光照和激素对拟南芥幼苗生长和向重性生长的影响

代表性成果产出：

1）通过调控细胞壁提高植物在（微）重力环境下生长的设计方案报告。

2）代表性论文：

[1] Zou J J, Zheng Z Y, Xue S, et al. The role of Arabidopsis Actin－

Related Protein3 functions in amyloplast sedimentation and polar auxin transport in root gravitropism [J]. Journal of Experimental Botany, 2016, 67 (18): 5325 - 5337.

[2] Xue S, Zou J, Liu Y, et al. Involvement of BIG5 and BIG3 in BRI1 trafficking reveals diverse functions of BIG - subfamily ARF - GEFs in plant growth and gravitropism [J]. International Journal of Molecular Sciences, 2019 (20): 2339

后续应用：

1）为将来通过激素、营养和光照调控提高植物在空间环境中的生长提供新的技术手段。

2）利用基因芯片技术，通过高通量筛选的方法，筛选在微重力下生长素和BR处理基因表达上调或下调基因，阐明在微重力下激素通过细胞壁合成和代谢相关基因表达变化，提出在分子、细胞和组织水平上提高植物适应微重力环境的调控模式。

1.4.3.7 磁性引力场空间检验计划初步方案研究

承担单位	中国科学院数学与系统科学研究院		
负责人	刘润球	研究周期	2016.01—2016.10
学科从属	空间基础物理		
关键词	磁性引力场、空间激光干涉技术、引力波		

课题背景：引力电磁场是时空曲率在弱场近似下的表现。其中，磁性引力场（Gravitomagnetic Field）在引力的牛顿近似下没有对应部分，是相对论在弱场近似下全新的可观测效应。其精确测量对与局部洛伦兹（Lorentz）不变性相关的后牛顿参数能给出很好的估计。同时，由于磁性引力场对深空时钟网络同步的特殊影响，对磁性引力场的精确测量也将成为未来空间导航、定位等相关技术研发的理论基础。磁性引力场由于其与物质的耦合方式以及信号的强度等限制，使得对它的直接测量存在相当的难度。目前包括引力探测器B（Gravity Probe B，GP - B）、激光地球动力学卫星（Laser Geodynamics Satellite，LAGEOS）等任务的测量结果，其精度达到10%左右。

主要目标：基于高精度空间激光测距、锁相以及无拖曳技术的相关进展，初步设计利用空间激光干涉技术在地球/月球轨道精确测量磁性引力场的全新方案。

主要研究内容：

1）利用空间激光差分测距的方法，实时测量两颗沿同一倾斜轨道绕地/月球无拖曳飞行的卫星星间距振荡信号，进而实现对地/月球磁性引力场精确测量的方案。

2）作为候补方案，在前述任务的基础上，在地/月赤道轨道增加第三颗卫星，实现空间萨格纳克效应（Sagnac）激光回路。通过对 Sagnac 回路中引力磁时间延迟信号的测量，实现独立的磁型引力场的测量。方案预期精度将达到1%甚至更好。

代表性成果产出：

1）磁性引力场空间检验计划初步方案研究课题设计报告（图1-116）。

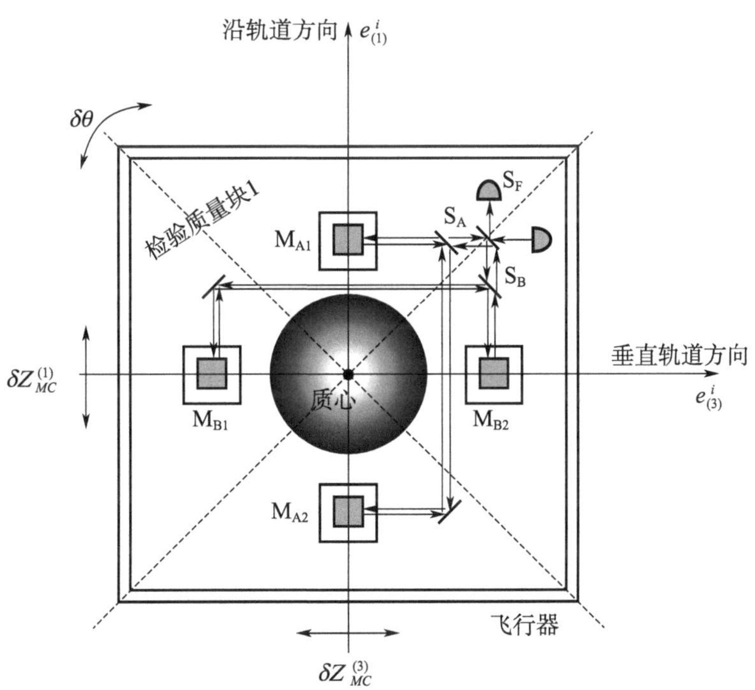

图1-116　磁性引力场空间检验具体实验方案

2）代表性论文：

[1] Xu P, Ho J P. First - order post - Newtonian analysis of the relativistic tidal effects for satellite gradiometry and the Mashhoon - Theiss anomaly [J]. Physical Review D, 2016, 93 (4): 044057.

[2] Blair D, Ju L, Zhao C, et al. Gravitational wave astronomy: the current status [J]. Science China: Physics Mechanics & Astronomy, 2015, 58 (12): 120402.

[3] 黄双林，龚雪飞，徐鹏，等．空间引力波探测：天文学的一个新窗口 [J]. 中国科学：物理学 力学 天文学，2017，47 (1)：38 - 59.

后续应用：

1）皮米级激光干涉测距是空间引力波探测关键技术。本项目可以作为空间引力波探测的技术探路者，积累相关激光干涉测距技术。

2）除了对未来空间引力波探测验证卫星的设计起到指导作用外，还将推动我国空间激光精密测量、无拖曳航天控制、微推技术等的发展，对重力卫星、等效原理的空间验证等项目也将提供支持和参考。

1.4.3.8 低（变）重力环境下液体毛细、界面效应与流体静-动态重定位研究

承担单位	中国科学院力学研究所		
负责人	解京昌	研究周期	2016.01—2016.10
学科从属	微重力和空间生命科学		
关键词	落塔、变推力实验技术、液体毛细输运、静/动态重定位		

课题背景：微/变重力条件下流体毛细、界面现象和流体重定位等基本物理现象和特殊变化规律是微重力流体物理研究的重要内容。同时，航天器长期在轨飞行过程中，发动机二次启动也存在推进剂贮存与沉底重定位等在轨流体管理问题，需要研究推进剂贮箱中气/液界面的形变及运动规律。

主要目标：针对卫星、飞船、空间站等航天器以及大型液体运载火箭上面级长时间在轨飞行和轨道控制技术中存在的流体毛细流动、界面现象和稳定性等问题，通过落塔实验验证“空间在轨流体管理关键实验技术研究”课题研发

完成的变推力实验技术，并开展适当的推进剂缩比实验贮箱内液体毛细输运和静/动态重定位落塔实验研究。

主要研究内容：以上述空天飞行器动力推进系统贮箱推进剂在轨流体管理为应用背景，开展模拟空间微/变重力环境下流体毛细界面现象和输运过程基本规律的研究。

1）通过理论分析和数值模拟，确定模拟实验设计参数。

2）对“空间在轨流体管理关键实验技术研究”课题自行研发的“微/变重力实验平台”进行实用化改造和系统调试。通过落塔实验对设备的技术功能和可操作性能进行实验验证，并使用该设备开展流体动态重定位实验研究，获得多工况下的实验结果。

3）通过理论和地基实验成果，设计卫星流体毛细界面现象和静/动态重定位空间实验技术方案。

代表性成果产出：

1）低（变）重力环境下液体毛细界面效应与流体静/动态重定位研究报告（图 1-117）。

图 1-117　空间流体管理实验方案

2）代表性论文/报告：

[1] 解京昌．微/变重力在轨流体管理研究进展［C］. 长沙：微重力流体管理与复杂流体学术研讨会，2016.

[2] 林海．NML 短时微重力落塔设施［C］. 长沙：微重力流体管理与复杂流体学术研讨会，2016.

后续应用：

1）获取变推力等复杂工况下的空间在轨流体输运基本规律、关键实验控制参数和实验技术，为大型运载火箭和卫星在轨流体管理提供理论和实验依据，并证实该技术可使微重力落塔设施拓展为变重力实验平台。

2）为我国今后空间在轨流体管理的科学与技术实验，以及探月，登月、火星等空间探索提供地基短时低重力实验平台和实验技术。

1.4.3.9 空间燃烧科学实验通用装置的方案和技术研究

承担单位	中国科学院力学研究所		
负责人	王双峰	研究周期	2016.01—2016.10
学科从属	微重力和空间生命科学		
关键词	空间燃烧、模块化、多功能、通用实验装置		

课题背景：先进、可靠、适合微重力实验平台的实验装置是成功完成微重力燃烧实验，特别是空间燃烧实验的必要条件。微重力燃烧的研究内容非常丰富，在利用空间实验平台开展科学研究时，这些实验对装置功能和性能的需求存在突出的共性特点，发展通用实验装置，不仅具有技术可行性，更是提高装置研制质量，进而提升科学研究效率的重要途径。

主要目标：针对空间微重力燃烧实验的技术需求，发展具有通用性的空间实验装置方案，分析实验装置的主要关键技术及其解决途径。

主要研究内容：

1）分析空间燃烧实验对实验装置功能和性能需求的主要特点。

2）设计模块化、多功能的通用实验装置方案。

3）分析实验装置中的主要关键技术及其技术方案可行性。

代表性成果产出：

1）空间燃烧实验通用装置设计方案报告、空间燃烧实验通用装置的方案和技术研究总结报告（图1－118）。

2）代表性论文/报告：

[1] 朱凤，王双峰，尹永利，等．微重力环境中热厚材料着火特性研究[J]．工程热物理学报，2018，39（1）：213－217.

[2] Wang S F，Zhu F. Effect of flow velocity on flame spread over thick PMMA sheets in microgravity [C]. Sapporo：11th Asian Microgravity Symposium（AMS2016），2016.

后续应用：可直接应用到我国未来的空间燃烧实验中，为提升科学研究效率、获得高水平研究结果奠定基础。

图 1－118　空间燃烧实验通用实验装置外观效果

1.4.3.10　实验观测磁控对流对晶体生长的作用

承担单位	中国科学院大学		
负责人	王晓东	研究周期	2016.01—2016.10
学科从属	微重力和空间生命科学		
关键词	多模式电磁场、受迫对流、凝固过程、晶体生长		

课题背景：凝固是一个伴随着相变热力学、凝固动力学以及各种传输现象的复杂过程。在微重力环境下进行实验，可开展排除浮力对流和重力沉淀效应干扰的晶体生长研究，研究由磁场驱动的流动对凝固组织和晶体生长的影响机制。

主要目标：对温度至少高达 800 ℃的实时观测样品施加多种运动模式的磁

场；完成装置的原理样机，开展演示验证实验。

主要研究内容：

1）通过自主研发的“可裁剪”、多模式电磁场，在凝固前沿产生受迫对流，将用于揭示受迫对流对凝固过程和晶体生长的影响机制。

2）充分评价对流和扩散分别对凝固的影响规律，为开发新的先进合金材料等的工艺过程提供实验手段和依据。

代表性成果产出：

1）电磁搅拌装置（图 1－119 和图 1－120）。

图 1－119　小型多模式电磁驱动装置控制柜

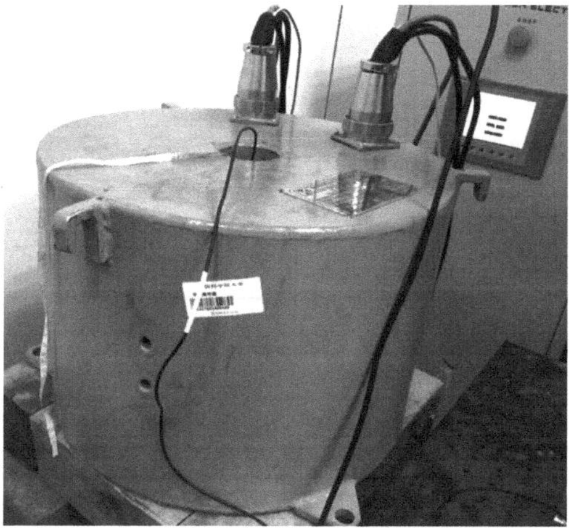

图 1－120　小型多模式电磁驱动装置搅拌器本体

2）代表性论文：

[1] Wang B，Wang X D，Etay J，et al. Flow driven by an Archimedean helical permanent magnetic field. Part I：flow patterns and their transitions [J]. Metallurgical and Materials Transactions B，2016，47（2）：1369－1377.

[2] Wang B，Wang X D，Fautrelle Y，et al. Flow driven by an Archimedean helical permanent magnetic field. Part I：transient and modulated flow behaviors [J]. Metallurgical and Materials Transactions B，2016，47（6）：3476－3488.

[3] Yang W Z，Wang X D，Wang B，et al. Numerical study of flow motion and patterns driven by a rotating permanent helical magnetic field [J]. Metallurgical and Materials Transactions B，2016，47（5）：2771－2784.

[4] Cheng L，Hao W Y，Liu R C，et al. Effect of modulated helical magnetic field on solidifying segregation of Sn－3.5Wt Pct Pb alloy in a directional solidification [J]. Metallurgical and Materials Transactions B，2022，53（1）：71－83.

3）代表性专利：

[1] 廖艳飞，王晓东，王勃. 磁场产生装置：CN201510014537.8 [P]. 2015-04－29.

[2] 王晓东，王勃. 通电线圈螺旋磁场装置：CN201520524866.2 [P]. 2015－11－18.

后续应用：

1）有助于回答微重力环境下凝固过程中受迫对流、马兰哥尼（Marangoni）对流、非等温相变、浓度扩散及其耦合效应等科学问题，同时对高品质材料制备具有重要的实用价值。

2）应用于第四代先进战机、大飞机、大型舰船、工业燃气轮机等的关键部件（如涡轮叶片、导向叶片、整体涡轮等）所用关键材料的研发。

3）后续获得长寿命高温材料国家重点实验室（东方电气集团东方汽轮机有限公司）资助课题“模式磁场对凝固过程影响的研究”（2019 年 9 月 1 日—2021 年 12 月）。

1.4.3.11 基于实时重离子辐射装置的空间生物效应

承担单位	中国科学院近代物理研究所		
负责人	党秉荣	研究周期	2016.01—2016.10
学科从属	微重力和空间生命科学		
关键词	物理构型、重离子辐射、生物效应		

课题背景：重离子辐射广泛存在于空间环境中，是影响航天员身体健康的主要因素。重离子辐射可引起多种生物学效应，如 DNA 损伤和修复失败、染色体的畸变以及微核形成等，还可通过活性氧介导的凋亡通路诱导细胞凋亡。重离子辐射具有复杂性、多样性、随机性、低剂量率和低剂量累积性等特点，为此有必要建立实时辐射状态与生物效应的关系。

主要目标：利用重离子物理构型（径迹状态）实时装置，研究物理构型、剂量和重离子辐射效应的关系，突破快速实时的空间重离子辐射效应分析技术。

主要研究内容：

1）物理构型与重离子辐射剂量的关系。

2）物理构型与辐射生物效应的关系，重点研究磺基罗丹明 B（Sulforhodamine B，SRB）检测细胞毒性、膜联蛋白-V/碘化丙啶（Annexin V/PI）双染法检测细胞凋亡、二氯荧光黄二乙酸酯（DCFH-DA）荧光探针检测、细胞内活性氧细胞内细胞丙二醛（MDA）的测定、活性氧调控的凋亡相关信号分子细胞外信号调节激酶（ERK）1/2 的磷酸化水平，以及丝裂原活化蛋白激酶磷酸酶-1（MKP-1）、B 细胞淋巴瘤/白血病-2（Bcl-2）和半胱氨酰天冬氨酸特异性蛋白酶-3（Caspase-3）的表达，以表明物理构型与辐射生物效应的生物指标间的关系。

代表性成果产出：

1）基于实时重离子辐射装置的空间生物效应研究总结、基于实时重离子辐射装置的空间生物效应设计报告。

2）重离子影像探测器实验装置原理样机（图 1－121）。

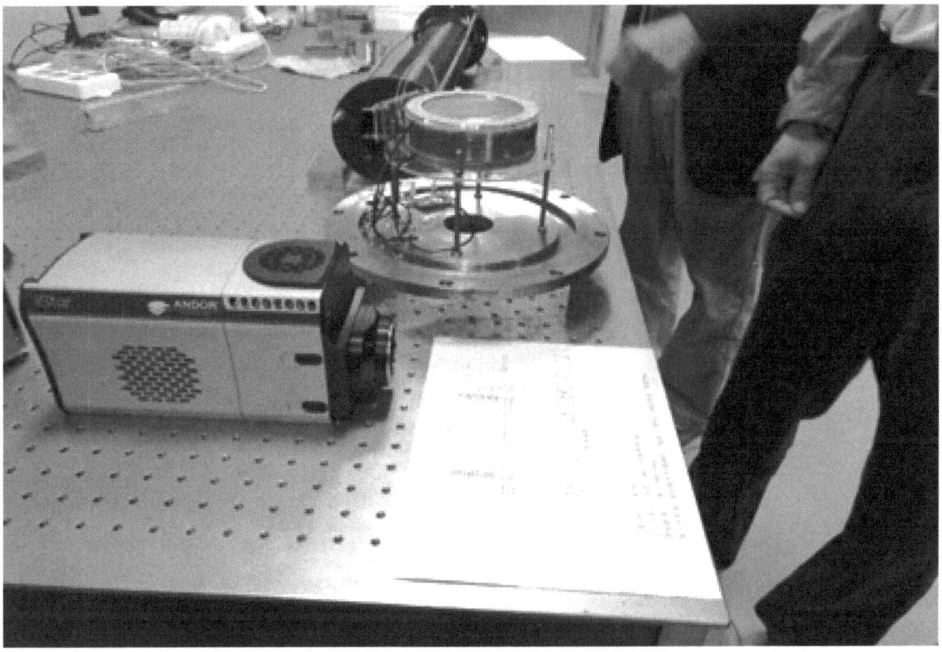

图 1－121　重离子影像探测器实验装置原理样机

3）代表性报告：

空间辐射微重力副效应的生物防护初步研究［C］. 上海：空间生命科学与技术前沿研讨会，2016.

后续应用：

1）由于精确的定位，可作为空间辐射效应研究中的剂量和定位装置，代替三明治式的固体探测器，给出实时信号。

2）现有的离子治疗肿瘤的剂量探测器为电子学系统获得，本研究有望给出实时的影像，可用于医用射线癌症治疗。

第 2 章　空间科学背景型号项目

2.1　项目概要

背景型号的使命是通过当下的科学与技术集中攻关，奠定空间科学任务通过遴选、工程实施的基础。

空间科学背景型号项目是空间科学先导专项专门设置的一种空间科学任务预研项目类型，借鉴了航天强国空间科学任务和我国民用航天技术预先研究项目等的管理经验①，大致对应于美欧空间科学任务项目生命周期的 Pre-Phase A 阶段后半期，即 Selected proposals study/ Science value & feasibility studies/ Detailed feasibility studies，属于 Mission Concept Studies 的工作内容。

空间科学背景型号项目旨在根据国家空间科学战略规划和发展路线图，从已完成空间科学预先研究的空间科学任务建议中，遴选出初步具备能在下一个五年计划周期内完成工程立项、研制与发射的卫星任务，在本五年计划期间开展科学目标凝练、探测方案优化和关键技术攻关及试验验证等工作②。

部署过程：根据空间科学战略规划，结合空间科学领域国际前沿热点，基于前期空间科学预先研究成果，组织相应领域专家编制形成背景型号项目申请指南，向相关单位发布；对征集到的项目建议组织专家择优评审；对通过遴选的项目建议报经主管部门批准后，支持开展相应的背景型号研究工作。

部署原则：坚持科学重大性原则，在属于空间科学前沿、有望取得重大原

---

① 国防科技工业局：民用航天技术预先研究项目管理实施细则。

② 中国科学院空间科学战略性先导科技专项空间科学背景型号项目管理实施细则（暂行）。

创突破的方向上进行部署；坚持学科带动性原则，在能对学科发展以及技术进步产生重要带动作用的研究方向上进行部署。

背景型号的任务是凝练科学目标、优化任务方案、关键技术攻关和降低工程风险。

空间科学背景型号项目的任务是凝练未来空间科学卫星任务的科学目标，确保其瞄准学科重大前沿，科学意义重大，有望产出重大原创成果；论证和优化未来空间科学卫星任务的顶层设计方案，识别、掌握和突破关键技术，并拓展国际合作的可能性，降低进入工程研制阶段后的技术风险和经费风险；培养和形成一支包括科学家、工程师和支撑管理人员在内的队伍，为未来空间科学卫星任务的工程研制和科学研究做好人才准备，降低人力资源风险。

空间科学先导专项（一期）部署完成了 8 个背景型号项目的研究工作。

专项（一期）分两批遴选出 8 个项目开展了背景型号研究（表 2 - 1）。遴选出的 8 个背景型号项目所属的学科领域覆盖到了空间科学的主要领域。其中，空间天文领域有"X 射线时变与偏振探测卫星"（X - ray Timing and Polarization Statellite，XTP）、"空间毫米波 VLBI 阵列"（Space Millimeter VLBI Array，S - VLBI）和"爱因斯坦探针"（Einstein Probe，EP），太阳与空间物理领域（与美国 NASA 的日球层物理领域对应）有"先进天基太阳天文台"（Advanced Space - based Solar Observatory，ASO - S）、"磁层-电离层-热层耦合小卫星星座探测计划"（Magnetosphere - Ionosphere - Thermosphere Coupling Small - Satellite Constellation Mission，MIT）和"太阳极轨望远镜计划"（Solar Polar Orbit Telescope，SPORT），行星科学领域有"系外类地行星探测计划"（Search for Terrestrial Exo - Planets，STEP），空间地球科学领域有"全球水循环观测卫星"（Water Cycle Observation Mission，WCOM）。

表 2 - 1　空间科学背景型号项目课题清单

序号	分类	课题名称	课题负责人	牵头单位
1	空间天文	爱因斯坦探针(EP)	袁为民、张臣	中国科学院国家天文台
2		X 射线时变与偏振探测卫星(XTP)	卢方军、董永伟	中国科学院高能物理研究所
3		空间毫米波 VLBI 阵列(S - VLBI)	洪晓瑜	中国科学院上海天文台

续表

序号	分类	课题名称	课题负责人	牵头单位
4	太阳与空间物理	先进天基太阳天文台（ASO - S）	甘为群	中国科学院紫金山天文台
5		磁层-电离层-热层耦合小卫星星座探测计划（MIT）	刘勇	中国科学院国家空间科学中心
6		太阳极轨望远镜计划（SPORT）	刘颖、刘浩	中国科学院国家空间科学中心
7	行星科学	系外类地行星探测计划（STEP）	陈鼎、李保权	中国科学院国家空间科学中心
8	空间地球科学	全球水循环观测卫星（WCOM）	施建成、董晓龙	中国科学院遥感与数字地球研究所

此外，部署了“空间毫米波 VLBI 阵列”“红外天文小卫星”2 个深化论证课题；设置了“空间科学公共支撑系统研究”课题，用于支持空间科学任务在概念设计和立项论证阶段（Phase 0 阶段）的论证工作。这 3 个课题未纳入此次成果汇编。

需要说明的是，空间科学先导专项 2011 年遴选部署的 MIT、XTP、S - VLBI、SPORT，它们提出的未来工程研发经费需求均大于 15 亿元，属于我国大型空间科学卫星项目，研究周期为 2011—2016 年；2013 年遴选部署的 EP、ASO - S、STEP、WCOM，技术成熟度相对较高，未来工程研发经费需求小于 10 亿元，属于我国中小型项目，研究周期为 2014—2016 年。

背景型号研究期间，8 个项目均凝练了科学目标、优化了探测方案、突破了关键技术并完成了试验验证和国际空间科学研究所-北京（ISSI - BJ）组织的国际论证等工作，完成了研究内容。2016 年 6 月底前，8 个项目全部通过了结题验收。

空间科学先导专项（一期）背景型号项目预后良好，使命依然艰巨。

上述 8 个背景型号项目为空间科学先导专项乃至我国空间科学任务工程遴选积累了宝贵经验。它们面向世界空间科学前沿，有效载荷技术挑战大，任务方案创新性强，虽都通过验收，但项目预后差强人意。如何使它们各自成为相关领域国际领先的空间科学任务、使载荷的技术指标达到国际最优等等，后续亟待总结提高，不辜负产出重大原创科学成果的初心，成为加速我国空间科学发展的利器。其中：

ASO - S 和 EP 两个项目已于 2017 年 12 月正式工程立项，进入空间科学（二期）先导专项卫星工程项目。

ASO - S① 是我国首颗综合性太阳观测科学卫星，将首次在一颗卫星上实现全日面矢量磁场、耀斑非热辐射成像和 CME 近日冕同时观测，揭示太阳磁场变化产生太阳耀斑和 CME 的内在物理联系，并为灾害性空间天气预报提供支持。

时域天文学是未来 10 年最具重大科学发现机遇的领域。EP② 作为高能时域天文学期待已久的下一代设备，将是国际上极有竞争力的天文观测设备之一。EP 预期将在高能暂现源的系统性发现和研究、宇宙沉寂黑洞等方面取得突破性进展，并冲击引力波电磁对应体等重大科学问题；预期将使我国在 X 射线时域天文学领域快速进入国际水平。

XTP 项目吸引欧洲大型 X 射线时变天文台（Large Observatory for X - ray Timing，LOFT）整体加入，形成增强型 X 射线时变与偏振天文台（Enhanced X - ray Timing and Polarimetry Mission，eXTP）卫星任务。eXTP 项目于 2017 年 5 月进入空间科学（二期）先导专项背景型号课题和重大背景型号课题，并参加了空间科学（三期）卫星工程候选项目遴选。

STEP 项目开展了科学目标和有效载荷配置深化论证，形成近邻宜居行星巡天计划（Closeby Habitable Exoplanet Survey，CHES）。CHES 项目于 2020 年 6 月进入空间科学（二期）先导专项背景型号课题，并参加了空间科学（三期）卫星工程候选项目遴选。

WCOM、MIT 两个项目为推动立项和工程实施，对科学目标和有效载荷配置开展了深化论证工作，但两个项目未达到立项综合论证要求，暂缓工程立项，继续深化论证。

SPORT、S - VLBI 两个项目工程实施难度大，经费需求大，暂不具备工程立项条件，继续深化论证。

---

① Gan W Q，Zhu C，Deng Y Y，et al. Advanced space - based solar observatory (ASO - S)：an overview [J]. RAA (Research in Astronomy and Astrophysics)，2019，19 (11)：3 - 10.

② 袁为民，张臣，陈勇，等 . 爱因斯坦探针：探索变幻多姿的 X 射线宇宙 [J]. 中国科学：物理学 力学 天文学，2018，48 (3)：6 - 25.

2.2　空间天文

2.2.1　“爱因斯坦探针”（EP）背景型号

承担单位	中国科学院国家天文台		
负责人	袁为民、张臣	研究周期	2014.1—2015.12
学科领域	空间天文		
关键词	高能时域天文学、X射线天文学、龙虾眼望远镜、科学卫星		

课题背景：宇宙远非宁静，而是充满了各种剧烈的爆发和变化。有的表现为天空中随机出现的某一电磁波段的新的辐射源，存在一定时间后消失（称为暂现源，时标短的有秒量级，长的可达年或更长）；有的则表现为已知天体的辐射的爆发和变化。对它们的观测和研究极大地丰富了人类对宇宙及支配宇宙的基本物理规律的认知和探索，使得时域天文学有望成为未来10年最具重大科学发现机遇的领域。

爱因斯坦探针（Einstein Probe，EP）卫星是一颗面向时域天文学和高能天体物理的空间天文探测卫星，用于全天软X射线波段暂现源探测和变源监测，将使我国在X射线时域天文学领域快速进入国际水平。

EP将开展深度的大视场时域巡天监测，发现和探测宇宙中各种已知和未知的突发性的暂现/爆发天体和事件，获得大样本宇宙X射线源的辐射变化数据，绘制全天X射线时序全景图像；及时发布观测警报，引导EP卫星相关有效载荷以及国内外其他空间及地面望远镜进行后随联合观测。

主要研究内容：开展科学目标的深化论证；宽视场X射线望远镜（Wide-field X-ray Telescope，WXT）的光学系统原理验证样机和探测器原理测试样机的方案设计及关键技术攻关；星载触发策略的深化论证和优化，以及星载数据处理和警报触发星地链路优化设计；卫星平台初步方案研究和论证。

代表性成果产出：凝练了科学目标，优化了卫星平台方案，形成了科学目标分析报告、卫星平台初步方案设计报告等；完成了有效载荷方案设计，突破了主要有效载荷关键技术，研制了部分有效载荷原理样机，经测试技术指标满足任务书要求。

（1）凝练的科学目标

EP 卫星将在 X 射线波段对宇宙天体开展高灵敏度、实时动态巡天监测。其主要科学目标如下：

1）发现宇宙中的 X 射线剧变天体，监测已知天体的活动性，探究这些现象的性质及相关物理过程。

2）发现和探索宇宙中沉寂黑洞的耀发；测绘黑洞的分布，进一步理解其起源、演化及如何吸积物质。

3）探寻来自引力波源的 X 射线信号，以增进对极端致密天体及其合并过程的认知。

EP 卫星也将通过提供时域天文机遇观测目标，引导国内外大型天文观测设备的观测。

（2）突破的关键技术

EP 任务有效载荷配置：WXT 实施高灵敏度、高空间分辨率的 X 射线全天监测，实现 X 射线暂现源和爆发源的探测、定位及实时星上触发；后随 X 射线望远镜（Follow - up X - ray Telescope，FXT）对新发现的暂现源和爆发源开展深度后随观测，对机遇目标进行观测。

WXT 是 EP 任务的核心载荷，采用国际先进的下一代大视场微孔光学（MPO）龙虾眼 X 射线成像技术（图 2 - 1）；突破了微孔龙虾眼望远镜模拟、设计和装调技术，突破了 GEM 超薄入射窗研制、GEM 膜的选择等关键技术；研制了 WXT 龙虾眼光学系统的原理样机，用于验证 WXT 的设计方案和工艺方案（图 2 - 2）。

（3）优化的总体方案

优化的总体方案如表 2 - 2 所示。

图 2-1　MPO 组件束流测试

图 2-2　WXT 焦平面探测器原理样机的设计和测试

表 2-2　优化的总体方案

参数名称	技术指标
轨道	近地圆轨道，高度约 600 km，倾角 29°
火箭和发射场	长征二号丙（CZ-2C），西昌卫星发射中心
质量	整星 500 kg，支持有效载荷最大质量 200 kg
功耗	卫星<250 W，载荷 200 W，峰值 270 W
寿命	5 年
尺寸	包络尺寸 1 500 mm (*Y*) ×1 700 mm (*Z*) ×2 300 mm (*X*)； 结构本体 1 200 mm (*Y*) ×1 600 mm (*Z*) ×1 980 mm (*X*)

续表

参数名称	技术指标
姿态	三轴稳定，惯性指向，自主姿态机动； 指向精度优于 0.1°（3σ）； 稳定度优于 0.03(°)/10 min（3σ）； 测量精度优于 1′（3σ）
热控	被动为主，主动为辅
测控	USB，S 频段
数传	X 频段，40 Mbit/s

（4）报告论文和专利

1）EP 卫星工程可行性论证报告、EP 卫星科学需求深化论证研究方案报告、EP 卫星科学目标分析报告、EP 卫星平台初步方案设计报告、EP 卫星科学载荷初步方案设计报告、总体技术与科学载荷研究方案报告。

2）WXT 探测器研究方案报告、星载触发和星地数据处理研究方案报告、X 射线龙虾眼望远镜设计和装调关键技术攻关报告、龙虾眼光学系统原理验证样机设计报告、WXT 探测器原理验证样机设计报告、星载触发关键技术攻关报告、星载触发及星上数据处理软件仿真系统设计报告、星载触发及星上数据处理硬件仿真系统设计报告等。

3）代表性论文：

[1] Zhao D, Chen Z, Yuan W, et al. Ray tracing simulations for the wide - field X - ray telescope of the Einstein Probe mission based on Geant4 and XRTG4 [C] // Space Telescopes & Instrumentation: Ultraviolet to Gamma Ray. International Society for Optics and Photonics, 2014.

[2] Zhou X L, Yuan W, Pan H W, et al. Universal scaling of the 3 : 2 twin - peak quasi - periodic oscillation frequencies with black hole mass and spin revisited [J]. Astrophysical Journal Letters, 2014, 798 (1) DOI: 10.1088/2014 - 8205/798/1/L5.

[3] Yuan W, Komossa S, Zhang C, et al. Detecting tidal disruption events of massive black holes in normal galaxies with the Einstein Probe [J]. Proceedings of the International Astronomical Union, 2014, 10 (S312): 68 - 70.

[4] Yuan W，Zhang C，Feng H，et al. Einstein Probe - a small mission to monitor and explore the dynamic X - ray universe，Volume 233 - Swift：10 Years of Discovery（SWIFT 10），2014，6. [EB/OL]. 2015：arXiv：1506.07735 [astro - ph. HE]. https：//arxiv.org/abs/1506.07735.

[5] Yuan W M，Osborne J P，Chen Z，et al. Exploring the dynamic X - ray universe [J]. TAIKONG ISSI - BJ Magazine，2015（6）.

[6] Sun H，Zhang B，Li Z. Extragalactic high - energy transients：event rate densities and luminosity functions [J]. ApJ，2015（812）：33.

[7] Yuan W，Amati L，Cannizzo J K，et al. Perspectives on gamma - ray burst physics and cosmology with next generation facilities [J]. Space Science Reviews，2016（202）：235 - 277.

[8] Yuan W M，Osborne J P，Chen Z，et al. Exploring the dynamic X - ray universe：scientific opportunities for the einstein probe mission [J]. Chinese Journal of Space Science，2016，36（2）：117 - 138.

后续应用：

1）后续 EP 项目于 2017 年 12 月正式立项，进入空间科学（二期）先导专项卫星工程项目。

2）EP 作为高能时域天文学期待已久的下一代设备，将是国际上最有竞争力的天文观测设备之一。EP 预期将在高能暂现源的系统性发现和研究、宇宙沉寂黑洞等方面取得突破性进展，并冲击引力波电磁对应体等重大科学问题。

2.2.2 “X 射线时变与偏振探测卫星”（XTP）背景型号

承担单位	中国科学院高能物理研究所		
负责人	卢方军、董永伟	研究周期	2012.10—2015.12
学科领域	空间天文		
关键词	X 射线天文、黑洞、中子星、极端宇宙、科学卫星		

课题背景： 国际 X 射线天文的发展有“看得更远和更清”和“看得更精和

更准”两个方向。前者主要是通过提高望远镜的空间分辨率和灵敏度，扩大认识宇宙的范围，认识宇宙的组成、大尺度结构和演化；而后者的实现主要是通过加大有效探测面积和高性能焦平面探测器，以便得到更短时标的时空结构和更多物理量的精确测量。X 射线时变与偏振探测卫星（X－ray Timing and Polarization Satellite，XTP）将利用嵌套聚焦光学望远镜阵列技术汇聚 X 射线光子，预期实现约 1 m^2@6 keV 的有效探测面积，采用高性能半导体探测器实现对极端物理条件下的黑洞、中子星等天体的高能量分辨率和高时间分辨率的联合观测，并利用新型气体探测器开拓高灵敏度 X 射线偏振探测新窗口。XTP 将为人类给出一批黑洞、中子星等致密天体系统的辐射细节和爆发演化的完整历史，揭开这些极端和致密天体的神秘面纱。

研究内容：在预先研究基础上，结合有效载荷关键技术攻关、科学目标研究、卫星总体方案研究的情况，完成有效载荷配置优化，确定最终的有效载荷和卫星方案。凝练科学目标，使得 XTP 的科学能力在同领域属于世界领先水平并有重大科学意义；确保有效载荷和卫星总体方案能充分利用资源，最大限度提升有效载荷的观测能力，能满足科学目标的要求，并且具有很高的工程可行性。

成果产出：凝练了科学目标，不断深化有效载荷配置方案，在 XTP 方案基础上形成了增强型 XTP（eXTP）方案，形成了 eXTP 科学目标深化论证汇总报告、eXTP 卫星总体任务方案及技术可行性论证报告、卫星总体方案论证报告、卫星平台总体方案研究报告；完成了有效载荷方案设计，突破了有效载荷和卫星平台关键技术，研制了有效载荷原理样机、关键部件。

（1）凝练的科学目标

eXTP 的科学目标确定为一奇（黑洞）、二星（普通中子星和磁星）、三极端（极端密度/能量、引力和磁场）。eXTP 的核心科学目标为极端引力下的广义相对论、极端密度条件下的中子星物态、极端磁场条件下的真空涨落效应精确检验。另外，eXTP 作为空间天文台，可以实现双星演化物理规律、超亮 X 射线源物理、超新星遗迹和弥散辐射、宇宙极端爆发等多个科学目标。

（2）突破的关键技术

XTP 任务与欧洲大型 X 射线时变天文台（Large Observatory for X－ray

Timing，LOFT）任务在有效载荷配置和科学目标方面具有高度的互补性，在既有的 XTP 火箭选型和卫星框架下，通过增加多个可星上伸展的面板来安装 LOFT 项目准直型大面积探测器，有效面积可提高 1.5～3 m^2，形成 eXTP 概念，可显著增强 XTP 在天体时变研究方面的能力。

XTP 不断深化有效载荷配置方案，经过多轮迭代，如表 2－3 所示。优化后的 eXTP 有效载荷配置如下：能谱测量 X 射线聚焦望远镜阵列（Spectroscopic Focusing Array，SFA）、偏振测量 X 射线聚焦望远镜阵列（Polarimetry Focusing Array，PFA）、大面积 X 射线准直望远镜阵列（Large Area Delector，LAD）和广角监视器（Wide Field Monitor，WFM）。其中，前两个载荷由中方负责，后两个载荷由欧洲合作组负责并提供，中方参与 LAD 载荷准直器等的研制。

表 2－3　XTP 有效载荷配置优化迭代方案

XTP 有效载荷配置(2012.10)	XTP 有效载荷配置(2013.08)	eXTP 有效载荷配置 (2015.10)
高能 X 射线聚焦望远镜阵列 40 组	高能 X 射线聚焦望远镜 HFA 5 组 焦距 5.5 m	能谱测量 X 射线聚焦望远镜 SFA 11 组 焦距 4.5 m
低能 X 射线聚焦望远镜阵列 14 组	低能 X 射线聚焦望远镜 LFA 10 组 焦距 4.5 m	偏振测量 X 射线聚焦望远镜 PFA 2 组 焦距 4.5 m
高能准直型 X 射线探测器阵列	高能 X 射线准直望远镜 HCA 2 组	大面积 X 射线准直望远镜 LAD 40 组
低能准直型 X 射线探测器阵列	—	—
全天监视器	广角相机 WFC,1 组	广角监视器 WFM,3 对

高能 X 射线聚焦望远镜突破了薄玻璃热成形技术、X 射线超反射镜制作技术、X 射线聚焦望远镜集成装配技术等关键技术。研制的高能 X 射线聚焦望远镜样机（图 2－3）通过了光学测试和力学试验。

PFA 的焦平面探测器是 X 射线偏振探测器（Gas Pixel Detector，GPD）。GPD 突破了探测器漏气、内部材料出气等关键技术，采用高真空环氧树脂粘接，数次改进探测器的封装结构、封装工艺，采用了低出气率的材料作为探测器内部材料，X 射线偏振探测器原理样机，如图 2－4 所示。

图 2-3　高能 X 射线聚焦望远镜样机

图 2-4　X 射线偏振探测器原理样机

(3) 优化的总体方案

优化的总体方案如表 2-4 所示。

表 2-4　优化的总体方案

参数名称	技术指标
轨道	轨道:550 km 圆轨道,倾角 28°(14°备份)
火箭和发射场	长征三号丙(CZ-3C),西昌卫星发射中心
质量	整星<3 500 kg,有效载荷~1 000 kg
功耗	载荷 1 200 W
寿命	设计寿命 5 年,可拓展至 10 年
尺寸	发射时包络 ϕ3 850 mm×7 301 mm,结构本体 ϕ3 000 mm(外接圆); 发射时包络 ϕ3 850 mm×6 700 mm,结构本体 2 830 mm×3 030 mm

续表

参数名称	技术指标
姿态	三轴稳定惯性定向控制，指向精度< ±0.01°（3σ），测量精度< ±0.002°（3σ），姿态稳定度< ±0.005(°)/s（3σ），平台机动<10 min(+/−30°)，20 次/年
热控	被动为主，主动为辅
测控	USB+GPS，S 频段
数传	X 频段，2×1 500 Mbit/s

（4）报告论文和专利

1）XTP 卫星总体任务方案及技术可行性论证报告、X 射线时变与偏振探测卫星总体方案论证报告、X 射线时变和偏振探测卫星（XTP）平台总体方案研究报告、XTP 有效载荷配置方案和对卫星的使用要求、eXTP 科学目标深化论证汇总报告。

2）高能 X 射线聚焦望远镜光学设计报告、高能 X 射线聚焦望远镜关键技术报告、低能 X 射线偏振探测器研究报告、CCD 探测器匹配 ASIC 芯片的研制总结报告、高能 X 射线探测器设计方案、高能 X 射线探测器技术总结报告、XTP 低能聚焦望远镜焦平面组件研究报告、XTP 低能聚焦望远镜光学组件研究报告、全天监视器方案设计报告等。

3）代表性论文：

[1] Ji L，Zhang S，Chen Y P，et al. Possible hard X－ray shortages in bursts from KS 1731－260 and 4U 1705－44 [J]. Astronomy & Astrophysics，2014（564）：5.

[2] Zhou X L. On the black hole masses in ultra－luminous X－ray sources [J]. New Astronomy，2015（37）：1－4.

[3] Zhou X L，Yuan W，Pan H W，et al. Universal scaling of the 3：2 twin－peak quasi－periodic oscillation frequencies with black hole mass and spin revisited [J]. The Astrophysical Journal Letters，2015. DOI：1088/2041－8205/798/1/L5.

[4] Wang Z，Shen Z，Mu B，et al. Development of the X－ray timing and polarization telescope optics [C]. Space Telescopes and Instrumentation 2014：

Ultraviolet to Gamma Ray. International Society for Optics and Photonics，2014.

[5] Dong Y W，Zhang S N. X – ray timing and polarization [J]. TAIKONG ISSI – BJ Magazine，2014，No. 2.

[6] Li H，Feng H，Muleri F，et al. Assembly and test of the gas pixel detector for X – ray polarimetry [J]. Nuclear Instruments & Methods in Physics Research，2015 (804)：155 – 162.

[7] Hong L，Hua F，Ji J，et al. A transmissive X – ray polarimeter design for hard X – ray focusing telescopes [J]. Proceedings of Spie，2015，9601，LIV，X – Ray，and Gamma – Ray Space Instrumental for Astronomy XIX，96010V (24，Auyust 2015).

4）代表性专利：

[1] 王占山，马爽，蒋励，等．一种小曲率小口径球面光学元件表面曲率半径测量方法：CN201510088108.5 [P]. 2015 – 06 – 24.

[2] 王占山，马爽，陈晟昊，等．一种校准光学表面轮廓仪有效空间分辨率的方法：CN201410050115.1 [P]. 2015 – 08 – 19.

后续应用：

1）后续该 eXTP 项目于 2017 年 5 月进入空间科学（二期）先导专项背景型号课题和重大背景型号课题。

2）eXTP 集合了 XTP 任务和欧洲 LOFT 任务在有效载荷配置上各自的优势，与欧洲正在研制的“雅典娜”（Athena）号大型 X 射线天文台项目在科学目标上完全互补，观测能力各有特长。

2.2.3　“空间毫米波 VLBI 阵列”（S – VLBI）背景型号

承担单位	中国科学院上海天文台		
负责人	洪晓瑜	研究周期	2012.10—2015.12
学科领域	空间天文		
关键词	黑洞、VLBI 阵列、高精度网状天线、科学卫星		

课题背景：甚长基线干涉测量（Very Long Baseline Interferometry,

VLBI）观测具有当前天文观测中最高的空间角分辨本领，是探索致密天体细微结构的最有效工具，一直被广泛用于研究活动星系核中的喷流结构（包括喷流的起源、形成、加速和准直过程的物理机制）及其与中央黑洞的关联等。空间毫米波 VLBI 阵列（Space Millimeter VLBI Array，S－VLBI）的空间分辨率约等于观测的波长除以基线长度。地面 VLBI 网的基线长度小于地球直径，在观测波长一定的情况下，要想得到更高的分辨率，就需要把部分射电望远镜发射至空间，和地面射电望远镜一起构成空间 VLBI 网。本课题提出了空间毫米波 VLBI 阵列，即发射两个射电望远镜至空间，以形成较完备的 UV 覆盖和良好的成图能力，最长基线约 6 万 km，最高观测频率 43GHz，从而达到 20 微角秒的空间分辨率。

研究内容：凝练和明确科学目标，开展关键科学目标的预先观测研究和模拟；优化空间毫米波 VLBI 阵列的总体技术方案、卫星平台方案；大型可展开高精度天线、天文数据采集处理器等有效载荷的方案设计、关键技术攻关，以及部分原理样机/样件研制。

成果产出：凝练了科学目标，优化了卫星平台方案，形成了 S－VLBI 阵列总体技术方案报告、卫星总体方案论证报告、科学目标与有效载荷配置方案报告等；完成了有效载荷方案设计，突破了有效载荷关键技术，研制了有效载荷原理样机、关键部件，经测试技术指标满足任务书要求。

（1）凝练的科学目标

利用空间 VLBI 超越地球基线的优势，达到 20 微角秒的极高分辨率，实现对 M87 超大质量黑洞“阴影”的直接成像，探究黑洞的物理本质；精确测量超大质量黑洞的质量，将利用 K 波段（22 GHz）的水脉泽观测研究动力学结构，以获得精确的中央黑洞质量估算；揭示活动星系核中央能源机制，探索喷流的形成、加速和准直的物理机制，探测高能辐射的起源。

（2）突破的关键技术

S－VLBI 任务有效载荷配置：星载可展开天线、天文信号接收处理器、基准频率源、高速数传和激光发射器。

大型可展开高精度网状天线（图 2－5）突破了高精度网面成型与保持技

术、低热膨胀和高模量复合材料结构研制技术、大型可展开高精度天线型面调整和测试技术等关键技术。

图 2-5　大型可展开高精度网状天线

信号接收处理系统突破了天文信号接收处理、高精度频率基准信号等关键技术，研制了 K 波段星载致冷接收机（图 2-6）、天文数据采集处理器原理样机和基准信号传输试验系统。

图 2-6　K/Q 波段星载致冷接收机原理样机（杜瓦外部和内部）

(3) 优化的总体方案

优化的总体方案如表 2-5 所示。

表2-5　优化的总体方案

参数名称	技术指标	
轨道	双星大椭圆轨道，远地点高度60 000 km，近地点高度1 200 km，轨道倾角28.5°	
火箭	长征三号丙（CZ-3C）	
平台	（航天科技集团五院）资源平台	（航天科技集团八院）SAST1000
质量	（五院）整星1 650 kg，有效载荷500 kg	（八院）整星≤1 400 kg， 有效载荷636 kg（天线400 kg）
功耗	（五院）卫星1 450 W，有效载荷700 W	（八院）卫星1 700 W，有效载荷1 400 W （含数传200 W，天线加热500 W）
寿命	3年	
尺寸	—	（八院）包络 ϕ 3 358 mm×6 440 mm
姿态	三轴稳定零动量控制；指向精度≤0.01°（1σ）； 稳定度≤0.000 5°（1σ）； 测量精度≤0.001°（1σ）	
热控	被动与主动热控相结合	
测控	S频段，上行码率1 kbit/s，下行码率2 kbit/s；辅以GPS/北斗（定位）	
数传	（五院）Ka频段，不小于1.2 Gbit/s	（八院）X频段，QPSK调制， 600 Mbit/s×2路合成， 或Ka频段：600 Mbit/s×2路合成
观测模式	单源成图（深度成图）、多源观测、系统测试	

（4）报告论文和专利

1）空间毫米波VLBI阵列卫星有效载荷配置方案报告、空间毫米波VLBI阵列大椭圆轨道设计报告、空间毫米波VLBI阵列星-地高速数传设计方案、空间毫米波VLBI阵列科学目标与有效载荷配置方案报告、空间毫米波VLBI阵列总体技术方案报告、空间毫米波VLBI阵列卫星总体方案论证报告。

2）大型可展开高精度天线方案设计报告，固面可展开空间VLBI射电望远镜技术方案报告，固面可展开空间VLBI射电望远镜方案设计报告，X、K、Q波段致冷接收机的完整设计方案和技术报告，天文数据采集处理器设计方案和技术报告，基准信号传输系统设计方案和技术报告，星载天文接收系统分析报告等。

3）代表性论文：

[1] Hong X, Shen Z, An T, et al. The Chinese space millimeter -

wavelength VLBI array - a step toward imaging the most compact astronomical objects [J]. Acta Astronautica，2014，102 (1)：217 - 225.

[2] An T，Baan W A ， Wang J Y，et al. Periodic radio variabilities in NRAO 530：A jet - disc connection? [J]. Monthly Notices of the Royal Astronomical Society，2013 (434)：3487.

[3] An T，Paragi Z，Frey S，et al. The radio structure of 3C 316，a galaxy with double - peaked narrow optical emission lines [J]. Monthly Notices of the Royal Astronomical Society ，2013，433 (2)：1161 - 1171.

[4] Tao A，Wu X，Frey S . The most compact bright radio - loud AGN：I. A new target sample selected for the space VLBI [J]. Astrophysics and Space Science，2014，352 (2)：825 - 832.

[5] Kellerman K， Hong X Y. Space very long baseline interferometry [J]. TAIKONG ISSI - BJ Magazine，2014 (1).

[6] 刘庆会，吴亚军. 高精度 VLBI 技术在深空探测中的应用 [J]. 深空探测学报，2015，2 (3)：208 - 212.

[7] Zhang C，Xia W U，Zheng J，et al. Orbit design for twin - spacecraft space VLBI [J]. 空间科学学报，2015，35 (4)：502 - 510.

4) 代表性专利：

[1] 周文龙，廖鹤，徐毅，等. 长基线激光测距实现无控制点卫星精确定位系统及方法：CN201410461971.6 [P]. 2014 - 12 - 31.

[2] 陈国辉，马小飞，刘晓，等. 一种高稳定天线索网系统张力阵布局方法：CN201410067731.8 [P]. 2016 - 05 - 04.

后续应用：国内首次系统性地提出了空间毫米波 VLBI 阵列方案，利用我国自主研发的大型空间可展开射电望远镜阵列，同时与地面 VLBI 阵联网，具有地面 VLBI 阵无法企及的超高空间分辨率，有望进行 M87 黑洞成像，测量中央黑洞的质量和揭示活动星系核中央能源机制。

2.3 太阳与空间物理

2.3.1 “先进天基太阳天文台”（ASO－S）背景型号

承担单位	中国科学院紫金山天文台		
负责人	甘为群	研究周期	2014.1—2015.12
学科领域	太阳物理		
关键词	太阳磁场、太阳耀斑、日冕物质抛射、科学卫星		

课题背景：我国早在 20 世纪 70 年代末就提出并实施观测太阳的“天文 1 号”卫星计划，后因国家政策调整，卫星下马；“空间太阳望远镜”（Space Solar Telescope，SST）计划在 20 世纪 90 年代初提出，虽历经国际合作、关键技术攻关等多个阶段，但至今未在国家工程立项；“太阳爆发探测小卫星”（Small Mission on Exploration for Solar Eruption，SMESE）作为国际合作项目在国家“十一五”计划中立项，但在完成了 A 阶段研究后，由于法国航天局在项目安排方面的原因，被迫终止。国际上从 20 世纪 60 年代初先后发射了约 70 颗太阳探测专用或相关卫星。

ASO－S 就是在这样的国内外背景下提出的，期望以太阳活动第 25 周峰年观测为突破口，将观测太阳上两类最剧烈的爆发现象——耀斑和 CME 以及产生它们的磁场结构作为主要科学目标，旨在揭示磁场演化、耀斑爆发、CME 三者之间的关系，在发现和研究太阳爆发机理的同时，也为空间天气预报应用提供重要的科学理论基础。本课题是在前期预先研究基础上的升华，旨在凝练科学目标，解决若干关键技术，技术见底，进一步证明项目的可行性，在课题结题时，形成一个解决主要关键技术的 ASO－S 完整的方案，基本满足 ASO－S 进入工程研制阶段所需要的条件。

研究内容：开展科学目标凝练和深化；总体方案的论证和优化，形成 ASO－S 卫星系统、科学应用系统初步方案等；FMG、LST、HXI 的方案设计、关键技术攻关与部分原理样机/样件研制。

成果产出：ASO－S科学目标瞄准“一磁两暴”，凝练形成三大科学目标和一个拓展应用目标，优化了总体方案，并形成了卫星系统、科学应用系统初步方案设计报告等；完成了有效载荷方案设计，突破了有效载荷主要关键技术，研制了部分有效载荷原理样机/样件，经测试技术指标满足任务书要求。

（1）凝练的科学目标

ASO－S科学目标聚焦“一磁两暴”：同时观测对地球空间环境具有重要影响的太阳上两类最剧烈的爆发现象——耀斑和CME，研究耀斑和CME的相互关系和形成规律；观测全日面太阳矢量磁场，研究太阳耀斑爆发和日冕物质抛射与太阳磁场之间的因果关系；观测太阳大气不同层次对太阳爆发的响应，研究太阳爆发能量的传输机制及动力学特征。ASO－S拓展应用目标是探测太阳爆发，预报空间天气，为我国空间环境的安全提供科学支持。

（2）突破的关键技术

ASO－S任务有效载荷配置分别对应“一磁两暴”：FMG（用来观测太阳全日面矢量磁场）、LST（用来观测CME的形成和早期演化）、HXI（用来观测太阳耀斑非热物理过程等）。

FMG突破了成像光学系统技术（包括入射窗技术、在轨调焦技术、稳像系统技术）和偏振光学系统技术中的滤光器（包括自动波带稳定技术、密封技术）等关键技术，FMG滤光器原理样机如图2－7所示。

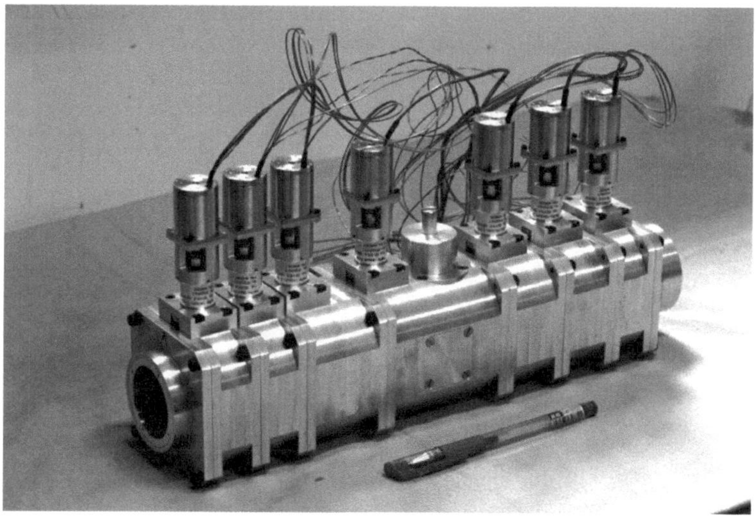

图2－7　FMG滤光器原理样机

LST突破了日冕仪杂散光抑制及检测、高面形精度超光滑镜面加工及检测、高精度太阳稳像和大面阵CCD高速低噪读出等关键技术，超光滑表面反射镜样镜和LST探测系统样件如图2-8所示。

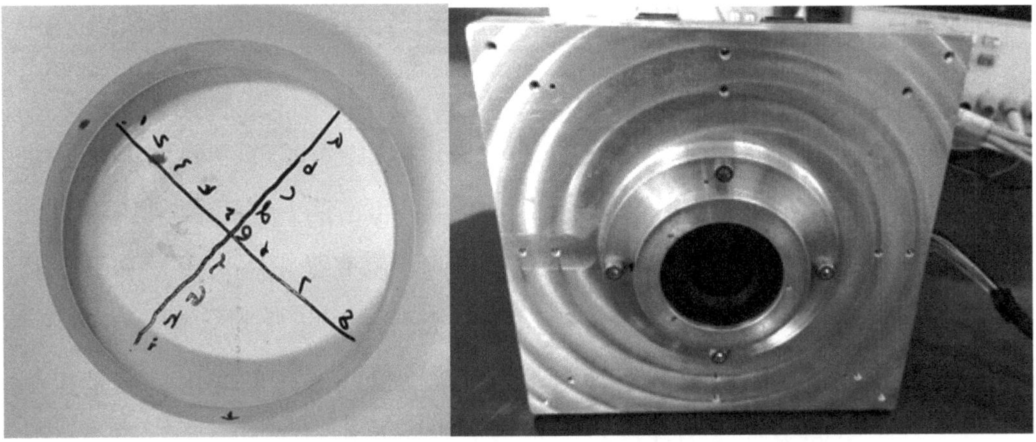

（a）超光滑表面反射镜样镜　　（b）LST探测系统样件

图2-8　超光滑表面反射镜样镜和LST探测系统样件

HXI突破了硬质高密度金属准直器光栅的精密加工与粘连、高强度/高稳定性望远镜镜筒的研制、光栅对高精度装配等关键技术，研制了4×4原理样机（图2-9）。

图2-9　HXI部分原理样机

(3) 优化的总体方案

优化的总体方案如表 2-6 所示。

表 2-6　优化的总体方案

<table>
<tr><th>参数名称</th><th colspan="2">技术指标</th></tr>
<tr><td>轨道</td><td>（航天科技集团五院）太阳同步晨昏轨道，轨道高度 700～750 km，倾角 97°</td><td>（航天科技集团八院）太阳同步轨道，轨道高度 720 km，倾角 98°</td></tr>
<tr><td>火箭和发射场</td><td colspan="2">长征二号丁（CZ-2D），太原卫星发射中心</td></tr>
<tr><td>质量</td><td colspan="2">整星＜1 000 kg，有效载荷 220 kg</td></tr>
<tr><td>功耗</td><td colspan="2">载荷 225 W</td></tr>
<tr><td>寿命</td><td colspan="2">4 年</td></tr>
<tr><td>尺寸</td><td colspan="2">包络 ϕ2 883 mm×2 958 mm</td></tr>
<tr><td>姿态</td><td>（五院）三轴稳定，对日定向，指向精度 0.01°（3σ），测量精度 0.001°（3σ），稳定度 0.000 5(°)/s（3σ）</td><td>（八院）三轴稳定，零动量控制，指向精度≤0.01°，稳定度≤0.000 5(°)/s</td></tr>
<tr><td>热控</td><td colspan="2">被动为主，主动为辅</td></tr>
<tr><td>测控</td><td colspan="2">S 频段</td></tr>
<tr><td>数传</td><td colspan="2">X 频段，600 Mbit/s</td></tr>
</table>

(4) 报告论文和专利

1) ASO-S 方案设计报告、ASO-S 卫星系统初步方案设计报告、ASO-S 科学应用系统初步方案设计报告。

2) 磁像仪总体方案设计报告、磁像仪分系统实施方案报告、莱曼阿尔法望远镜科学需求与方案报告、莱曼阿尔法望远镜研制方案与设计报告、太阳硬 X 射线成像仪方案设计报告、太阳硬 X 射线成像仪关键技术攻关研究报告等。

3) 代表性论文：

[1] Gan W Q, Deng Y Y, Li H, et al. ASO-S: advanced space-based solar observatory [J]. Proc SPIE 9604, Solar Physics and Space Weather Instrumentation VI, 96040T (21 September 2015).

[2] Gan W Q, Feng L, Exploring solar eruptions and their origins [J]. TAIKONG ISSI-BJ Magazine, 2015 (5).

[3] Feng L, Wang Y M, Gan W Q. Why does the apparent mass of a coronal mass ejection increase? [J]. The Astrophysical Journal, 2015, 812 (1): 70.

[4] Feng L，Inhester B，Gan W Q. Radial flow pattern of a slow coronal mass ejection [J]. The Astrophysical Journal，2015（805）：113.

[5] 侯俊峰，吴太夏，王东光，等 . 分时偏振成像系统中光束偏离的补偿方法研究 [J]. 物理学报，2015，64（6）：109 - 114.

[6] Yao D L，Wen D，Xue J，et al. Detection ablity analysis of ground based imaging polarization detector [J]. OPTIK，2015，126（23）：4771 - 4774.

4）代表性专利：

[1] 章海鹰，朱冉，徐洁倩 . 一种空间太阳望远镜：CN201520117252.2 [P]. 2015 -06 - 17.

[2] 王晓帆 . 一种全日面观测系统的实时自调焦方法：CN201510056279. X [P]. 2015 - 06 - 03.

[3] 陈智，文延，姚大雷，等 . 空间相机时序与视频处理电路及实现方法：CN201510333279. X [P]. 2015 - 10 - 07.

后续应用：

1）后续 ASO - S 项目于 2017 年 12 月正式立项，进入空间科学（二期）先导专项卫星工程项目。ASO - S 卫星已于 2022 年下半年发射升空。

2）ASO - S 将首次在一颗卫星上实现全日面矢量磁场、耀斑非热辐射成像和 CME 近日冕同时观测，揭示太阳磁场变化产生太阳耀斑和 CME 的内在物理联系，并为灾害性空间天气预报应用提供科学支持。

2.3.2 “磁层-电离层-热层耦合小卫星星座探测计划”（MIT）背景型号

承担单位	中国科学院国家空间科学中心		
负责人	刘勇	研究周期	2011.10—2015.12
学科领域	空间物理		
关键词	磁层-电离层-热层耦合、上行氧离子、科学卫星		

课题背景：磁层-电离层-热层是等离子体与中性气体共存、彼此紧密耦合

的复杂系统，是太阳剧烈活动引起地球空间灾害性空间天气的主要发生区域，对人类航天活动的安全及导航/通信系统的正常运行有着重要影响，对该区域的探测研究蕴含重大的科学意义并具有重要的应用前景。

磁层–电离层–热层耦合小卫星星座探测计划（Magnetosphere - Ionosphere - Thermosphere Coupling Small - Satellite Constellation Mission，MIT）由 4 颗小卫星组成星座、2 颗电离层/热层卫星（ITA、ITB 卫星）和 2 颗磁层卫星（MA、MB 卫星）组成。MIT 对近地磁层高度以下的磁层–电离层–热层耦合的关键区域进行探测，探测地球空间磁层、电离层和热层不同圈层之间的物质耦合关系，揭示太阳活动影响地球空间环境的机制和规律，深化对日地耦合系统的科学认知。

研究内容：开展科学目标优化，细化拟解决的科学问题；有效载荷配置方案和轨道配置方案优化论证；卫星平台方案和科学应用系统初步方案论证；热等离子体分析仪–离子分析器、中能粒子探测仪、高热层大气环境综合探测仪、数字磁强计、中性原子成像仪等有效载荷的方案设计、关键技术攻关和原理样机研制。

成果产出：优化了科学目标，论证了卫星轨道方案和卫星平台方案，形成了 MIT 耦合小卫星星座科学目标实现技术分析、卫星平台方案论证/设计、轨道控制优化设计等报告，完成了有效载荷方案设计，突破了有效载荷和卫星平台关键技术，研制了有效载荷原理样机、关键部件，经测试技术指标满足任务书要求。

（1）凝练的科学目标

MIT 计划的核心目标是上行氧离子（O^+）的加速机制和过程。MIT 星座方案设计、载荷方案和卫星平台方案都是围绕着探测上行 O^+ 而进行的，同时兼顾另外两个科学目标，即研究电离层和等离子体层的拓扑结构变化，以及磁层暴驱动电离层暴和热层暴的过程。

（2）突破的关键技术

MIT 任务有效载荷配置方案如表 2 - 7 所示。

表 2 - 7　MIT 任务卫星有效载荷配置方案

<table>
<tr><th colspan="3">仪器名称</th><th>ITA、ITB 卫星</th><th>MA、MB 卫星</th></tr>
<tr><td rowspan="8">粒子探测系统</td><td rowspan="5">离子探测子系统</td><td>热等离子体分析仪-离子分析器</td><td>×</td><td>√</td></tr>
<tr><td>超热离子分析仪</td><td>×</td><td>√</td></tr>
<tr><td>中高能离子成分分析仪</td><td>×</td><td>√</td></tr>
<tr><td>冷等离子体分析仪</td><td>√</td><td>×</td></tr>
<tr><td>中能粒子探测仪(质子、电子)</td><td>√</td><td>√</td></tr>
<tr><td rowspan="2">电子探测子系统</td><td>热等离子体分析仪-电子分析器</td><td>×</td><td>√</td></tr>
<tr><td>朗缪尔探针</td><td>√</td><td>×</td></tr>
<tr><td>中性成分探测子系统</td><td>高热层大气环境综合探测仪</td><td>√</td><td>×</td></tr>
<tr><td rowspan="4">电磁场探测系统</td><td>磁场</td><td>数字磁强计</td><td>√</td><td>√</td></tr>
<tr><td>电场</td><td>双球型电场仪</td><td>√</td><td>√</td></tr>
<tr><td>波动</td><td>低频电磁波探测器</td><td>√</td><td>√</td></tr>
<tr><td colspan="2">宽频等离子体波动分析器</td><td>√</td><td>√</td></tr>
<tr><td rowspan="2">成像遥感探测系统</td><td colspan="2">中性原子成像仪</td><td>×</td><td>√</td></tr>
<tr><td colspan="2">气辉极光成像仪</td><td>√</td><td>×</td></tr>
<tr><td colspan="3">有效载荷数据处理器</td><td>√</td><td>√</td></tr>
<tr><td colspan="3">合计台数</td><td>10</td><td>11</td></tr>
</table>

热等离子体分析仪-离子分析器（图 2 - 10）突破了扫描高压、超薄碳膜以及超高加速电压等关键技术，技术指标达到国际先进水平，获得国际同行认可。

图 2 - 10　热等离子体分析仪-离子分析器原理样机

中能粒子探测仪（图 2 - 11）突破了抗粒子污染、多通道、低噪声信号测量以及超薄挡光层和低噪声传感器三项关键技术，技术指标达到国际先进水平。

图 2 - 11　中能粒子探测仪原理样机

高热层大气环境综合探测仪（图 2 - 12）突破了小型化质谱分析器的设计和研制、超微弱电流信号放大、测风方法仿真及测试定标等关键技术。

图 2 - 12　高热层大气环境综合探测仪原理样机

气辉极光成像仪突破了大视场、较高空间分辨率光谱成像技术，以及高灵敏度（高量子效益）低噪声探测器及其电路技术，关键部件的研制填补了我国真空紫外气辉极光全球、高时空分辨率分布探测的空白。

电磁场探测载荷的数字磁强计（图 2－13）可以应用在对地观测、载人航天、近地空间环境探测、深空探测等空间应用领域，也可以在水下目标探测、地磁场测绘、地磁台站等领域得到广泛的应用。

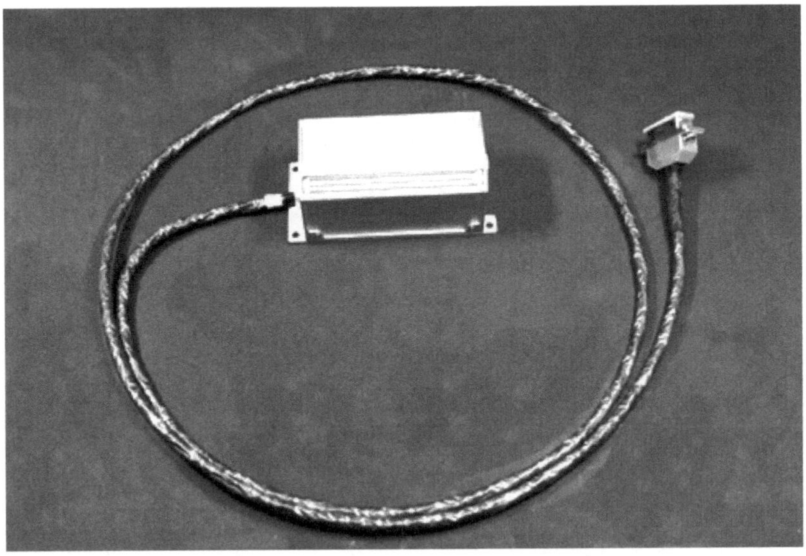

图 2－13　数字磁强计的传感器

（3）优化的总体方案

磁层星（MA、MB）优化的总体方案如表 2－8 所示，电离层/热层星（ITA、ITB）优化的总体方案如表 2－9 所示。

表 2－8　磁层星（MA、MB）优化的总体方案

参数名称	技术指标
轨道	近地点高度为 $1R_E$ ①，远地点高度为 $7R_E$，倾角为 90°；磁层星与电离层/热层星周期比配置为 9∶1
火箭和发射场	长征二号丙/SM（CZ－2C/SM）一箭一星，酒泉卫星发射中心
质量	整星～650 kg（含 200 kg 推进剂），有效载荷 67.5 kg

① R_E 为地球半径。

续表

参数名称	技术指标		
功耗	载荷长期 85 W、峰值 88 W		
寿命	5 年		
尺寸	航天东方红公司： 结构本体 ϕ 2 100 mm×1 730 mm 包络 ϕ 2 800 mm×2 666 mm	上海微小卫星： 结构本体 ϕ 1 960 mm×1 430 mm 包络 ϕ 2 340 mm×3 220 mm	航天科技集团八院： 结构本体 1 300 mm× 1 760 mm×1 965 mm
姿态	自旋稳定，自旋轴垂直于黄道面，指向精度优于±0.5°（3σ），测量精度 0.05°，自旋速率 10 r/min ±0.1 r/min，自旋稳定度<1‰		
热控	被动为主，主动为辅		
测控	USB		
数传	X 频段，下传数据率 16/8/4Mbit/s		

表 2-9　电离层/热层星（ITA、ITB）优化的总体方案

参数名称	技术指标		
轨道	近地点高度 500 km，远地点高度 1 500 km，倾角 90°		
火箭和发射场	长征二号丙改（CZ-2C/SMA）一箭双星，太原卫星发射中心		
质量	整星～500 kg，有效载荷 61.1 kg		
功耗	载荷长期 92 W、峰值 100 W		
寿命	5 年		
尺寸	航天东方红公司： 结构本体 1451.2 mm× 1 455.6 mm×1 507.2 mm	上海微小卫星： 结构本体 1 300 mm× 1 760 mm×1 965 mm	航天科技集团八院： 结构本体 1 300 mm× 1 760 mm×1 965 mm
姿态	对地三轴稳定，指向精度优于 0.1°（3σ），测量精度优于 0.05°，稳定度优于 0.01(°)/s		
热控	被动为主，主动为辅		
测控	USB+GPS		
数传	X 频段，下传数据率 16/32 Mbit/s		

（4）报告论文和专利

1）MIT 卫星载荷的方案设计报告、MIT 耦合小卫星星座科学目标实现技术分析报告、MIT 卫星计划科学应用系统初步方案、MIT 耦合小卫星星座配置与轨道控制优化设计方案技术报告、MIT 耦合小卫星星座卫星发射方案技术报告、MIT 耦合小卫星星座卫星平台方案论证报告、MIT 耦合小卫星星座卫星平台方案设计报告。

2）热等离子体分析仪-离子分析器国内外发展现状和趋势报告、热等离子体分析仪-离子分析器技术方案设计报告、中能粒子探测仪技术方案设计报告、高热层大气环境综合探测仪技术方案设计报告、气辉极光成像仪技术方案设计报告、磁通门数字磁强计原理样机设计报告、双球型电场仪原理样机设计报告、宽频等离子体波动分析器原理样机设计报告、中性原子成像仪原理样机设计报告等。

3）代表性论文：

[1] 刘勇，王赤，徐寄遥．磁层-电离层-热层耦合的空间探测需求分析[J]. 中国航天，2013（1）：44 - 48.

[2] 路立，McKenna - Lawlor S，Balaz J，等．中性原子成像探测的物理设计与仿真 [J]. 空间科学学报，2014，34（3）：341 - 351.

[3] Liu Y. Magnetosphere ionosphere thermosphere coupling [J]. TAIKONG ISSI - BJ Magazine，2014，No. 3.

[4] Liu Y，Wang C，Xu J Y，et al. An introduction to magnetosphere - ionosphere - thermosphere coupling small satellite constellation [J]. Chinese Journal of Space Science，2015，35（6）：653 - 663.

[5] Kong L G，Zhang A B，Zheng X Z，et al. A satellite - borne miniature ion mass spectrometer for space plasma [J]. Chinese Journal of Space Science，2015，35（6）：755 - 762.

[6] Zhang S Y，Shen G H，Sun Y，et al. A new method of testing space - based high - energy electron detectors with radioactive electron sources [J]. Nuclear Instruments and Methods in Physics Research，2016（817）：63 - 69.

4）代表性专利：

[1] 周斌，王劲东，赵华．一种三轴矢量磁强计正交校准方法及装置：CN201110302133.0 [P]. 2013 - 04 - 10.

[2] 张爱兵，郑香脂，孔令高，等．一种微通道板增益的测量电路及方法：CN201310642242.1 [P]. 2014 - 03 - 19.

[3] 路立，杨垂柏，董永进，等. 一种带电粒子的偏转装置：CN201310718982.3 [P]. 2017 - 01 - 18.

深化论证： 为推动 MIT 计划的立项和工程实施，北京大学傅绥燕教授领衔对项目科学目标和有效载荷配置开展了深化论证工作。

（1）科学目标改进情况

核心科学目标：探测研究地球氧离子逃逸加速，揭示磁层电离层物质耦合过程及在空间暴演化中的重要作用，提高对地球空间的认知水平和对空间暴的预报能力。

重要科学目标：探讨研究地球粒子逃逸过程，促进对行星大气演化的理解。

总体科学目标：认识地球电离层/热层上行离子加速机制与传输规律；揭示地球空间各圈层物质耦合在触发空间暴中的作用；探索地球粒子逃逸过程，深化对行星大气演化的理解。

（2）有效载荷配置建议

粒子探测系统：热等离子体分析仪、中能粒子探测仪、超热等离子体分析仪、冷等离子体分析仪、朗缪尔探针。

电磁场探测系统：数字磁强计、低频电磁波探测仪、双球型电场仪。

中性成分探测系统：热层大气环境综合探测仪。

成像遥感探测系统：中性原子成像仪、极光成像仪。

后续应用： 地球空间探测已经迈入一个多点联合探测的新时代，MIT 计划是国际首个将磁层-电离层-热层作为整体探测对象的科学卫星任务计划，通过对 MIT 耦合关键区域的探测，有望揭示电离层向磁层的上行粒子流的起源、加速机制与传输规律。

2.3.3　"太阳极轨望远镜计划"（SPORT）背景型号

承担单位	中国科学院国家空间科学中心		
负责人	刘颖、刘浩	研究周期	2012.10—2015.12
学科领域	空间物理		
关键词	CME、太阳风、射电综合孔径成像仪、科学卫星		

课题背景： CME进入行星际空间后，即表现为ICME。其行星际空间效应主要是磁云，太阳高能粒子（Solar Energetic Particle，SEP）事件和行星际激波（Inter Planetary Shock，IPS）会造成空间天气的剧烈变化，有时还会引发磁暴，给人类的航天、通信、导航、电网等活动带来严重危害和巨大损失。为了对CME可能造成的地球空间灾害天气进行更准确的预报，需要把CME引起的行星际扰动和产生的地磁活动作为一个相互联系的有机链，研究CME在行星际空间的传播和演化规律。太阳极轨望远镜（Solar Polar Orbit Telescope，SPORT）拟脱离黄道面进入太阳极轨，利用射电综合孔径成像辐射计，从黄道面的上方（或下方）对黄道面附近传播的ICME从日冕到0.3 AU附近进行射电遥感成像观测，利用日球成像仪对0.3～1 AU附近的ICME传播进行成像观测，从而获取ICME从日冕到1AU附近传播路径上的图像。

研究内容： 进一步凝练科学目标；论证最小配置、完整配置、最可能配置情况下有效载荷配置方案；对射电综合孔径成像仪、日球成像仪、极紫外成像仪等有效载荷开展方案设计及关键技术攻关，以及原理样机/部件研制；结合有效载荷配置情况，开展探测器平台的总体方案设计。

成果产出： 凝练了科学目标，优化了卫星平台方案，形成了SPORT科学目标凝练和最可能载荷配置论证、SPORT探测器平台总体初步方案、CZ-5借力木星氢氧上面级初步总体方案研究等报告；完成了有效载荷方案设计，突破了有效载荷关键技术，研制了有效载荷原理样机、关键部件，经测试技术指标满足任务书要求。

（1）凝练的科学目标

揭示CME在内日球层传播和演化的物理过程、CME与内日球层的相互作用，发现太阳高纬磁活动与太阳爆发现象、太阳活动周的关系，理解能量粒子在日冕和日球层的加速、传输和分布，解密太阳风高速流的起源及其物理特性。

（2）突破的关键技术

SPORT任务有效载荷最小配置和完整配置方案如表2-10所示。

表 2 - 10　SPORT 任务有效载荷最小配置和完整配置方案

载荷类别	载荷名称	最小配置	完整配置	最可能配置
成像类	射电综合孔径成像仪		√	
	磁像仪	√	√	√
	极紫外成像仪		√	√
	日冕仪		√	√
	白光日球仪	√	√	√
	中性原子成像仪			√
粒子类	高能粒子探测器和高能重离子成分分析仪	√	√	√
	太阳风等离子体探测仪	√	√	√
	太阳电子探测仪			√
波场类	射电暴探测仪	√	√	√
	低频电磁波探测仪		√	√
	磁通门磁强计	√	√	√

射电综合孔径成像仪突破了 ICME 的射电干涉成像及识别跟踪技术，包括成像仪扫描轨迹设计、系统定标方法、极化转换、成像反演算法以及银河背景下的 CME 提取等技术。图 2 - 14 所示为射电综合孔径成像仪地面缩比样机。

图 2 - 14　射电综合孔径成像仪地面缩比样机

日球成像仪（图 2 - 15）突破了大视场优化设计、杂散光的分析及抑制措施、物镜组的超光滑加工等关键技术。其中，杂散光分级抑制，一级为太阳直射光，利用外掩体对照射到物镜表面的太阳直射光进行遮拦；二级为被太阳直射光和日冕光照射带来的杂散光，主要通过视场光阑进行遮拦；三级为被二级杂散光照射带来的杂散光，主要通过将物镜边缘成像后利用 Lyot 光阑进行遮拦。

图 2 - 15　日球成像仪原理样机

极紫外成像仪（图 2 - 16）突破了超光滑高面形非球面镜的研制、镀膜及装配等关键技术，反射镜加工实现了粗磨成形、非球面铣磨、细磨、抛光、镀膜等工艺流程。

图 2 - 16　极紫外成像仪镜头样机及结构件

(3) 优化的总体方案（有效载荷最可能配置）

优化的总体方案（有效载荷最可能配置）如表 2－11 所示。

表 2－11 优化的总体方案（有效载荷最可能配置）

参数名称	技术指标	
轨道	绕日极轨大椭圆轨道，木星－地球借力，近日点高度 1 AU，远日点高度 5 AU，轨道倾角 60°	
火箭和发射场	长征五号(CZ－5)附加上面级，文昌航天发射场	
质量	(航天科技集团五院)整星≤1 150 kg(燃料 200 kg)，有效载荷≤187 kg	(航天科技集团八院)整星≤1 215 kg(燃料 220 kg)，有效载荷 187kg
功耗	(五院)绕日观测－卫星 781 W、有效载荷 216 W(平均)	(八院)太阳极轨段－卫星平均 430 W、峰值 1 189 W，有效载荷平均 196 W，峰值 296 W
寿命	9 年	
尺寸	(五院)结构本体 ϕ 4 430 mm×3 644 mm	(八院)中心承力筒＋舱板结构：横向≤3 600 mm，纵向≤3 750 mm
姿态	(五院)三轴稳定，对日指向精度 20″(3σ)，姿态稳定度优于 1.5″/10 s (3σ)	(八院)零动量三轴稳定控制，对日指向精度：优于 20″(3σ)(暂定)，姿态稳定度：优于 1.5″/10 s (3σ)(暂定)
供电	(五院)太阳电池＋RTG(40 W)	(八院)全太阳电池
热控	(五院)主被动结合，主动热控采用流体回路＋RHU 的组合设计	(八院)分舱热设计，被动热控为主，主动热控为辅
测控	X 频段	
数传	(五院)20～500 kbit/s，多档可选	(八院)64～2 048 kbit/s(编码后)，多档可选

(4) 报告论文和专利

1) SPORT 科学目标凝练和最可能载荷配置论证报告；基于历史观测和理论模型，建立 SPORT 深空探测能力和 SPORT 载荷指标的相互对应关系论证报告；SPORT 与其他天基和地基探测计划的协同联测论证报告；基于最优载荷配置下的 SPORT 任务分析；轨道优化设计与控制方案；SPORT 探测器平台总体初步方案（最小载荷配置）；SPORT 探测器平台总体初步方案（完整载荷配置）；CZ－5 借力木星氢氧上面级初步总体方案研究；CZ－5 借力木星固体上面级初步总体方案研究；SPORT 工程总体方案。

2) 射电综合孔径成像仪星载系统初步方案设计报告、极紫外成像仪方案设计报告、磁像仪总体方案研究报告、日冕仪方案设计报告、日球成像仪方案设计报告、高能粒子探测器方案设计报告、重离子成分探测器方案设计报告、太阳风等离子体探测器方案设计报告、太阳射电暴探测器方案设计报告等。

3）代表性论文：

［1］Liu Y D，Luhmann J G，Lugaz N，et al. On sun - to - earth propagation of coronal mass ejections ［J］. ApJ，2013（769）：45 - 59.

［2］Liu Y D，Luhmann J G，Kajdi P，et al. Observations of an extreme storm in interplanetary space caused by successive coronal mass ejections ［J］. Nature Communications，2014（5）：3481.

［3］孙明哲，张红鑫，卢振武，等．大视场日冕仪光学系统杂散光抑制［J］. 激光与光电子学进展，2014，51（5）：162 - 168.

［4］Xiong M，Liu Y. An out - of - ecliptic view of our sun ［J］. TAIKONG ISSI - BJ Magazine，2014，No. 4.

［5］Zhang C，Wu J，Liu H，et al. Clock scanning microwave interferometric radiometer and its potential applications at GEO ［J］. IEEE 2014 13th specialist Meeting on Microwave Radiometry and Remote Sensing of the Environment（MuroRad），Pasadena，CA，USA，2014：147 - 150.

［6］侯俊峰，吴太夏，王东光，等．分时偏振成像系统中光束偏离的补偿方法研究［J］. 物理学报，2015，64（6）：109 - 114.

4）代表性专利：

［1］张红鑫，孙明哲，卜和阳，等．一种便携式倾斜照明结构杂散光检测装置：CN201210488172.9［P］. 2013 - 02 - 13.

［2］李保权，周泗忠．一种高面形反射镜微应力固定装置：CN201310284630.1［P］. 2015 - 09 - 09.

［3］张成，刘浩，吴季．一种干涉微波辐射计时钟扫描成像装置：CN201510778170.7［P］. 2018 - 06 - 15.

后续应用：SPORT 计划是我国首个探索深空借力飞行技术的探测计划，采用时钟扫描的挠性伸展臂，利用其伸展臂顶端的探测单元进行综合孔径成像观测，为未来任务进行技术突破和方案探索。

2.4　行星科学——“系外类地行星探测计划”（STEP）背景型号

承担单位	中国科学院国家空间科学中心		
负责人	陈鼎、李保权	研究周期	2014.1—2015.12
学科领域	行星科学		
关键词	系外行星、类地行星、望远镜、科学卫星		

课题背景：高山流水，知己难求；茫茫太空，寻觅知音。人类和地球绝不应该是太空中孤独的、唯一生命存在个体。针对地外生命和类地行星系统的搜索一直是人类太空探索的热点，特别是位于宿主恒星宜居带和地球质量类似的类地行星是人类一直追寻探测的终极目标。系外类地行星探测计划（Search for Terrestrial Exo－Planets，STEP）是针对太阳系外行星系统探测的空间高精度光学测量卫星，采用空间亚微角秒级别的高精度天体测量和定位技术，对太阳系附近约 200 颗 F、G、K 型恒星开展高精度定位测量，对其行星系统和位于宜居带的类地行星等进行更全面、深入的探测研究。

研究内容：开展科学目标深化论证；优化卫星平台方案；进行大口径长焦距望远镜的方案设计和关键技术攻关；研究微像素质心定位技术；研制外差式激光干涉测量装置。

成果产出：凝练了科学目标，优化了卫星平台方案，形成了 STEP 观测目标源遴选与研究、天体测量定位技术研究、卫星平台方案研究等报告；完成了 STEP 望远镜关键技术攻关报告、外差式激光干涉测量装置设计报告，突破了有效载荷关键技术，研制了有效载荷关键部件，经测试技术指标满足任务书要求。

（1）凝练的科学目标

搜寻太阳系附近（15pc，约 50 光年）的类地行星，STEP 专门针对位于宜居带的类地行星开展高精度探测；太阳系附近行星系统的精确探测研究，

STEP 更加全面地获取近距行星系统特别是低质量的行星样本和更精确的动力学研究；宇宙距离尺度定标，通过 STEP 的微角秒测量能力，开展对太空中距离尺度的标准烛光——“造父变星”的精确测量和定标。

（2）突破的关键技术

STEP 任务有效载荷是一台大口径、长焦距的望远镜系统，主要由光学系统和焦平面及电控系统构成。

突破了大口径长焦距望远镜装调检测关键技术，包括望远镜自准直检测方法流程、拼接检测计算机仿真、拼接检测算法的实验验证；设计并搭建了基于离轴三反望远镜（Three - mirror Anastingmat，TMA）实验系统（图 2 - 17），采用基于平行光源全口径检测、基于自准直光源全口径检测和拼接口径检测 3 种方案实现了对实验系统的测量，以及以平行光源全口径检测结果为基准，对比分析了基于自准直光源全口径检测和拼接口径检测结果，得到了较好的复原波前相对误差，证明了拼接自准直检测方法的可行性。

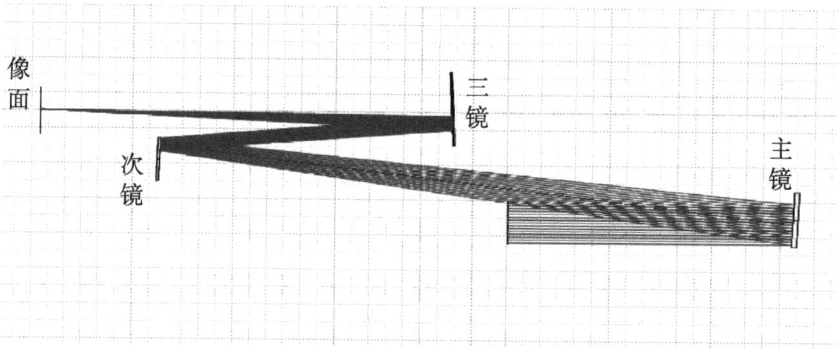

图 2 - 17 离轴 TMA 望远镜系统光路

突破了微像素质心定位技术，开展了探测器标定及微像素质心定位的物理算法研究，并进行了数值模拟验证，搭建了大气环境下微像素质心定位实验验证装置，掌握了微像素质心定位的基本原理。外差式激光干涉测量装置（图 2 - 18）由 5 个子系统构成：高稳差频激光干涉系统、伪星源模拟系统、图像采集与分析系统、隔振系统、算法与软件系统。

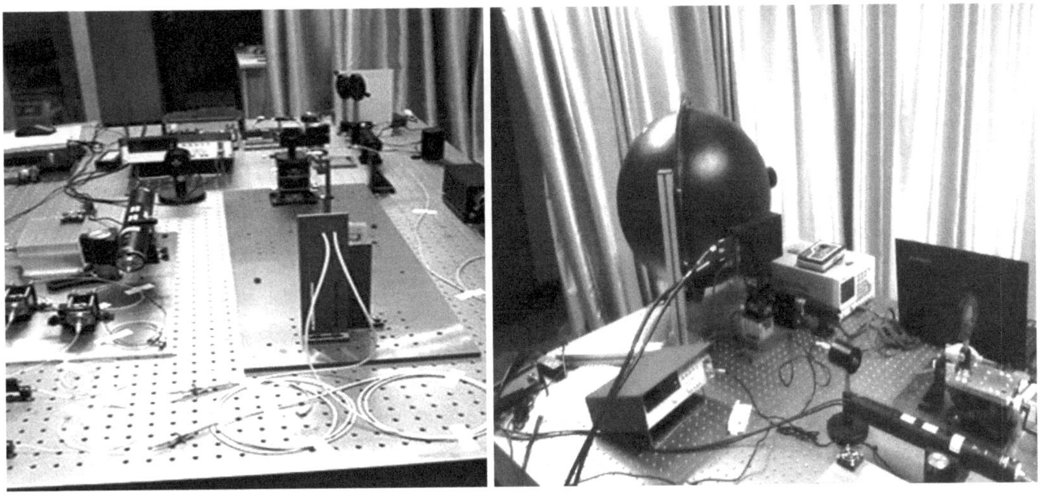

图 2-18　外差式激光干涉测量装置

（3）优化的总体方案

表 2-12　优化的总体方案

参数名称	技术指标	
轨道	拉格朗日 L2 点 Halo 轨道，轨道高度 150 万 km，倾角 28.5°	
火箭和发射场	长征三号甲(CZ-3A)，西昌卫星发射中心	
质量	整星 1 270 kg，有效载荷 600 kg	
功耗	有效载荷 260 W	
寿命	5 年	
尺寸	(航天科技集团五院)包络 ϕ 2 850×4 770 mm	(航天科技集团八院)包络 ϕ 2 500×1 580 mm
姿态	三轴稳定，目标、对日、参考指向； 测量精度：三轴指向≤20″ (3σ)，目标指向≤0.045″ (3σ)； 控制精度：三轴指向≤0.1″ (3σ)，目标指向≤40″ (3σ)； 稳定度：常规对日小于 0.001(°)/s (3σ)，目标观测小于 10 mas/0.1s	
热控	主动热控方式和被动热控方式相结合	
测控	S/X 频段	
数传	X 频段，11 Mbit/s	

（4）报告论文和专利

1）STEP 观测目标源遴选与研究报告、STEP 目标星和参考星遴选研究报告、天体测量定位技术研究报告、银河系造父变星观测目标研究及选源方案研究报告、STEP 天体测量误差源分析研究报告、星图辅助定标研究报告、行星参数仿真计算技术报告。

2）STEP 望远镜关键技术攻关报告、STEP 望远镜系统设计报告、STEP 卫星平台方案研究、微像素质心定位算法报告、外差式激光干涉测量装置设计报告等。

3）代表性论文：

[1] Chen D. STEP mission：high - precision spaceastrometry to search for terrestrial exoplanets [J]. Journal of Instrumentation，2014，9（4）：C04040.

[2] Liu H G，Wang Y，Zhang H，et al. Transits of planets with small intervals in circumbinary systems [J]. Astrophysical Journal，2014，790（2）：141.

[3] Wang S. Near 3∶2 and 2∶1 mean motion resonance formation in the systems observed by kepler [J]. Astrophysical Journal，2014，795（1）：85.

[4] Jin S，Mordasini C，Parmentier V，et al. Planetary population synthesis coupled with atmospheric escape：a statistical view of evaporation [J]. The Astrophysical Journal，2014，795（1）：65.

[5] Chen D，Li B Q，Lin D，et al. Micro - arcsecond astrometry exoplanets detection around nearby stars [J]. TAIKONG ISSI - BJ Magazine，2015，No. 7.

[6] 周龙峰，张昂，张俊波，等．一种大视场望远镜误差校正方法的研究 [J]. 光学学报，2015（6）：95 - 102.

[7] 周龙峰，张昂，张俊波，等．基于 CCD 探测器的点目标成像平均半径误差分析及最优阈值选择 [J]. 光学学报，2015（6）：160 - 165.

4）代表性专利：

[1] 李海涛，李保权，曹阳．基于点扩散函数波前修正的星点像质心计算方法：ZL2015102726826 [P]. 2015 - 05 - 25.

[2] 李保权，曹阳，李海涛．一种 CCD 像素位置偏差计算方法：ZL201510160896.4 [P]. 2015 - 04 - 17.

后续应用：STEP 将采用高精度窄角相对天体测量技术，与目前国际上部署的大部分系外行星探测卫星相比，行星探测的概率更大；不受宿主恒星表面黑子活动的干扰，观测结果置信度高；可以直接探测到太阳系附近类太阳恒星周围的类地行星，且不需要其他手段证认。

2.5 空间地球科学——“全球水循环观测卫星”(WCOM) 背景型号

承担单位	中国科学院遥感与数字地球研究所		
负责人	施建成、董晓龙*	研究周期	2014.1—2015.12
学科领域	空间地球科学		
关键词	全球水循环、微波辐射计、微波散射计、科学卫星		

* 中国科学院国家空间科学中心

课题背景：地球上的水循环是水在太阳辐射、地球引力和其他能量作用下周而复始循环转化的过程，是大气圈、岩石圈、土壤圈、生物圈之间及其内部物质与能量循环的中间纽带，是地球系统中最活跃的物质循环过程。水循环是地球系统各种物质与能量的传输转化过程、地球系统演化、气候和环境变化等地球系统科学中的核心基础科学问题。

本背景型号创新性地设计和提出国际上第一颗新型自主的全球水循环观测卫星（Water Cycle Observation Mission，WCOM），通过多波段同步、主被动结合、粗细分辨率和高低精度的测量手段相互配合，以及发展的先进定量反演方法，旨在实现大幅度提高水循环各关键参数的观测精度和水循环过程的系统观测能力的目标，以满足水循环研究中整体精确性、时空一致性、动态特征分析，以及相关模型模式发展的科学需要，WCOM 计划科学概念图如图 2-19 所示。

研究内容：开展科学目标的深化和有效载荷配置方案论证，水循环系统关键参数的主被动建模与高精度反演算法研究，水循环过程的建模、改善与参数优化，L-S-C 全极化综合孔径微波辐射计、C～W 全极化扫描成像微波辐射计等有效载荷方案设计论证与关键技术研究，卫星平台设计方案设计论证与工程系统方案研究论证。

图 2-19　WCOM 计划科学概念图

成果产出：凝练了科学目标，优化了卫星平台方案，形成了科学目标与有效载荷配置深化论证报告、卫星计划工程立项综合论证初步报告等；完成了有效载荷方案设计，突破了有效载荷关键技术，研制了有效载荷原理样机、关键部件，经测试技术指标满足任务书要求。

（1）凝练的科学目标

首次开展全球水循环关键多要素、高精度、同时相的综合观测，实现对地球系统中水的分布、传输与相变过程的机理及水循环系统的时空分布特征认识上的突破；利用 WCOM 的观测数据，实现对历史观测数据和水循环模型的改进，揭示全球变化背景下水循环变化特征，深刻理解水循环对全球变化的响应及反馈作用的科学规律。

(2) 突破的关键技术

WCOM 任务有效载荷配置：L－S－C 全极化综合孔径微波辐射计(Interferometric Microwave Imager，IMI)，用于对低频微波辐射进行测量，在有限的天线尺寸和不对卫星姿态产生扰动的情况下进行微波辐射成像；C～W 全极化扫描成像微波辐射计（Polarimetric Microwave Radiometer，PMI)，满足陆地和海洋水循环要素反演对多频微波辐射测量的要求；X、Ku 双频高分辨率全极化微波散射计（Dual－frequency Polarized Scatterometer，DPS)，满足陆地和海洋水循环要素反演对高分辨率微波散射测量的要求。

IMI 突破了网状反射面天线及其展开、全极化定标等关键技术，验证了天线与材料选型的可行性。关于网状可展开抛物柱面反射面天线（图 2－20）的研制，从设计方法、仿真技术、新材料和新工艺、生产和装配工艺、试验技术等多个方面进行了关键技术攻关。IMI 全极化定标突破了超高稳定度噪声注入式辐射计技术和高精度综合孔径辐射计定标技术。

图 2－20　网状可展开抛物柱面反射面天线原理样机

PMI 突破了全极化定标关键技术，完成了星上全极化定标源方案、定标源原理样机（图 2－21）的设计和研制、星上全极化定标方案设计和演示验证。通过关键技术攻关，实现星上全极化定标技术从硬件到软件和方法的验证。

DPS 突破了高分辨率数据处理关键技术，开展了 Doppler 波束锐化和反卷积超分辨率重建的算法研究和仿真验证，并以此为基础优化 DPS 的系统参数。

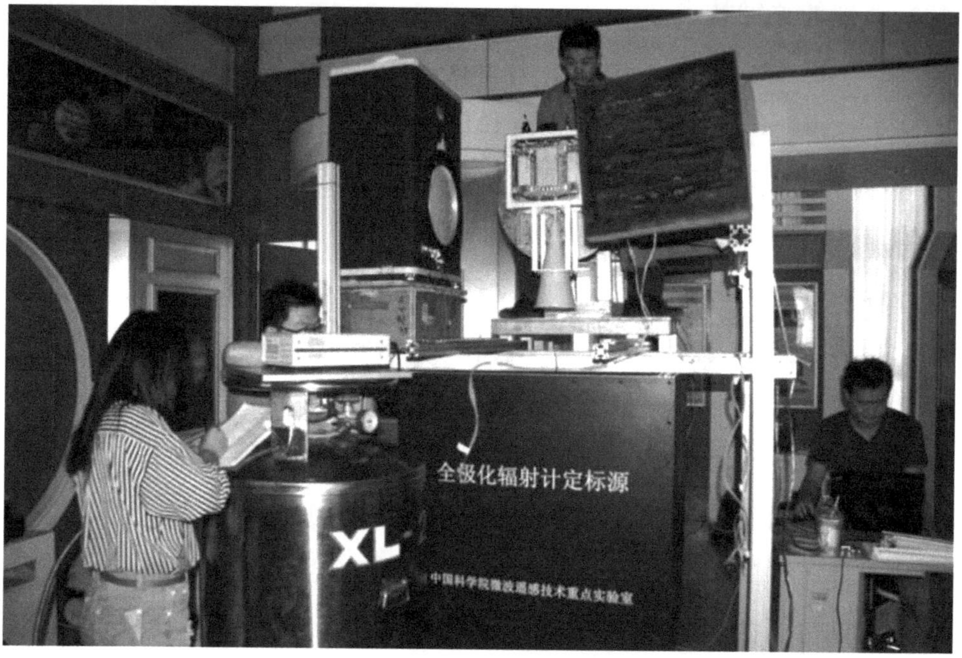

图 2-21　PMI 定标源测试

（3）优化的总体方案

优化的总体方案如表 2-13 所示。

表 2-13　优化的总体方案

参数名称	技术指标
轨道	太阳同步圆轨道，高度 600 km，倾角 97.79°
火箭和发射场	长征四号乙(CZ-4B)或长征二号丁(CZ-2D)，酒泉或太原卫星发射中心
质量	整星 1 150 kg，有效载荷 550 kg
功耗	卫星 1 690 W，有效载荷 1 300 W
寿命	设计寿命 3 年，目标寿命 5 年
尺寸	包络尺寸 ϕ 3 185 mm×3 787 mm
姿态	对地三轴姿态稳定； 控制精度三轴 0.1°（3σ）； 稳定度三轴 0.01(°)/s（3σ）； 确定精度 0.01°（3σ）
热控	被动为主，主动为辅
测控	USB+GNSS，S 频段
数传	X 波段 2×375 Mbit/s

（4）报告论文和专利

1）科学目标与有效载荷配置深化论证报告、WCOM 卫星计划工程立项综合论证初步报告。

2）L－S－C 三频全极化综合孔径微波辐射计系统方案设计报告、超高稳定度全极化干涉合成孔径微波辐射计在轨定标关键技术研究报告、全极化扫描微波辐射计（PMI）系统方案设计报告、双频全极化高分辨率微波散射计（DPS）系统方案设计报告、大口径网状抛物柱形反射面天线及其在轨展开关键技术研究报告、多频段全极化扫描微波成像仪（PMI）关键技术研究报告等。

3）代表性论文：

［1］Shi J C，Zhao T J，Du J Y，et al. Observing Earth's water cycle from space［J］. SPIE Newsroom，2014，Doi：10.1117/2.1201411.005659.

［2］Shi J C，Dong X L，Zhao T J，et al. WCOM：The science scenario and objectives of a global water cycle observation mission［C］. 2014 IEEE Geoscience and Remote Sensing Symposium，Quebec City. QC，Canada，2014：3646－3649，Doi：10.1109/IGARSS.2014.6947273.

［3］Shi J C，Dong X L，Zhao T J，et al. The water cycle observation mission（WCOM）：Overview. 2016 IEEE International Geoscience and Remote Sensing Symposium（IGARSS），Beijing，China，2016：3430－3433，Doi：101109/IGARSS.2016.7729886.

［4］Yang J，Du Y，Shi J C. Polarimetric simulations of bistatic scattering from perfectly conducting ocean surfaces with 3 m/s wind speed at l－band［J］. IEEE Journal of Selected Topics in Applied Earth Observations and Remote Sensing，2016，9（3）：1176－1186.

［5］Shi J C，Xiong C，Jiang L. Review of snow water equivalent microwave remote sensing［J］. Science China Earth Sciences，2016，59（4），731－745.

［6］Cui Q，Dong X，Shi J C，et al. An algorithm for retrieving soil moisture using l－band h－polarized multiangular brightness temperature data［J］. IEEE Geoscience and Remote Sensing Letters，2016，13（9）：1295－1299.

[7] Shi J C，Dong X L，Zhao T J. Synergetic observations of the water cycle [J]. TAIKONG ISSI - BJ Magazine，2016，No. 8.

[8] 李彬，王振占，张升伟，等．一种大口径微波/毫米波极化线栅研制的新方法 [J]. 电波科学学报，2015，30（3）：565 - 570.

4）代表性专利：

朱迪，董晓龙，何宝宇，等．散射计回波信号中降水回波及海面后向散射的分离方法：CN201310654244.7 [P]. 2015 - 12 - 30.

深化论证：为推动 WCOM 计划的立项和工程实施，任务团队继续对项目科学目标和有效载荷配置开展了深化论证工作。

（1）科学目标改进情况

首次开展全球水循环关键多要素、高精度、同时相的综合观测，实现对地球系统中水的分布、传输与相变过程的机理，即水循环系统的时空分布和变化特征认识上的突破。

利用 WCOM 的观测数据，实现对历史观测数据和水循环模型的改进，揭示全球变化背景下水循环变化特征，深化理解水循环对全球变化的响应与反馈作用的科学规律。

（2）有效载荷配置建议

IMI 主探测参量：土壤湿度、海面盐度。

DPS 主探测参量：雪水当量、冻融监测、海面风场。

PMI 主探测参量：大气降雨、水气和校正，地/海表面温度与历史数据的改进。

后续应用：

1）中法两国政府在 2019 年签署合作协议，共同实施中法水循环观测卫星计划（China - French Water Cycle Observatory，CFWSAT）。

2）WCOM 拥有对全球水循环关键要素前所未有的观测能力，有望开创全球气候系统中水循环研究与应用的新纪元，有助于我国发起全球分布式水循环观测星座系统，与其他在轨卫星配合，可实现立体、全方位观测。

第 3 章 空间科学任务概念项目

3.1 项目概要

任务概念项目的使命是发掘科学共同体中孕育、迸发的基础前沿原创科学思想，初步明晰其作为空间科学任务的必要性、可行性，为遴选转入空间科学预先研究项目等奠定基础。

空间科学任务概念项目是空间科学先导专项（一期）实施过程中，遵循航天强国通行的“自下而上”（Bottom - up）征集重大原创空间科学任务建议的先进做法，于 2016 年新增设的一种空间科学任务预研项目类型，旨在“凝聚全国优势力量，推动中国空间科学发展”。

部署过程：面向全国征集空间科学任务概念建议；邀请空间科学领域院士专家对征集到的任务建议书进行函评和会评两轮择优评审；通过遴选的任务概念建议报经主管部门批准后，支持进入深化研究阶段。

部署原则：任务建议须面向世界空间科学前沿；是我国科学家自主提出的原创性科学构想、原创性的探测机理或技术概念；优先支持青年任务承担课题任务。

空间科学任务大致对应于美国空间科学任务项目生命周期（PLC）的 Pre - Phase A 阶段开始，即任务项目建议研究（Mission Proposal Study, MPS)，是科学家个体响应管理机构征集通知（AO/ Call)，提交申请获批后需完成空间科学任务概念白皮书（Mission Proposal/ White Paper)，也属于 Mission Concept Studies 工作内容的一部分。

具体而言，概念项目针对世界空间科学前沿问题，鼓励科学家提出最新的、原创的、概念性的任务建议，为未来部署新的科学卫星、深空探测和载人航天空间科学任务提供前期输入。空间科学先导专项打破了部门、行业、地区间的“栅栏”，通过公开征集空间科学任务概念建议，搭建起了面向全国的空间科学创新平台，开辟了激发和释放科技人员创新活力和潜能的新空间科学任务通道，彰显了中国科学院在国家空间科学发展中的引领和主导地位。

此外，空间科学任务概念征集的体制创新实践已推广到我国科学卫星任务以外的空间科学与应用中，有力发挥了空间科学在基础科学领域前沿研究和航天等高技术领域的火车头作用。

任务概念征集响应超预期，空间科学任务作为实现基础研究从 0 到 1 突破的平台，重要价值日益深入人心。

专项（二期）“空间科学任务概念项目”2016 年 12 月面向全国征集到逾 130 份空间科学任务概念建议。经过专家函评和会议评审，共有 39 家单位的 80 份科学任务建议入选，其中 51 份来自中国科学院，25 份来自高等院校，4 份来自行业部门①。入选课题涵盖了空间科学各领域，具体分布情况如图 3－1 所示。

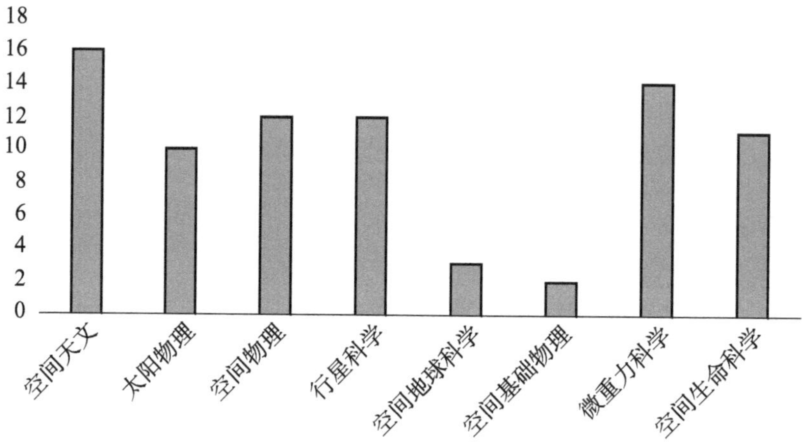

图 3－1　空间科学任务概念项目领域分布情况

经过 6 个月的深化研究，77 个课题完成了深化研究工作，形成了任务概念深化研究报告。

---

① 曹松，李明，张晓雯．中国空间科学任务概念建议征集完成［J］．空间科学学报，2017，37（4）：378－378.

空间科学任务概念项目为空间科学机遇性项目（Mission of Oppotunity/Fast－Class Mission）**崭露头角提供了渠道，也是孕育空间科学任务“金种子”的温床，非常值得坚持发展。**

空间科学先导专项（一期）的任务概念项目虽然属于后来者，但是它的经费投入很少，对我国空间科学发展的促进作用却事半功倍。

例如，任务概念支持的引力波电磁对应体空间探测研究，促成了我国空间科学首个机遇型科学卫星任务——“怀柔一号”引力波暴高能电磁对应体全天监测器（Gravitational wave high－energy Electromagnetic Counterpart All－sky Monitor，GECAM）的深化论证。GECAM 后续作为“空间科学”（二期）卫星工程项目之一，已于 2020 年 12 月 10 日成功发射，并成功探测到一批伽马暴、磁星爆发、X 射线暴等高能天体爆发现象。

此外，月球轨道超长波干涉成像计划和全球气候与大气成分监测科学实验卫星 2 个课题获得专项（二期）空间科学背景型号项目支持，当前作为空间科学（三期）卫星工程候选项目开展论证。宇宙热重子探寻计划（Hot Universe Baryone Surveyor，HUBS）纳入国防科技工业局“发现极端宇宙”三步曲战略部署，得到了民用航天预研项目的重点支持，并有望作为中国空间站空间科学与应用重要载荷搭载。

前述 77 个课题中有 15 个课题参加了专项（二期）“空间科学预先研究项目”课题的遴选，11 个课题入选并获得支持。我们期待它们能够继续沿着预先研究—背景型号—卫星工程—数据分析与基础研究的空间科学全价值链，冲破层层遴选的考验，一步一步实现星际探索的梦想。空间科学任务概念项目课题清单如表 3－1 所示。

表 3－1　空间科学任务概念项目课题清单

序号	课题名称	课题负责人	牵头单位	备注
1	宽视场伽马射线天文台——康普顿与电子对效应综合望远镜	彭文溪	中国科学院高能物理研究所	
2	月球轨道超长波干涉成像计划	吴　季	中国科学院国家空间科学中心	
3	宇宙热重子探寻计划(HUBS)	崔　伟	清华大学	

续表

序号	课题名称	课题负责人	牵头单位	备注
4	伽马射线与宇宙射线空间甚大望远镜（GCST）	范一中	中国科学院紫金山天文台	
5	基于晶体衍射的高能聚焦型高能量分辨望远镜	陈田祥	中国科学院高能物理研究所	
6	宽波段 X 射线能谱与偏振卫星	刘聪展	中国科学院高能物理研究所	
7	系外行星大气紫外探测卫星	田　丰	清华大学	
8	下一代康普顿伽马射线卫星	王　伟	中国科学院国家天文台	
9	引力波暴高能电磁对应体全天监测器（GECAM）	熊少林	中国科学院高能物理研究所	
10	基于小型 X 射线卫星的惰性中微子暗物质探测	李志远	南京大学	
11	定点在地-月空间三角平动点附近的空间 VLBI 星座设计	侯锡云	南京大学	
12	用于搜索低表面亮度星系的低轨道微型天文望远镜阵列	罗　浩	浙江大学	
13	空间引力透镜观测望远镜	王建成	中国科学院云南天文台	
14	511 湮灭线高分辨率成像谱仪	苏　杨	中国科学院紫金山天文台	
15	软伽玛康普顿偏振谱仪	郭建华	中国科学院紫金山天文台	
16	太阳暴瞬变过程监测卫星	韦　飞	中国科学院国家空间科学中心	
17	太阳过渡区卫星探测计划	田　晖	北京大学	
18	太阳 X 谱段高分辨成像与能谱观测	梁晓华	中国科学院高能物理研究所	
19	太阳爆发大视场诊断和预报的卫星探测计划	封　莉	中国科学院紫金山天文台	
20	空间太阳轴子探测	崔兴柱	中国科学院高能物理研究所	
21	太阳爆发过程及相应磁场结构的抵近探测	林　隽	中国科学院云南天文台	
22	太阳作为一颗恒星的全波段谱观测	黄　宇	中国科学院紫金山天文台	
23	太阳极轨对偶探测	杨尚斌	中国科学院国家天文台	
24	星载原子鉴频绝对定标太阳观测	龚　威	武汉大学	
25	日地环境监测台（STEM）	刘　颖	中国科学院国家空间科学中心	
26	近地空间暴源区千线阵列中性原子成像小卫星计划	宗秋刚	北京大学	

续表

序号	课题名称	课题负责人	牵头单位	备注
27	“双子之链”磁共轭辐射带风暴探测计划	张贤国	中国科学院国家空间科学中心	
28	自适应磁场重联显微计划	戴　磊	中国科学院国家空间科学中心	
29	中高层大气透视卫星计划	胡　雄	中国科学院国家空间科学中心	
30	电离层双星探测计划	史建魁	中国科学院国家空间科学中心	
31	磁层亚暴触发区分布式可重构探测	李　磊	中国科学院国家空间科学中心	
32	地磁尾探测太阳帆飞行器星座	景前锋	上海宇航系统工程研究所	
33	空间辐射小卫星计划	陈　涛	中国科学院国家空间科学中心	
34	驱动辐射带高能粒子沉降的“微磁层卫星”概念	彭　忠	北京卫星环境工程研究所	
35	基于探空火箭的分布式空间探测机理研究与试验	杨　震	中国科学院国家空间科学中心	
36	主带彗星多目标多任务空间探测计划	季江徽	中国科学院紫金山天文台	
37	主小行星带的巡航探测	黄乘利	中国科学院上海天文台	
38	火星近地表电场和生命痕迹探测	凌宗成	山东大学(威海)	
39	水的起源探测	李雄耀	中国科学院地球化学研究所	
40	月球表层温度变化监测	唐　红	中国科学院地球化学研究所	
41	月球洞穴探测	肖　龙	中国地质大学(武汉)	
42	对地全球斯托克斯成谱成像遥感观测	屈中权	中国科学院云南天文台	
43	木卫一勘察者	黄　俊	中国地质大学(武汉)	
44	全球气候与大气成分监测科学实验卫星	吕达仁	中国科学院大气物理研究所	
45	全球能量平衡观测卫星计划	柳钦火	中国科学院遥感与数字地球研究所	
46	生物地球化学循环遥感综合观测与新型卫星背景型号预研	牛　铮	中国科学院遥感与数字地球研究所	
47	广义相对论中惯性拖拽效应的实验检验	刘润球	中国科学院数学与系统科学研究院	
48	利用空间光钟开展时空结构测量的研究	苏建峰	中国科学院国家空间科学中心	
49	日冕磁场的高精度测量研究	郭　晶	中国科学院国家天文台南京天文光学技术研究所	

续表

序号	课题名称	课题负责人	牵头单位	备注
50	中高层大气温度与重力波高光谱成像探测技术	罗海燕	中国科学院合肥物质科学研究院	
51	基于四旋翼无人机的火星三维磁场探测技术	唐振宇	北京卫星环境工程研究所	
52	等效原理的空间检验实验	詹明生	中国科学院武汉物理与数学研究所	
53	燃烧科学前沿问题的空间微重力实验及地基预先研究	王双峰 张　海	中国科学院力学研究所 清华大学	
54	长时间高温液滴挥发及液滴冷火焰系列微重力研究	刘有晟	清华大学	
55	微重力下金属材料快速熔凝过程中的基础科学问题	段宣明	中国科学院重庆绿色智能技术研究院	
56	7XXX超高强铝合金凝固动力学及关键影响因素研究	江鸿翔	中国科学院金属研究所	
57	二维原子晶体黑磷的空间制备	丰敏	武汉大学	
58	基于地面-空间站频率信号链路的高精度引力红移实验检验	申文斌	武汉大学	
59	基于我国自主开发的滑动剪切技术在空间环境下的精密测量液态金属原子扩散	张　博	合肥工业大学	
60	非平衡等离子体辅助微重力点火燃烧的动力学机理	陈　琪	北京交通大学	
61	微重力下火焰热扩散不稳定性研究	高　扬	清华大学	
62	大尺寸高折射掺 Lu^{3+} 氧化钛基玻璃的空间制备和光学性能研究	张明辉	中国科学院上海硅酸盐研究所	
63	基于无容器技术的高温熔体质扩散系数测量新方法的研究	钟　秋	中国科学院上海硅酸盐研究所	
64	空间晶体生长临界效应研究	潘秀红	中国科学院上海硅酸盐研究所	
65	微重力下电活性聚合物材料的科学机理研究	朱子才	西安交通大学	
66	空间微生理系统的3D打印构建及应用	孙　伟	清华大学	
67	神经系统对空间亚磁场-微重力复合环境的响应和机制	赫荣乔	中国科学院生物物理研究所	

续表

序号	课题名称	课题负责人	牵头单位	备注
68	评估空间辐射风险的新生物分子标志物	王菊芳	中国科学院近代物理研究所	
69	基于“三明治”空间辐射探测装置的水稻空间诱变分子变异机制研究	陈志强	华南农业大学	
70	太空微重力环境对精原干细胞自我更新和分化的影响及作用机制研究	王彬彬	国家卫生健康委科学技术研究所	
71	微重力对啮齿类动物认知功能的影响及机制探讨	张　涛	南开大学	
72	空间环境下蛋白质结晶机理的研究	李　凯	中国科学院力学研究所	
73	外层空间中微生物细胞的休眠与存活及其光学分析	黎永青	东莞理工学院	
74	以微生物为核心的生命保障系统构建	李大平	中国科学院成都生物研究所	
75	太空辐射与生物进化	孙野青	大连海事大学	
76	新辐射微重力相关 micro - RNA 性质研究	党秉荣	中国科学院近代物理研究所	
77	日-火平动点小行星群及环境探测	平劲松	中国科学院国家天文台	课题负责人放弃入选汇编

3.2　空间科学任务概念

3.2.1　空间天文

3.2.1.1　宽视场伽马射线天文台——康普顿与电子对效应综合望远镜

承担单位	中国科学院高能物理研究所		
负责人	彭文溪	研究周期	2017.3—2017.9
学科领域	空间天文	任务平台	科学卫星
关键词	伽马射线、康普顿散射、电子对效应		

课题背景：研制宽视场 MeV 伽马射线空间天文台（Wide - field Mev

Gamma - ray Observatory，WMEGRO），综合利用伽马射线的康普顿散射和电子对效应，实现对0.1 MeV～1 GeV 伽马射线宇宙高能天体源成像、时变、能谱和偏振的观测。

研究内容： 开展 WMEGRO 任务的科学目标分析、探测方案设计、有效载荷配置（图 3 - 2）及技术可行性分析。

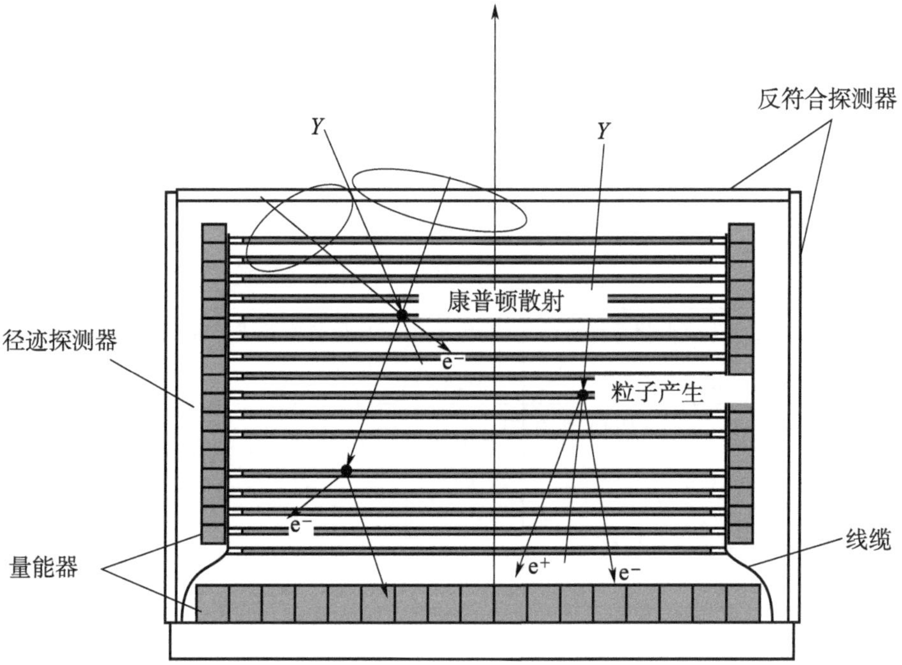

图 3 - 2　WMEGRO 任务的有效载荷构型及伽马射线康普顿散射、电子对效应

成果产出： 宽视场伽马射线天文台-康普顿与电子对效应（图 3 - 2）综合望远镜任务概念深化研究报告。

WMEGRO 的主要科学目标是开展银心及银河系内区的伽马天文、高能天体源喷流及辐射机制研究，超新星、核合成与宇宙化学，银河宇宙线加速传播机制观测。

它的有效载荷包括伽马转换径迹探测器（Gamma Converter Tracker，GCK)、量能器井（CALO Rimter Well，CALO）和反符合探测器（Anti - Coincidence Detector，ACD)。

后续应用： 该课题后续获得中国科学院“空间科学”（二期）先导专项空

间科学预先研究项目支持。

3.2.1.2　月球轨道超长波干涉成像计划

承担单位	中国科学院国家空间科学中心		
负责人	吴季	研究周期	2017.3—2017.9
学科领域	空间天文	任务平台	科学卫星
关键词	绕月编队、宇宙射电源、黑暗时期		

任务概念： 研制绕月编队超长波①探测微卫星阵列，基于微卫星线性编队和构型“呼吸”，充分利用卫星轨道运动和轨道面进动，实现最长基线 100 km、各向同性的空间频率域密集采样，获得高精度全天射电谱和高分辨率全天空图像。

研究内容： 开展基于月球轨道的超长波干涉测量系统方案研究、卫星编队（图 3 - 3）构型研究及干涉基线仿真、宇宙黑暗时期探测研究等。

图 3 - 3　绕月编队卫星阵列

成果产出：

1）月球轨道超长波干涉成像计划任务概念深化研究报告。月球轨道超长波干涉成像计划的主要科学目标是获取超长波的高分辨率天空图像，研究射电源的低频辐射性质；观测全天射电频谱，探索宇宙黑暗时期。课题完成了国内

① “超长波”特指 30 MHz 以下的射电天文频段。

首个可展开三正交单极子天线方案，已具备工程实施能力；突破了星间数传、测距及时钟同步一体化技术，成功应用于“嫦娥4号”搭载的龙江卫星项目。

2）代表性论文：

[1] Xu Y D，Yue B，Chen X L. The global 21 cm absorption from cosmic dawn with inhomogeneous gas distribution [J]. The Astrophysical Journal，2018，869（1）：42.

[2] Huang Q Z，Sun S J，Zuo S F. An imaging algorithm for a lunar orbit interferometer array [J]. Astronomical Journal，2018，156（2）.

[3] 赵飞，阎敬业，蓝爱兰，等．月球轨道超长波天文观测微卫星在轨数据预处理方法 [J]. 国防科技大学学报，2019，41（2）：51－56.

后续应用： 该课题后续获得中国科学院“空间科学”（二期）先导专项空间科学背景型号项目“超长波天文观测阵列”支持，以及国家国防科技工业局民用航天技术预先研究项目“行星际激波低频射电成像技术”支持。

3.2.1.3 宇宙热重子探寻计划（HUBS）

承担单位	清华大学		
负责人	崔伟	研究周期	2017.3—2017.9
学科领域	天体物理	任务平台	科学卫星
关键词	X射线卫星、热重子、星系形成和演化		

任务概念： 研制宇宙热重子探寻卫星（Hot Universe Baryone Surveyor，HUBS），围绕星系宇宙学中的“重子缺失”等重大科学问题，聚集于探测宇宙大尺度纤维状结构及星系晕中热气体的X射线辐射，以寻找“缺失”的物质，并研究其空间分布及物理与化学性质。

研究内容： 针对低密度热气体辐射探测的需求，研究HUBS有效载荷的设计及性能优化，分析关键技术的研究现状。

成果产出：

1）宇宙热重子探寻计划任务概念深化研究报告。

HUBS 最直接的科学目标是普查低红移（近期）宇宙里的热重子，为重子遗失问题提供答案，预期会对 X 射线天文中其他众多领域产生很强的推动作用。

本课题研究明确了高分辨率非色散 X 射线成像光谱仪的技术方案，开展了关键技术分析、初步模拟及仿真，完成了 HUBS 科学探测有效载荷的初步设计，为后续科学指标的量化及论证打好了基础。

2）代表性论文：

Cui W，Chen L B，Gao B. et al. HUBS：hot universe baryon surveyor [J]. Journal of Low Temperature Physics，2020（199）：502－509.

后续应用： 该课题后续获得中国科学院“空间科学”（二期）先导专项空间科学预先研究项目支持，并被列入国家航天局《“十四五”空间科学发展规划专题报告》。

3.2.1.4　伽马射线与宇宙射线空间甚大望远镜（GCST）

承担单位	中国科学院紫金山天文台		
负责人	范一中	研究周期	2017.3—2017.9
学科领域	空间天文	任务平台	科学卫星
关键词	空间甚大望远镜、暗物质粒子探测、宇宙线		

任务概念： 研制伽马射线与宇宙射线空间甚大望远镜（Very Large Gamma－ray and Cosmic Ray Space Telescope，GCST），采用反符合探测器技术、粒子径迹探测技术、量能器技术以及中子探测器技术等，实现空间高能粒子与伽马射线的高空间分辨、高能量分辨、高灵敏度观测。

研究内容： 开展 DAMPE“悟空”号的数据分析、经验总结并将其应用于 GCST 的初步方案设计中；开展 GCST 的 BGO＋钨板能量探测器的蒙特卡罗（Monte Carlo，MC）模拟（图 3－4）。

成果产出：

1）伽马射线与宇宙射线空间甚大望远镜（GCST）任务概念深化研究报告。

GCST 的主要科学目标是开展暗物质粒子的间接探测、银河系宇宙线在 PeV 能区的核素组成及其能谱的测量、10 TeV 以上能区的电子宇宙射线源的探测，以及银河系宇宙线的空间分布探测。

本课题通过对“悟空”号的探测数据分析，深化了对空间高能粒子探测的认识；在 MC 模拟的基础上，形成了 GCST 的初步技术方案。

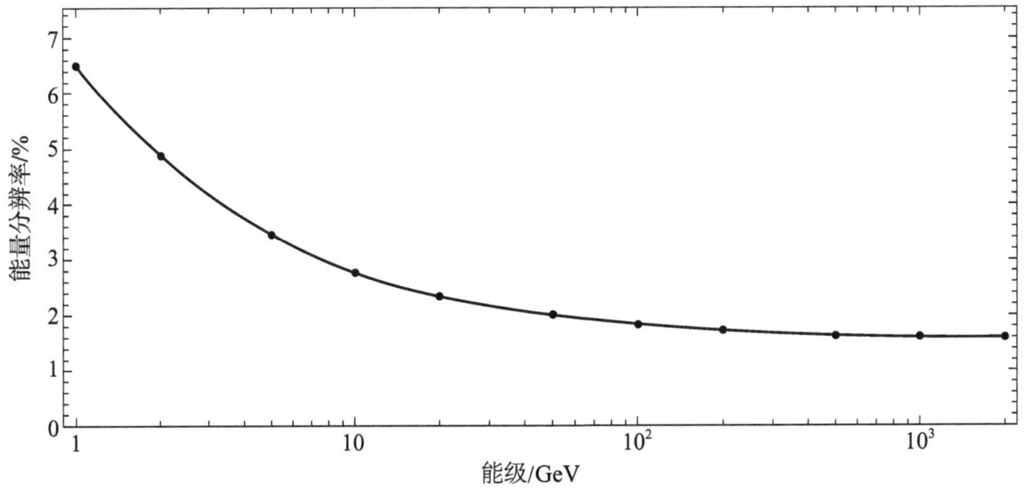

图 3－4　由 10 层“BGO＋钨板”构成的取样型量能器的能量分辨率模拟结果

2）代表性论文：

Chang J，Ambrosi G，An Q，et al. The dark matter particle explorer mission [J]. Astroparticle Physics，2017（95）：6－24.

后续应用： 为下一代暗物质粒子探测卫星的立项实施提供基础。针对暗物质研究的科学需求，持续优化 GCST 的探测方案并积极进行关键技术攻关，形成 VLAST 项目建议书。

3.2.1.5　基于晶体衍射的高能聚焦型高能量分辨望远镜

承担单位	中国科学院高能物理研究所		
负责人	陈田祥	研究周期	2017.3—2017.9
学科领域	空间科学空间天文	任务平台	科学卫星
关键词	晶体衍射、高能量分辨率、X 射线天文		

任务概念：研制基于晶体衍射的高能聚焦型高能量分辨望远镜，采用晶体衍射分光技术，利用与探测器晶体结构匹配的 X 射线衍射光谱的精细结构研究 X 射线天文。

研究内容：根据不同的科学目标，开展不同晶格常数晶体的分光性能测试。用位置灵敏探测器分别对平面晶、椭圆弯晶分光后的能量分辨率进行测量，并对两种分光方式的分光带宽进行测定。

成果产出：

基于晶体衍射的高能聚焦型高能量分辨望远镜任务概念深化研究报告。

基于晶体衍射的高能聚焦型高能量分辨望远镜的主要科学目标是揭示宇宙大尺度结构以及演化过程、研究宇宙中的极端物理过程、研究宇宙中的非热物理过程，以及研究暗物质与暗能量。

本课题测试了硅（220）晶体的晶面分光性能（图 3-5）；研制了用于真空系统封装的抗压力滤光膜，为探测器系统提供可透 X 射线的真空环境，验证了具有位置分辨能力的 CCD 成像性能及电子学系统的可靠性。

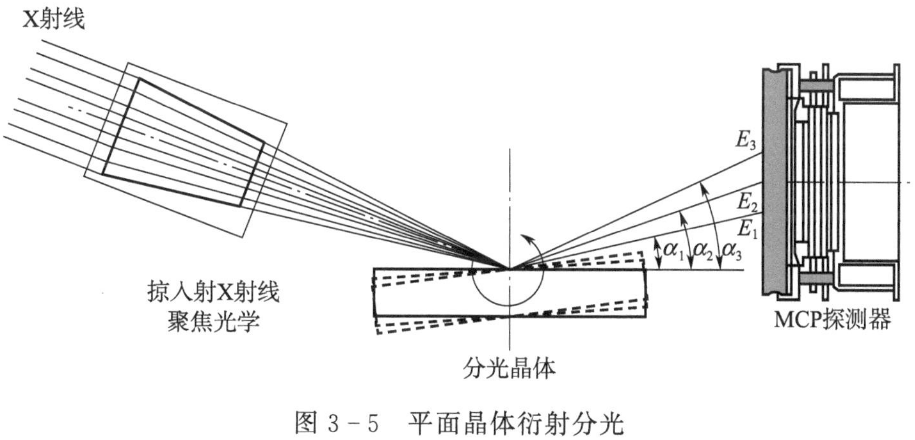

图 3-5　平面晶体衍射分光

后续应用：为后续基于晶体衍射的高能聚焦型高能量分辨望远镜开展预先研究提供输入。

3.2.1.6　宽波段 X 射线能谱与偏振卫星

承担单位	中国科学院高能物理研究所		
负责人	刘聪展	研究周期	2017.3—2017.9
学科领域	空间天文	任务平台	科学卫星
关键词	宽波段、能谱与偏振、联合测量		

任务概念：研制宽波段 X 射线能谱与偏振卫星，对宇宙 X 射线天体源开展偏振和能谱联合观测，对爆发源开展软伽马射线大视场偏振和能谱同时观测，研究宇宙极端条件下的基本物理规律。

研究内容：开展宽波段 X 射线能谱与偏振卫星的系统指标、观测目标与观测模式、有效载荷配置（图 3－6）、卫星系统组成方案研究。

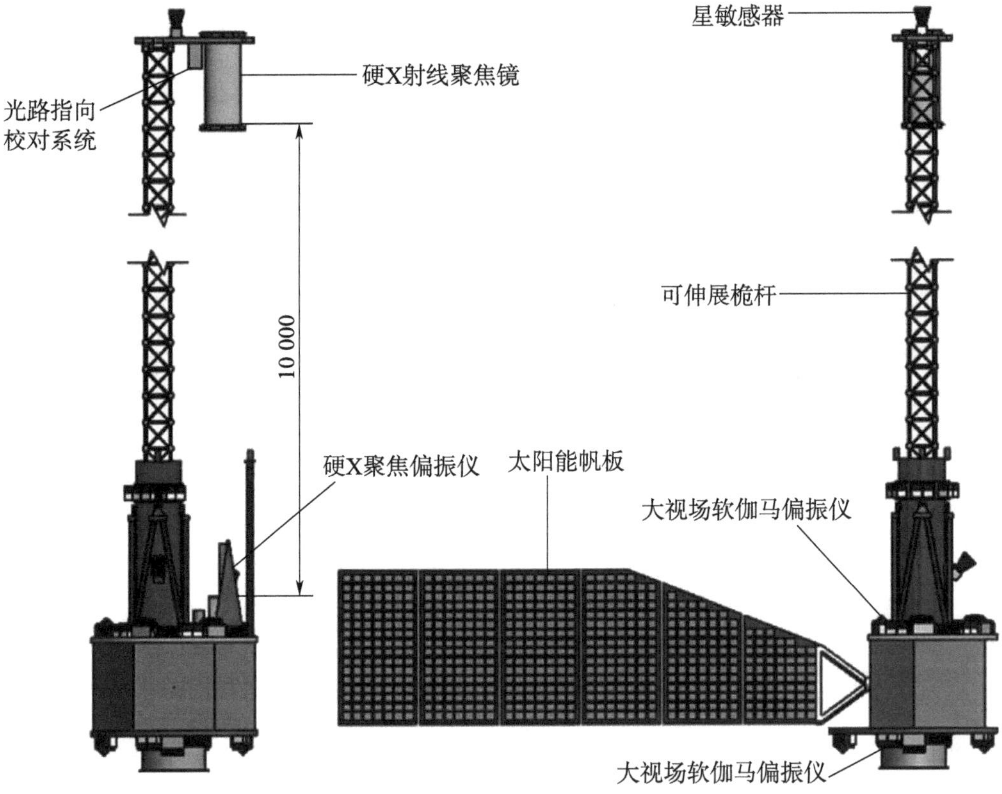

图 3－6　宽波段 X 射线能谱与偏振卫星有效载荷配置基本方案

成果产出：宽波段 X 射线能谱与偏振卫星任务概念深化研究报告。宽波段

X 射线能谱与偏振卫星的主要科学目标是研究极端引力、极端密度和极端磁场条件下的物理过程。有效载荷包括两个望远镜：硬 X 射线聚焦偏振能谱仪（HXPT）和大视场软伽马[①]偏振能谱仪（WSPT）。其中，HXPT 的观测能段为 3～80 keV，对天体亮源进行定点观测，实现偏振和能谱联合观测；WSPT 的观测能段为 50～500 keV，对爆发源进行大视场的监测并进行自主定位，实现能谱及偏振的同时观测。

后续应用：“宽波段高能偏振与成像望远镜卫星”建议已列入国家国防科技工业局“十四五”民用航天技术预先研究重点项目指南并获批支持。

3.2.1.7　系外行星大气紫外探测卫星

承担单位	清华大学		
负责人	田丰	研究周期	2017.3—2017.9
学科领域	空间天文	任务平台	科学卫星
关键词	系外行星、紫外探测、宜居性		

任务概念：研制系外行星大气紫外探测卫星，利用行星掩星事件在紫外波段探测系外行星高层大气的成分、温度等物理化学特征，同时在紫外和软 X 射线波段探测宿主恒星的辐射谱，从而理解系外行星的高层大气、大气逃逸和宜居性。

研究内容：开展系外行星大气紫外探测方案研究、有效载荷初步方案研究、卫星平台需求研究等。

成果产出：

1）系外行星大气紫外探测卫星任务概念深化研究报告。系外行星大气紫外探测卫星的主要科学目标是探索宜居系外行星大气。有效载荷包括前置望远镜（图 3－7）、光谱仪和软 X 射线探测仪。卫星轨道拟选地月或日-地拉格朗日 L2 点轨道，可由长征三号丙（CZ－3C）运载火箭送入 200 km 高度的停泊轨道后，再由 CZ－3C 第三级施加速度增量，将卫星送入 L2 点转移轨道。

① 软伽马：这里指光子能量不超过 500 keV。

2）代表性论文：

［1］ Tian F，Hu X，Wu J. Progress and prospect of exoplanetary atmosphere and habitable exoplanet researches［J］. Chinese Astronomy and Astrophysics，2017，41（4）：530－548.

［2］ Tian F. Exoplanet habitability and biosignature detection［C］. La Jolla：The XVIIIth International Conference on the Origin of Life，2017.

后续应用：为系外行星大气紫外观测卫星转背景型号提供了输入。

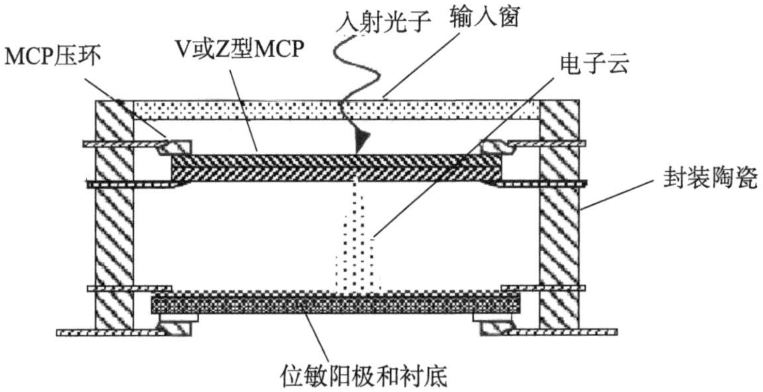

图 3－7　系外行星大气紫外探测卫星前置望远镜系统平面图

3.2.1.8　下一代康普顿伽马射线卫星

承担单位	中国科学院国家天文台		
负责人	王伟	研究周期	2017.3—2017.9
学科领域	空间天文	任务平台	科学卫星
关键词	伽马射线天文、宇宙起源		

任务概念：研制下一代康普顿伽马射线卫星，利用伽马射线的康普顿效应和电子对效应，探测能量范围覆盖 200 keV～100 MeV，发现更多的未知的伽马射线源，包括伽马射线暴、引力波暴的电磁对应体等。

研究内容：开展下一代康普顿伽马射线卫星的探测原理及探测方法探索；开展有效载荷的探测器及相关电子学研究。

成果产出:

1）下一代康普顿伽马射线卫星任务概念深化研究报告。下一代康普顿伽马射线卫星的主要科学目标是开展宇宙暗物质起源、反物质起源、元素起源、超新星爆炸机制，以及黑洞和引力波伽马射线对应体研究。有效载荷包括多层硅微条探测器、多层碘化铯晶体（图 3－8）探测器和塑料闪烁体探测器。

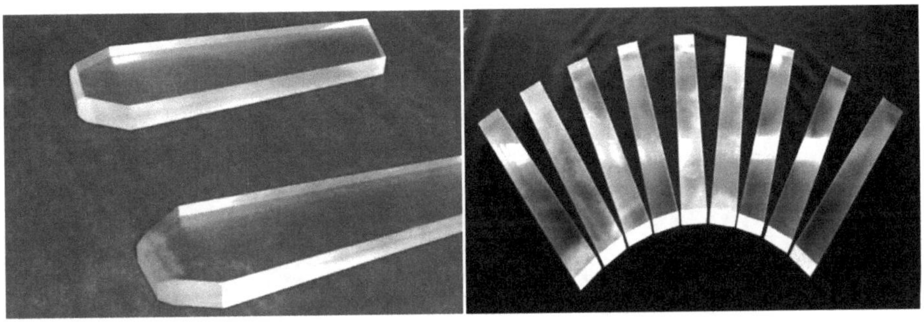

图 3－8　碘化铯晶体

2）代表性论文

Weng S S，Ge M Y，Zhao H H，et al. Swift observations of SMC X－3 during its 2016－2017 super－eddington outburst [J]. Astrophysical Journal，2017，843（1）：69.

后续应用: 为下一代康普顿伽马射线卫星的立项实施提供基础。目前正在开展伽马射线探测器原理样机的模拟和研制工作，验证探测器技术；相关伽马射线探测器技术也可应用于地面核物理研究。

3.2.1.9　引力波暴高能电磁对应体全天监测器（GECAM）

承担单位	中国科学院高能物理研究所		
负责人	熊少林	研究周期	2017.3—2017.9
学科领域	空间天文	任务平台	科学卫星
关键词	引力波暴、高能电磁辐射、全天监测		

任务概念: 研制引力波暴高能电磁对应体全天监测器（Gravitational Wave High－energy Electromagnetic Counterpart All－sky Monitor，GECAM）卫星，利

用伽马射线探测器实现对空间伽马射线暴发源的宽能段时变和能谱观测，并通过多个探头实现对源的定位，探测引力波及其高能电磁对应体（引力波伽马暴）。

研究内容：根据 GECAM 的科学需求，论证有效载荷配置及对卫星平台的需求（图 3－9）。

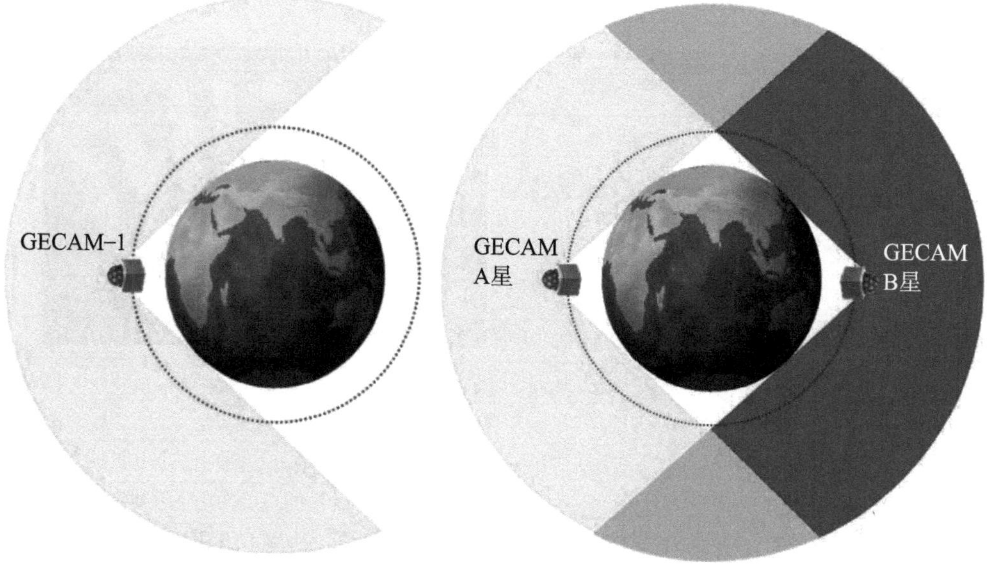

(a) 单星视场(因地球遮挡，在低地球轨道上，单星视场最多只能覆盖约70 %全天）

(b) 双星视场(可覆盖100 %全天，其中粉红色为双星视场重合区域)

图 3－9　GECAM 视场（见彩插）

成果产出：

1）引力波暴高能电磁对应体全天监测器（GECAM）任务概念深化研究报告。

GECAM 的核心科学目标是研究引力波暴的高能电磁辐射，进行引力波和高能电磁辐射的联合观测研究，开展引力波天文学的研究。

GECAM 包括两颗相同的卫星，采用反地心指向，轨道相同、相位相反，从而实现对全天无缝监测。有效载荷包括伽马射线探测器（Gamma－ray Detector，GRD）和荷电粒子探测器（Charged Particle Detector，CPD），每颗卫星含 20 个 GRD 和 5 个 CPD。

2）代表性论文：

熊少林，张科科，李超，等．“引力波暴高能电磁对应体全天监测器”卫星任务概况［J］. 国际太空，2019（12）：22－25.

后续应用：该课题后续获得中国科学院“空间科学”（二期）先导专项支持，作为科学卫星工程项目之一，已于 2020 年 12 月 10 日成功发射，开展科学探测。

3.2.1.10　基于小型 X 射线卫星的惰性中微子暗物质探测

承担单位	南京大学		
负责人	李志远	研究周期	2017.3—2017.9
学科领域	空间天文	任务平台	科学卫星
关键词	惰性中微子、近邻星系团、暗物质探测		

任务概念：研制龙虾眼 X 射线探测卫星，利用龙虾眼聚焦 X 射线探测技术，结合大视场、高能量分辨率的优势，在近邻星系团中寻找 keV 惰性中微子暗物质的存在性证据。

研究内容：开展探测器技术方案预研，论证聚焦镜头和光电转换探测器的技术路线；开展系统方案的论证，预估探测器性能，分析研制边界条件及运行轨道与探测方式。

成果产出：

1）基于小型 X 射线卫星的惰性中微子暗物质探测任务概念深化研究报告。龙虾眼 X 射线探测卫星的核心科学目标是利用 X 射线龙虾眼聚焦镜头（图 3－10），配合高灵敏度探测器，对若干近邻大质量星系团进行深度曝光，在灵敏度比现有观测提高 1～2 个数量级的基础上，对 keV 惰性中微子的衰变信号获得确定探测或排除，并对相关理论模型进行有效限制。该小卫星拟采用搭载方式发射升空，运行轨道优先选用 500～700 km 太阳同步晨昏轨道。

2）代表性论文：

［1］Hou M C，Li Z Y，Peng E W，et al. Chandra detection of intra－cluster X－ray sources in virgo［J］. Astrophysical Journal，2017，846（2）：126.

[2] Chen H Q, Jones C, Andrade - Santos F, et al. Gas sloshing in abell 2204: constraining the properties of the magnetized medium [J]. Astrophysical Journal, 2017, 838 (1): 38.

后续应用： 2020 年 7 月 25 日，“龙虾眼 X 射线探测卫星”在太原卫星发射中心搭载长征四号乙（CZ - 4B）运载火箭，随资源三号 03 星等一起发射升空，成为国际首颗在轨验证龙虾眼超大视场聚焦 X 射线成像技术的空间探测卫星。

图 3 - 10　龙虾眼镜头聚焦性能测试

3.2.1.11　定点在地-月空间三角平动点附近的空间 VLBI 星座设计

承担单位	南京大学		
负责人	侯锡云	研究周期	2017.3—2017.9
学科领域	空间天文	任务平台	科学卫星
关键词	地-月系三角平动点、VLBI 星座		

任务概念： 选择地-月三角平动点（拉格朗日 L4 和 L5 点）附近的轨道作为 VLBI 基站的任务轨道，相对现有的 VLBI 观测而言，基线长度可大大增加，精度可提高至少一个量级。此外，基站在深空探测器的测定轨以及地球动力学等研究中有着重要应用。

研究内容： 针对基站运行轨道的稳定性问题、基站的发射轨道问题、基站的自主运行问题等开展研究。

成果产出：

1）定点在地-月空间三角平动点附近的空间 VLBI 星座设计任务概念深化研究报告。本课题完成了实际力模型下三角平动点附近的运动描述、转移至地-月三角平动点附近的低能过渡轨道、实际力模型下定点在地-月三角平动点附近基站的自主定轨等仿真分析（图 3－11）。

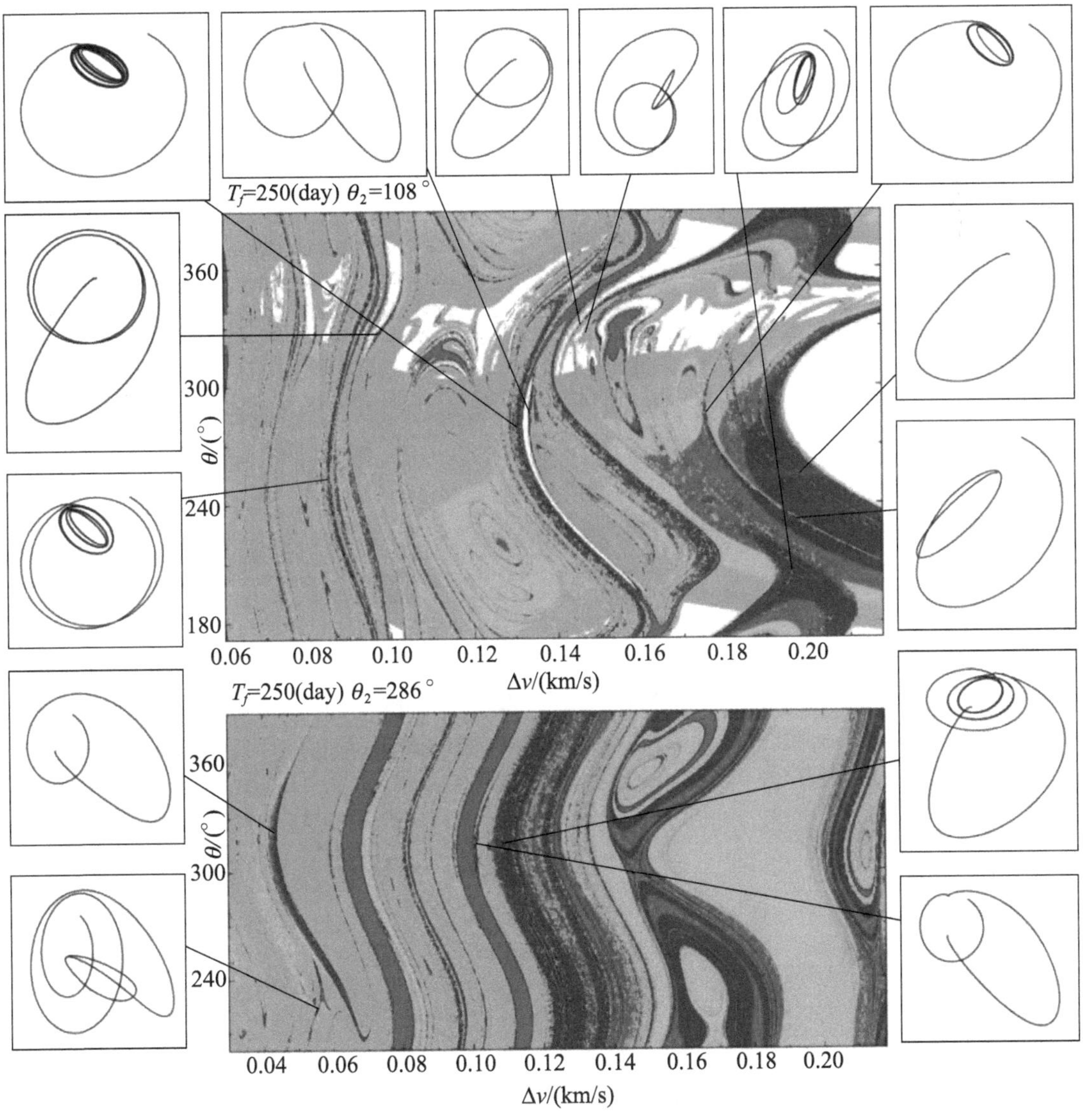

图 3－11　地-月三角平动点附近的低能过渡轨道的分布及一些示例轨道

2）代表性论文：

侯锡云．实际地-月系统共线平动点的动力学特征［C］．第五届全国飞行力学会议，2017.

后续应用： 为将来定点在地-月三角平动点附近的空间任务（不限于空间VLBI 基站）提供轨道方面的理论支撑；已在课题理论成果的基础上开展了地月空间通信/导航星座的论证工作。

3.2.1.12　用于搜索低表面亮度星系的低轨道微型天文望远镜阵列

承担单位	浙江大学		
负责人	罗浩	研究周期	2017.3—2017.9
学科领域	空间天文	任务平台	科学卫星-立方星 3U
关键词	低表面亮度星系、低轨道、微型天文望远镜		

任务概念： 研制一个基于立方体卫星编队的小型天文望远镜阵列，观测700～1 000 nm 可见光波长区域，搜索低表面亮度星系（Low Surface Brightness Galaxy，LSB），为研究暗物质提供技术基础。

研究内容： 开展 3U 立方星（图 3－12）方案设计研究，立方星平台各系统方案研究，以及光学载荷、动量轮、星敏感器的方案研究。

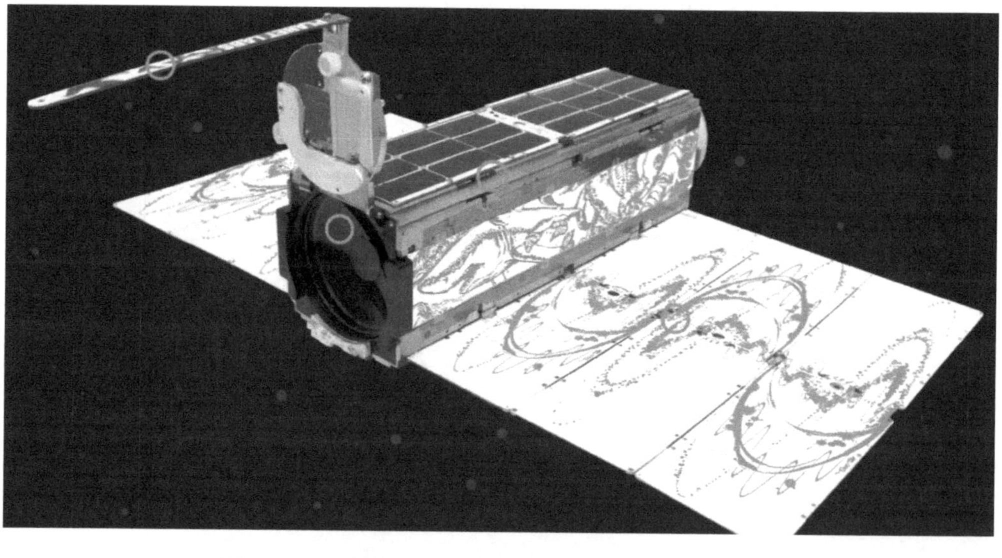

图 3－12　低轨微型天文望远镜阵列 3U 立方星

成果产出： 用于搜索低表面亮度星系的低轨道微型天文望远镜阵列任务概念深化研究报告。微型天文望远镜阵列的主要科学目标是搜索低表面亮度星系，从而深入研究暗物质。初始阶段将发射 1～2 颗立方星微型天文望远镜来验证概念。初步选择 550 km 高度的圆形太阳同步轨道，轨道周期约为90 min。在每个轨道周期，可以进行 3～4 次、每次 10 min 的空间天文成像，以搜索 LSB 星系。

后续应用： 为后续搜索低表面亮度星系的低轨（Low Earth Orbit，LEO）微型天文望远镜阵列预先研究提供输入。

3.2.1.13　空间引力透镜观测望远镜

承担单位	中国科学院云南天文台		
负责人	王建成	研究周期	2017.3—2017.9
学科领域	空间天文	任务平台	科学卫星
关键词	星系团、引力透镜、巡天观测		

任务概念： 研制 1 m 口径的空间引力透镜观测望远镜，实现成像、光谱和偏振观测，开展星系团①的引力透镜巡天观测。

研究内容： 开展 1.5 m 口径望远镜、光学成像仪器、近红外光谱和测光仪器以及微波背景探测器的方案设计（图 3－13），开展星系团引力透镜系统质量重建方法预研。

成果产出： 空间引力透镜观测望远镜任务概念深化研究报告。空间引力透镜观测望远镜的主要科学目标是探测星系团的质量分布，研究星系团的形成和演化，限制暗物质的性质；探测高红移的低光度星系，研究宇宙早期星系的形成；探测宇宙大尺度结构，约束哈勃常数、宇宙学常数，研究暗能量性质。望远镜包括光学系统、光学成像系统、近红外探测系统和微波探测系统。

后续应用： 为空间引力透镜观测望远镜的论证实施提供了输入。

① 星系团是由星系组成的自引力束缚体系，通常尺度在数百万秒差距，包含了数百到数千个星系，以及大量暗物质，扭曲周围的时空，成为宇宙中最重要的引力透镜。

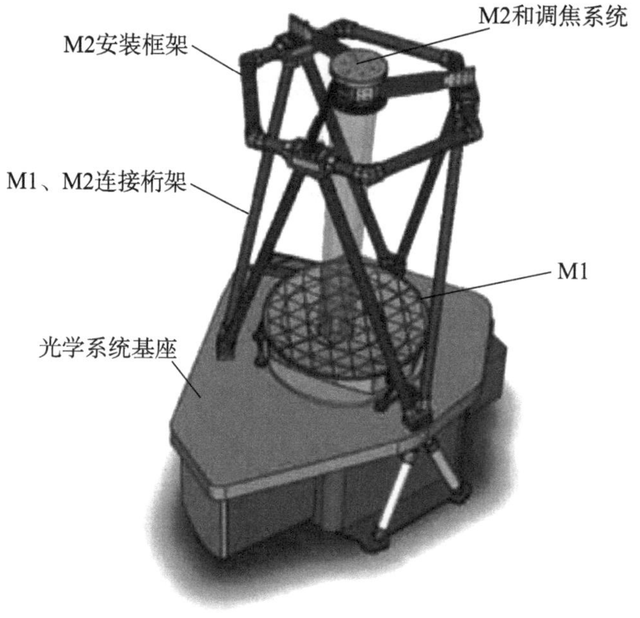

图 3-13　望远镜平台

3.2.1.14　511 湮灭线高分辨率成像谱仪

承担单位	中国科学院紫金山天文台		
负责人	苏杨	研究周期	2017.3—2017.9
学科领域	太阳高能物理/高能天体物理	任务平台	科学卫星
关键词	太阳爆发、511 湮灭线、雷暴反物质云、地面伽马射线闪光		

任务概念：研制 511 湮灭线[①]高分辨率成像谱仪卫星，开展太阳耀斑的 511 湮灭线首次成像，促进太阳高能物理研究的突破，同时也具备 511 湮灭线的高能天体成像及对地面伽马射线闪光（Terrestrial Gamma Ray Flashes，TGFs）的成像能力。

研究内容：开展更有效的高分辨率高能成像原理研究，确定伽马能谱观测范围，结合不同的观测目标明确对卫星平台和轨道的需求。

---

① 511 湮灭线是指正反电子湮灭时产生的能量为 511 keV 左右的伽马辐射谱线，是最常见的湮灭线。

成果产出： 511 湮灭线高分辨率成像谱仪任务概念深化研究报告。本课题提出了新的调制成像方法、时空联合调制成像原理；提出了针对 511 湮灭线背景的主动屏蔽加反符合探测初步方案；在一个卫星平台上高效集成多个有效载荷，充分利用成像仪绕轴自转，将对日、对地、深空探测结合在一起，满足多领域、多目标的观测需求（图 3－14）。

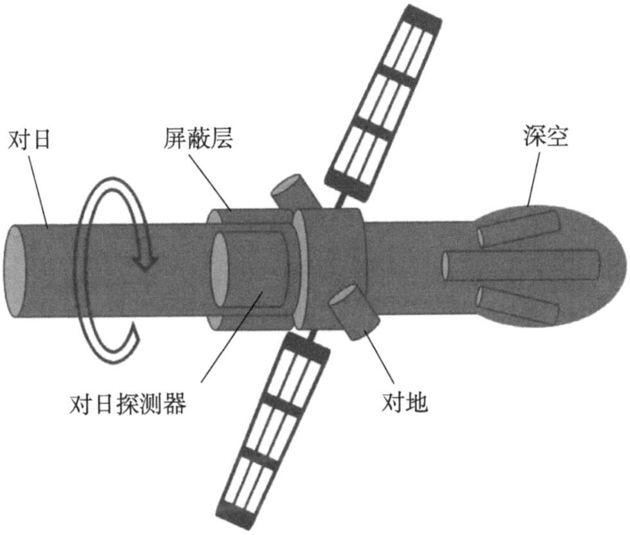

图 3－14　空间 511 湮灭线成像谱仪卫星基本架构

后续应用： 本课题提出的 511 湮灭线成像成为正在推进的下一代旗舰型太阳高能天文台任务的重要科学目标之一；提出的时空双重调制高能成像原理通过空间科学先导专项预研项目《编队飞行聚焦式硬 X 射线太阳望远镜卫星计划》进行了研究分析，是目前最优的伽马射线成像方法。

3.2.1.15　软伽玛康普顿偏振谱仪

承担单位	中国科学院紫金山天文台		
负责人	郭建华	研究周期	2017.3—2017.9
学科领域	空间天文	任务平台	科学卫星
关键词	康普顿散射、能谱测量、偏振测量		

任务概念： 研制软伽玛康普顿偏振谱仪小卫星，利用伽马射线的康普顿散

射原理，在 40～600 keV（可扩展到 MeV）能段对硬 X 射线/伽玛光子进行宽能段、高灵敏度、较高时间分辨率的偏振和能谱测量。

研究内容： 开展科学目标和有效载荷配置深化论证，对探测方法进行深入研究；开展卫星平台需求论证及探测技术预研。

成果产出： 软伽玛康普顿偏振谱仪任务概念深化研究报告。

该小型科学卫星任务的主要科学目标是开展高能天体的偏振探测，硬 X 射线能谱、限制粒子加速机制等。

整个探测器由准直部分和探测部分构成。其中，准直部分包括钨板准直器和反符合探测器，探测部分由双面硅微条探测器（Double - side Silicon Strip Detector，DSSD）、像素型碲锌镉（CdZnTe）探测器（位于中部和四周）、底部的量能器以及四周的反符合探测器构成（图 3 - 15）。

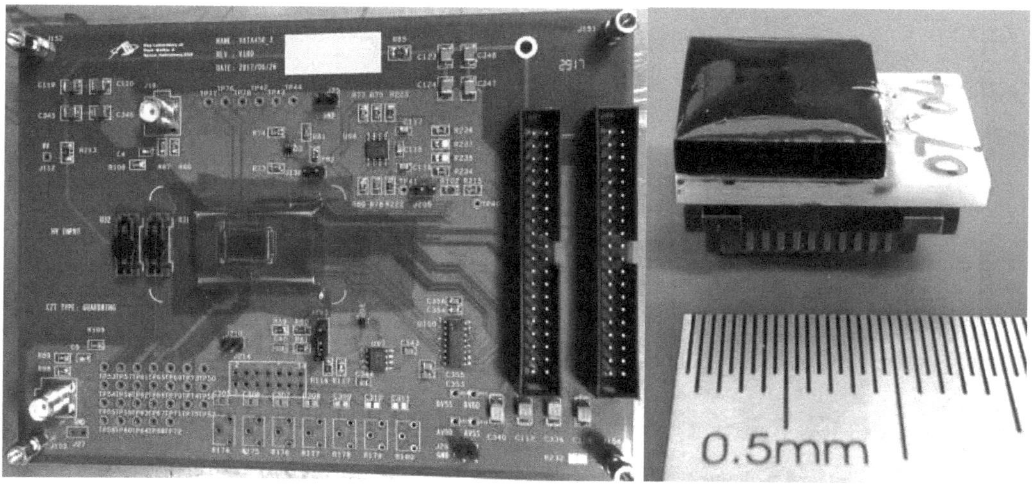

图 3 - 15　西北工业大学封装的 CdZnTe 像素探测器及中国科学院紫金山天文台研制的读出电子学（未按实际比例显示）

后续应用： 本课题发展的有效载荷技术可用于其他空间高能辐射探测项目，如 CdZnTe 像素探测可用于太阳硬 X 射线直接成像等。

3.2.2 太阳物理

3.2.2.1 太阳暴瞬变过程监测卫星

承担单位	中国科学院国家空间科学中心		
负责人	韦飞	研究周期	2017.3—2017.9
学科领域	太阳物理	任务平台	科学卫星
关键词	太阳耀斑、CME、瞬变过程监测		

任务概念：研制太阳暴瞬变过程监测卫星，利用 0.5～5 nm 谱段的太阳 X 射线-极紫外（X – extreme Utra Violet，X – EUV）辐射对太阳耀斑、日冕物质抛射等爆发活动的瞬态过程开展高分辨率的光谱和成像观测。

研究内容：开展科学目标和需求论证、有效载荷研制和关键技术攻关方案设计、卫星平台初步设计与轨道论证、地面支撑与科学应用系统初步方案设计等。

成果产出：

1）太阳暴瞬变过程监测卫星任务概念深化研究报告。太阳暴瞬变过程监测卫星的主要科学目标是揭示太阳耀斑和 CME 爆发前期的温度异常先兆、耀斑爆发过程快速加热机制、CME 初始参数的精确测定及其喷发过程的物质传播机制等。卫星运行于太阳同步晨昏轨道，轨道高度约 800 km，有效载荷包括太阳 X – EUV 光谱成像仪（Solar X – EUV Imaging Spectrograph，SXEUVIS）（图 3 – 16）和太阳极紫外无狭缝多级衍射光谱成像仪（Non – 8lit Multi – order Solar EUV Imager，NMOSEI）。

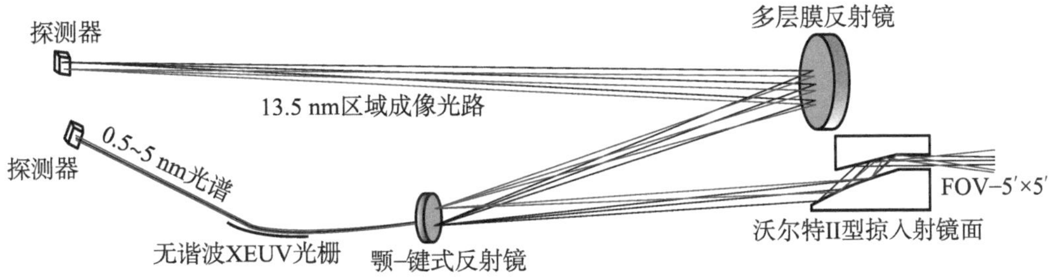

图 3 – 16 太阳 X – EUV 光谱成像仪设计

2）代表性论文：

[1] Zhu X L，Li H L，Cao L F，et al. Nanofabrication and characterization of high - line - density X - ray transmission gratings [J]. Journal of Micro/Nanolithography Mems & Moems，2017，16（3）：034503 - 1.

[2] 韦飞，郭亦鸿，冷双，等. 无谐波软 X 射线单色仪设计 [J]. 空间科学学报，2019，39（1）：105 - 110.

后续应用：对太阳物理、空间物理研究和空间天气预警预报具有重要的科学与应用价值。

3.2.2.2 太阳过渡区卫星探测计划

承担单位	北京大学		
负责人	田晖	研究周期	2017.3—2017.9
学科领域	太阳物理	任务平台	科学卫星
关键词	太阳过渡区、日冕加热、太阳风起源、太阳爆发		

任务概念：研制太阳过渡区卫星，在极紫外波段对太阳过渡区和低日冕进行亚角秒分辨率的成像和光谱探测。

研究内容：开展太阳过渡区卫星探测计划初步方案设计，以及有效载荷配置和技术指标分析。

成果产出：

1）太阳过渡区卫星探测计划任务概念深化研究报告（图 3 - 17）。太阳过渡区卫星的主要科学目标是揭示物质和能量从太阳低层大气传输到日冕的连续过程、揭示太阳风的形成机制及初始外流过程、监测耀斑和日冕物质抛射的先兆和爆发过程。有效载荷配置主要是紫外光谱仪和成像仪；在预算充足的情况下，增加磁像仪、射电频谱仪等。卫星轨道为太阳同步轨道，高度约 700 km。

2）代表性论文：

Tian H. Probing the solar transition region: current status and future perspectives [J]. Research in Astronomy and Astrophysics，2017，17 (11)：110.

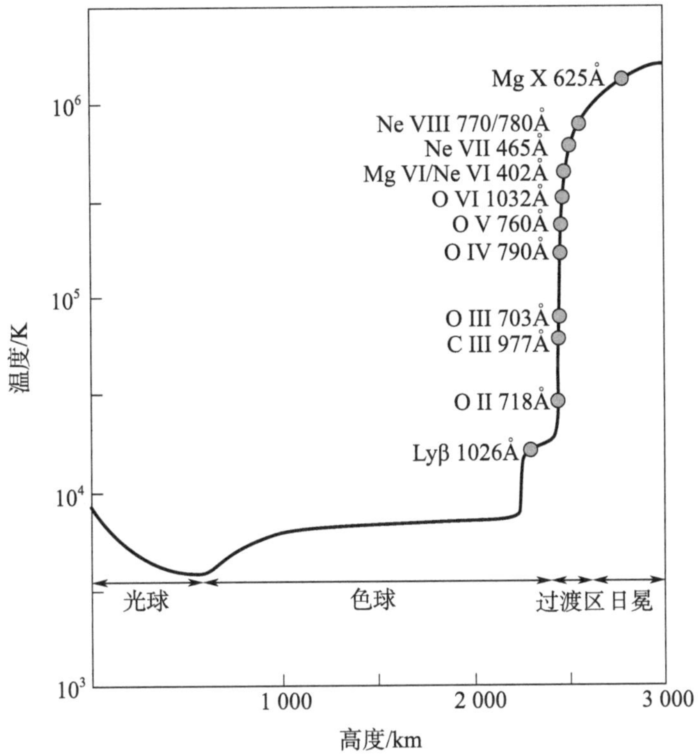

图 3－17　不同谱线对应大气层次和相应温度

后续应用：该课题后续获得中国科学院“空间科学”（二期）先导专项空间科学预先研究项目支持。在该课题对空间极紫外光谱探测的基础上，提出了全日面积分极紫外光谱仪、大视场快速扫描极紫外光谱仪、恒星极紫外望远镜等新概念。

3.2.2.3　太阳 X 谱段高分辨成像与能谱观测

承担单位	中国科学院高能物理研究所		
负责人	梁晓华	研究周期	2017.3—2017.9
学科领域	太阳物理	任务平台	科学卫星
关键词	X 谱段、太阳耀斑、高能粒子事件		

任务概念：研制太阳 X 谱段高分辨成像与能谱观测卫星，开展太阳软 X 射线能谱观测、成像观测、高分辨分光观测，太阳硬 X 射线能谱观测、成像观测

和太阳高能粒子成分及能谱探测，深入了解太阳 X 射线耀斑特性。

研究内容：开展太阳 X 谱段高分辨成像与能谱观测科学目标凝练、有效载荷配置优化、卫星轨道初步方案。

成果产出：太阳 X 谱段高分辨成像与能谱观测任务概念深化研究报告。太阳 X 谱段高分辨成像与能谱观测卫星的主要科学目标是开展太阳耀斑日冕加热和冷却过程研究、太阳活动区动力学特性研究、太阳高能粒子事件与耀斑间的时间关系及其传播规律。有效载荷包括软 X 射线望远镜、高分辨软 X 射线谱仪、软 X 射线高分辨分光谱仪、硬 X 射线成像谱仪、硬 X 射线谱仪和太阳粒子谱仪。

后续应用：为后续 X 谱段高分辨成像与能谱观测开展预研工作提供输入。

3.2.2.4　太阳爆发大视场诊断和预报的卫星探测计划

承担单位	中国科学院紫金山天文台		
负责人	封莉	研究周期	2017.3—2017.9
学科领域	太阳物理	任务平台	科学卫星
关键词	太阳爆发、大视场诊断和预报、磁场重联		

任务概念：研制太阳爆发大视场诊断和预报卫星，拟运行在 L1 点或地球附近轨道，开展1.1～ 3 R_s（太阳半径）的光谱仪诊断，进行 1.1～50 R_s 范围的高精度的白光日冕 pB 和 tB 测量，以及 2.5 到几十个太阳半径范围的 pB 和 tB 测量，用于 CME 及其激波等爆发现象的探测与预报。

研究内容：开展光谱观测技术研究、白光偏振观测技术研究等（图 3 - 18）。

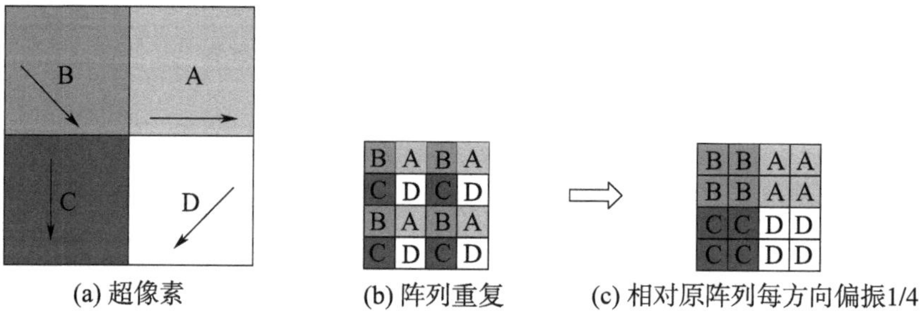

图 3 - 18　偏振相机的成像原理

成果产出：

1）太阳爆发大视场诊断和预报的卫星探测计划任务概念深化研究报告。太阳爆发大视场诊断和预报卫星的主要科学目标是 CME 及其驱动激波等爆发现象的温度、密度、速度、电离态等物理参数诊断和演化研究，高日冕的磁场重联过程研究及非热电子诊断，地球附近单视角的 CME 到达时间预报。有效载荷包括 1.1～3 个太阳半径内的成像光谱仪、大视场 1.1～50 太阳半径的白光偏振日冕仪。

2）代表性论文：

Lei L，Bernd I，Li F，et al. Measure the propagation of a halo CME and its driven shock with the observations from a single perspective at earth [J]. The Astrophysical Journal，2017，835（2）：188.

后续应用：该课题后续获得中国科学院“空间科学”（二期）先导专项空间科学预先研究项目任务概念和关键技术预先研究两个支持。

3.2.2.5　空间太阳轴子探测

承担单位	中国科学院高能物理研究所		
负责人	崔兴柱	研究周期	2017.3—2017.9
学科领域	宇宙粒子物理学	任务平台	科学卫星
关键词	太阳轴子、长周期观测		

任务概念：提出一种利用地磁场作为转换磁场，在地球轨道上利用 X 射线探测器观测太阳轴子在地磁场中转换的 X 射线的观测方案。

研究内容：开展轨道设计（图 3－19），分析卫星平台和发射要求、探测器需求，探讨绕月探测太阳能谱方案等。

成果产出：空间太阳轴子探测任务概念深化研究报告。本课题完成了轨道设计、平台和发射要求、探测器要求、绕月探测太阳能谱分析。为保证得到足够的地球阴影时间，轨道应选择地球同步轨道，考虑轨道高度为 600～1 000 km；为保证磁场强度，轨道倾角尽量高。为尽量减少在轨本底，发射时

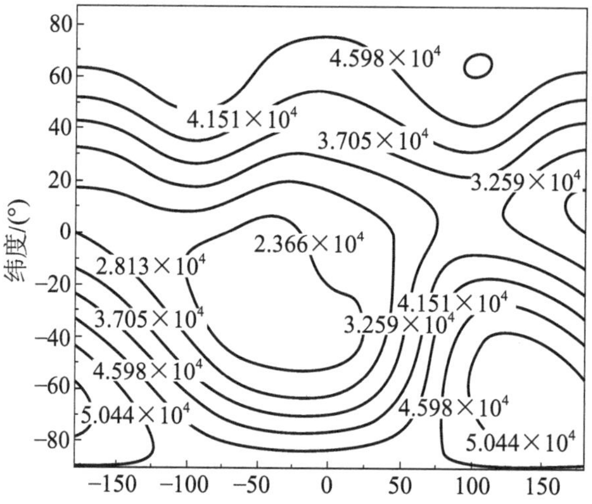

图 3-19　600 km 轨道磁场分布

应处于太阳极小年，寿命不小于 3 年。

后续应用： 为后续空间太阳轴子探测相关研究提供了输入。

3.2.2.6　太阳爆发过程及相应磁场结构的抵近探测

承担单位	中国科学院云南天文台		
负责人	林隽	研究周期	2017.3—2017.9
学科领域	太阳物理	任务平台	科学卫星
关键词	磁结构、磁场重联、抵近探测		

任务概念： 研制一颗太阳抵近探测卫星，对太阳爆发过程中的物质抛射及其磁场结构进行抵近探测，将探测器搭载在一颗飞船之上，送至近日点在 5～10 个太阳半径附近和远日点在 100 个太阳半径附近，对太阳进行抵近式的直接探测外加成像观测。

研究内容： 开展科学目标凝练，以及卫星轨道和有效载荷方案设计。

成果产出：

1）太阳爆发过程及相应磁场结构的抵近探测任务概念深化研究报告。太阳抵近探测卫星（图 3-20）的主要科学目标是揭示大尺度电流片的精细结构和其中磁场重联的物理本质，CME 的完整几何尺寸与物理性质、CME 激波对带电粒子加速的物理过程和空间分布，CME 从太阳到地球的传播全过程，日冕和极区磁场精细结构。有效载荷包括电磁场探测仪、极紫外成像光谱仪、带电粒子探测仪等。

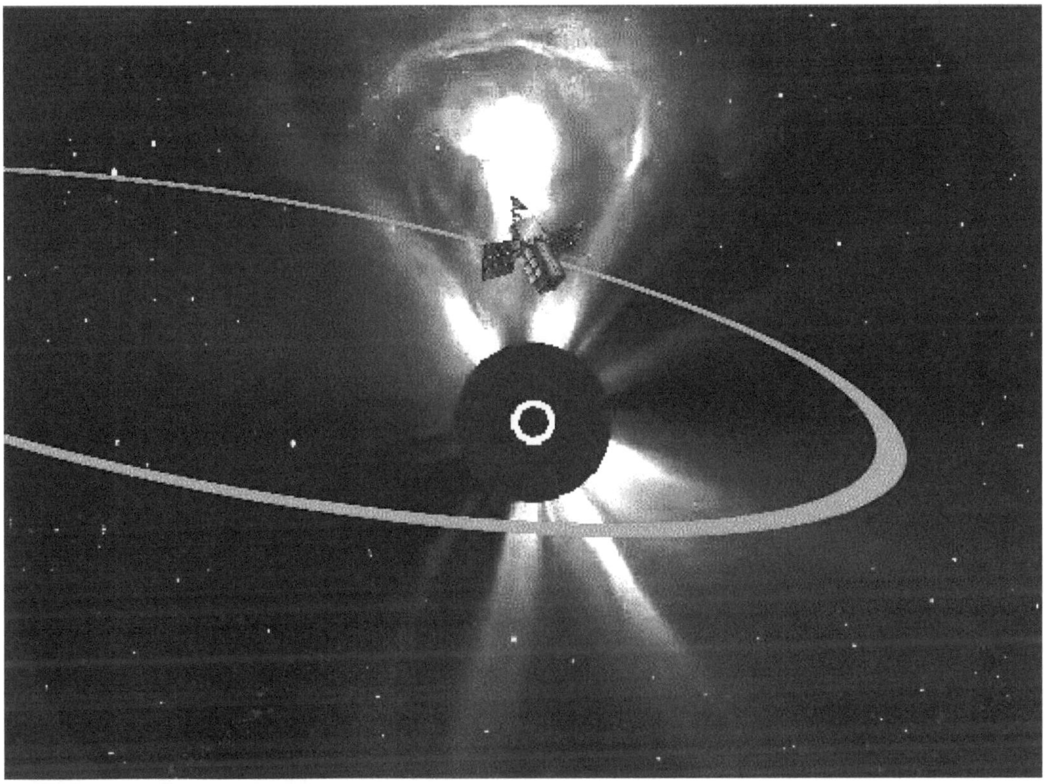

图 3-20　太阳抵近探测卫星

2）代表性论文

[1] 林隽，黄善杰，李燕，等．太阳爆发抵近探测："触碰计划" [J]. 空间科学学报，2021，41（2）：183-210.

[2] 林隽，汪敏，田晖，等．太阳爆发的抵近探测 [J]. 中国科学：物理学力学 天文学，2019，49（5）：70-89.

后续应用： 为后续太阳抵近探测相关任务的立项实施提供输入。

3.2.2.7　太阳作为一颗恒星的全波段谱观测

承担单位	中国科学院紫金山天文台		
负责人	黄宇	研究周期	2017.3—2017.9
学科领域	太阳物理	任务平台	科学卫星
关键词	太阳辐射、全波段谱、高灵敏度		

任务概念：研制一颗全波段谱观测太阳的卫星，利用全波段、高灵敏度的各类谱仪，观测太阳辐射全波段辐射谱及其随时间的变化。

研究内容：开展太阳总辐射、总能量及能谱观测等方面的现状调研（图3-21），论证有效载荷配置方案，卫星平台、轨道等需求分析，形成任务概念深化研究报告。

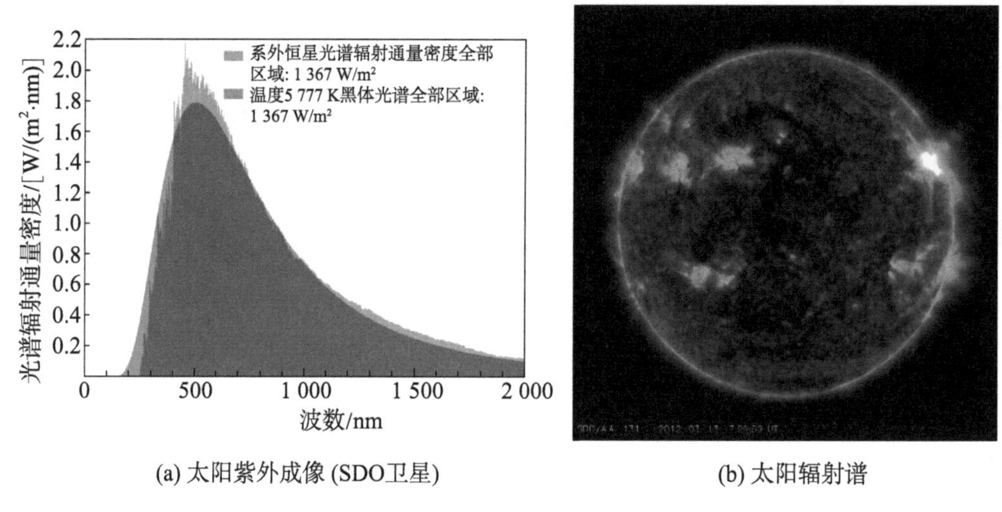

(a) 太阳紫外成像 (SDO卫星)　　(b) 太阳辐射谱

图 3-21　太阳紫外成像（SDO 卫星）和太阳辐射谱

成果产出：太阳作为一颗恒星的全波段谱观测任务概念深化研究报告。太阳作为一颗恒星的全波段谱观测卫星的主要科学目标是观测太阳全波段辐射能谱，观测太阳全波段辐射能谱随不同时标的变化，以及研究太阳释放能量分布等。有效载荷由一系列的空间积分光谱仪（能谱仪）组成，从高能到低能依次包括伽马射线谱仪、硬 X 射线谱仪、软 X 射线谱仪、极紫外光谱仪、紫外光谱仪、可见光波段光谱仪、近红外光谱仪、远红外光谱仪、微波谱仪、若干射电波段谱仪。

后续应用： 为后续太阳作为一颗恒星的全波段谱观测任务开展预研提供输入。

3.2.2.8　太阳极轨对偶探测

承担单位	中国科学院国家天文台		
负责人	杨尚斌	研究周期	2017.3—2017.9
学科领域	太阳物理	任务平台	科学卫星
关键词	太阳极轨探测、太阳磁场、太阳爆发		

任务概念： 研制两颗对偶布局的太阳观测卫星，对太阳磁场进行全日球同时测量，揭示太阳爆发活动和日地物理过程，理解高速太阳风的起源机制、太阳活动周起源问题和太阳耀斑能量释放机制。

研究内容： 开展太阳极轨探测器科学目标论证，分析有效载荷、卫星轨道初步方案。

成果产出：

1）太阳极轨对偶探测任务概念深化研究报告（图 3 - 22）。

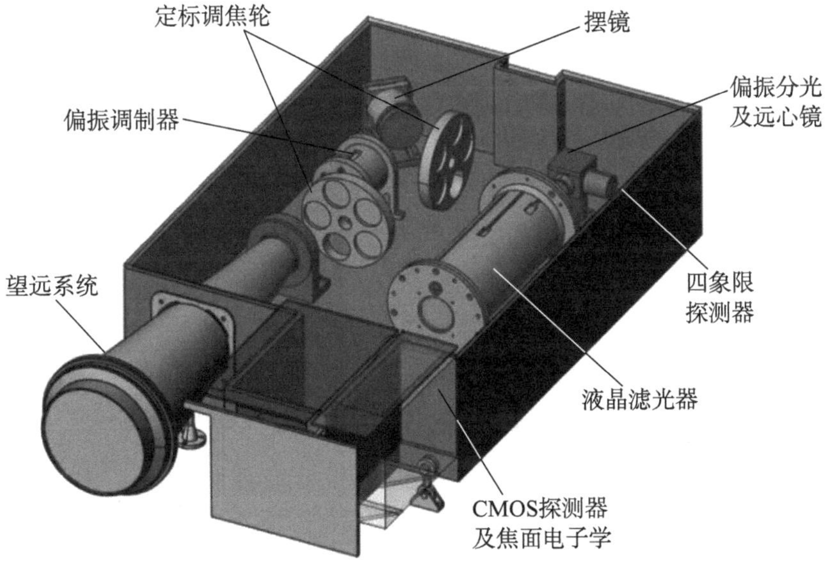

图 3 - 22　全日面磁场和速度场成像仪的整机设计

该科学卫星任务的主要科学目标是对太阳全球磁场的首次同时测量；对发生在太阳全球的各种活动现象进行多波段同时观测，深入理解空间天气过程的本质；利用太阳极区的磁场和多波段数据，揭示太阳风的产生机制。

它的有效载荷包括全日面磁场望远镜、全日面极紫外偏振观测望远镜、行星际日冕仪和高精度太阳风原位探测系统。

2）代表性论文：

[1] 杨尚斌．磁螺度约束下的黑子运动［C］. 昆明：中欧太阳物理会议，2017.

[2] 杨尚斌．怀柔太阳观测基地介绍：历史和未来［C］. 北京：全球华人空间天气会议，2017.

后续应用：为推动“太阳极轨对偶探测”任务的立项实施提供输入。

3.2.2.9　星载原子鉴频绝对定标太阳观测

承担单位	武汉大学		
负责人	龚威	研究周期	2017.3—2017.9
学科领域	太阳物理	任务平台	卫星搭载
关键词	星载原子鉴频、太阳活动区三维结构、太阳磁场、日震		

任务概念：研制星载原子鉴频太阳观测①仪器，采用多通道原子鉴频技术，对太阳活动区的三维结构、物质运动速度场、磁场进行观测。

研究内容：调研原子鉴频太阳观测的探测目标，分析原子鉴频太阳观测的探测技术、探测方式和运行轨道，开展原子鉴频太阳观测系统方案研究。

成果产出：

1）星载原子鉴频绝对定标太阳观测（图 3－23）任务概念深化研究报告。星载原子鉴频太阳观测仪器的主要科学目标是实现对太阳光球、色球层速度场、磁场以及太阳活动区三维结构图像的观测。星载原子鉴频太阳观测仪器包

---

① 原子鉴频太阳观测是一种全新的高分辨光学鉴频技术，同时具有高光谱分辨率与高稳定性，可以观测太阳活动区三维结构，光球、色球层的日震和磁场信息。

括光学单元、原子鉴频单元和光电成像检测单元等。其搭载天基平台，运行在太阳同步轨道或其他轨道，利用光学跟踪装置对日定向进行观测，开展不间断连续观测。

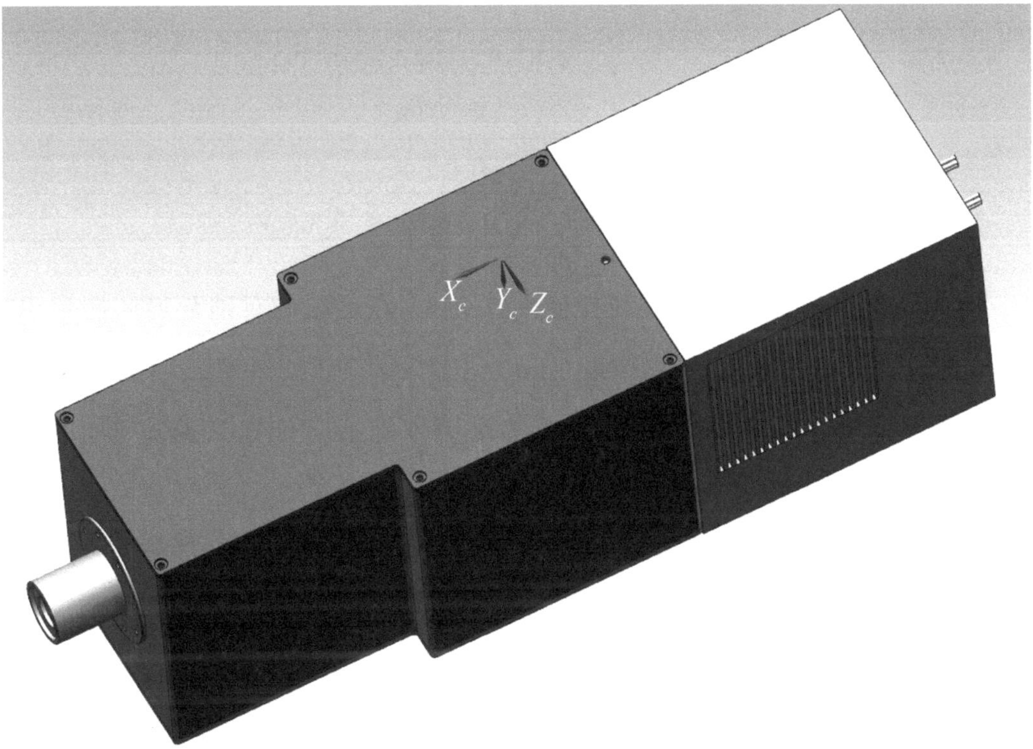

图 3-23　星载原子鉴频绝对定标太阳观测系统

2）代表性论文：

Du L，Shi S，Yang J，et al. Potential of spectral ratio indices derived from hyperspectral LiDAR and laser-induced chlorophyll fluorescence spectra in estimating rice leaf nitrogen contents [J]. Optics Express，2017，25 (6)：6539-6549.

后续应用：将促进星载原子鉴频技术的发展，共享观测系统单元，形成观测网络，捕捉空间天气源头事件，补充日地空间监测链条。

3.2.3 空间物理

3.2.3.1 日地环境监测台（STEM）

承担单位	中国科学院国家空间科学中心		
负责人	刘颍	研究周期	2017.3—2017.9
学科领域	空间物理	任务平台	科学卫星
关键词	日地空间环境、日冕磁场测量、偏振成像、CME		

任务概念： 研制在日-地连线拉格朗日点 L5 点运行的日地环境监测台卫星（Solar Terrestrial Environment Monitor，STEM），开展日冕磁场测量和行星际空间偏振成像，研究 CME 的爆发是否影响地球，以及对地球空间环境的扰动程度，进而提高空间天气预报的能力。

研究内容： 凝练 STEM 的科学目标，确定有效载荷及其关键参数，提出可行的卫星平台、运载、轨道、测控及数传需求。

成果产出：

1）日地环境监测台（STEM）任务概念深化研究报告（图 3－24）。

STEM 的科学目标聚焦在 CME 的爆发及其日冕加速机制、行星际空间传播过程、驱动激波的特征、对地球空间环境的影响等。

它的有效载荷包括星载日冕磁像仪、日球偏振成像仪、太阳风等离子体分析仪、高能粒子探测器和磁强计。

2）代表性论文：

Liu Y D，Zhao X W，Zhu B. Propagation and interaction properties of successive coronal mass ejections in relation to a complex type II radio burst [J]. The Astrophysical Journal，2017，849（2）：112.

后续应用： 该课题后续获得中国科学院“空间科学”（二期）先导专项空间科学预先研究项目支持、北京市科学技术委员会空间科学国家实验室培育项目支持。

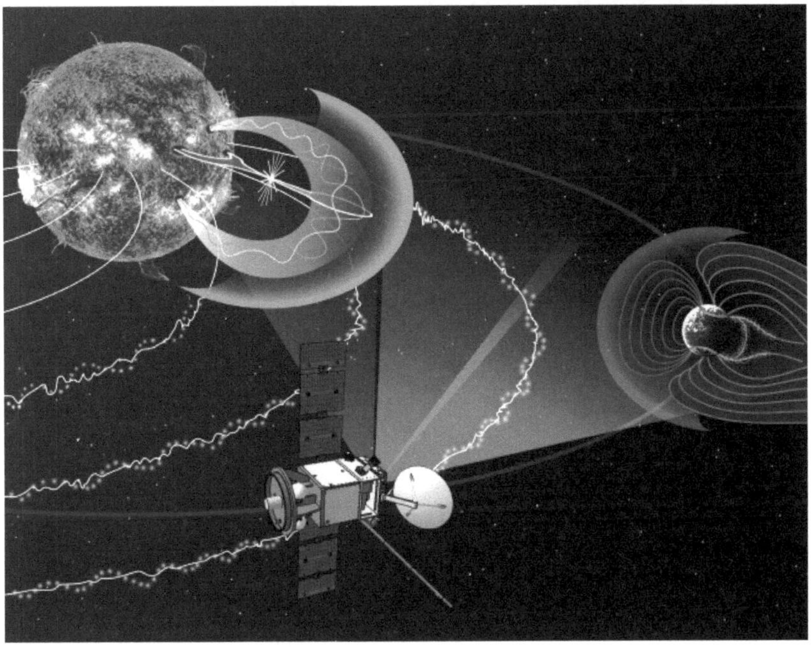

图 3-24　STEM 卫星探测概念图

3.2.3.2　近地空间暴源区千线阵列中性原子成像小卫星计划

承担单位	北京大学		
负责人	宗秋刚	研究周期	2017.3—2017.9
学科领域	空间物理	任务平台	科学卫星/卫星搭载
关键词	地球空间暴、千线阵列、中性原子成像		

任务概念：研制千线阵列中性原子成像小卫星，对磁暴关键区域的环电流和粒子加速源区进行能量中性原子（Energy Neutral Atoms，ENA）成像观测，研究地球空间环电流粒子加速机制和极光加速区的结构，揭示地球空间暴的形成机理。

研究内容：开展千线阵列中性原子成像仪总体架构、技术性能研究（图 3-25），以及极低能量阈值的薄窗硅半导体探测器等关键技术研究。

成果产出：

1）近地空间暴源区千线阵列中性原子成像小卫星计划任务概念深化研究报告。

该科学小卫星任务的主要科学目标是获得环电流空间中性原子高时间、高空间、高能量分辨率成像；揭示近地空间暴的相应物理过程、磁暴环电流注入机制、环电流粒子加速机制、极光粒子加速区结构等。

它的有效载荷是千线阵列中性原子成像仪。

2）代表性论文：

Zong Q G. Radiation belt tutorial [C]. Sichuan：AGU - Chapman Conference on Dayside Magnetosphere Interactions，2017.

后续应用： 研究成果和关键技术可以用于近地空间暴源区千线阵列中性原子成像小卫星的科学观测和数据分析。

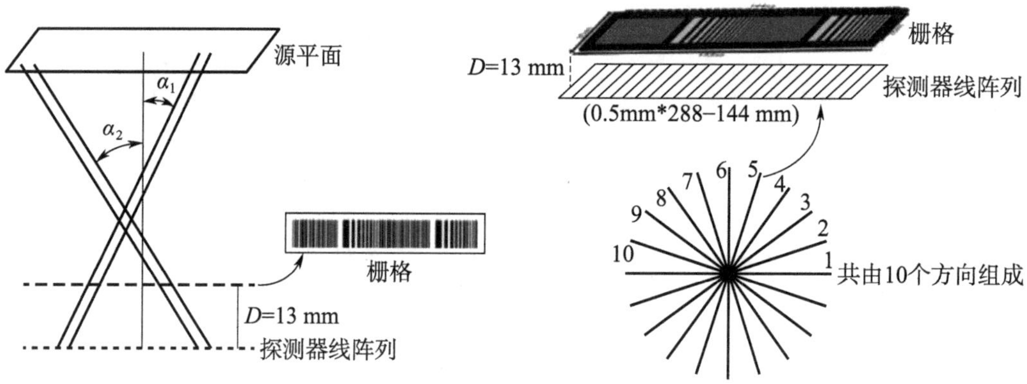

图 3 - 25　千线阵列能量中性原子反演成像

3.2.3.3　“双子之链”磁共轭辐射带风暴探测计划

承担单位	中国科学院国家空间科学中心		
负责人	张贤国	研究周期	2017.3—2017.9
学科领域	空间物理	任务平台	科学卫星
关键词	“双子”卫星、磁共轭、磁暴探测		

任务概念： 研制绳系卫星，组成“双子之链”星座。利用三组“双子”① 卫星对磁层全能谱带电粒子、电磁场及其波动在同一磁力线不同区域开展磁共轭探测，揭示磁暴期间内磁层物质和能量在沿磁力线这一主要通道的传输过程

① “双子”卫星由质量、功耗、载荷配置一致的两颗卫星通过“绳系”方式组成。

和机制，提升对磁层空间及扰动变化动力学过程的认识。

研究内容： 开展“双子之链”星座方案设计（图 3－26），研究有效载荷配置；开展可行性评估，以及对解决科学问题的支撑力度分析。

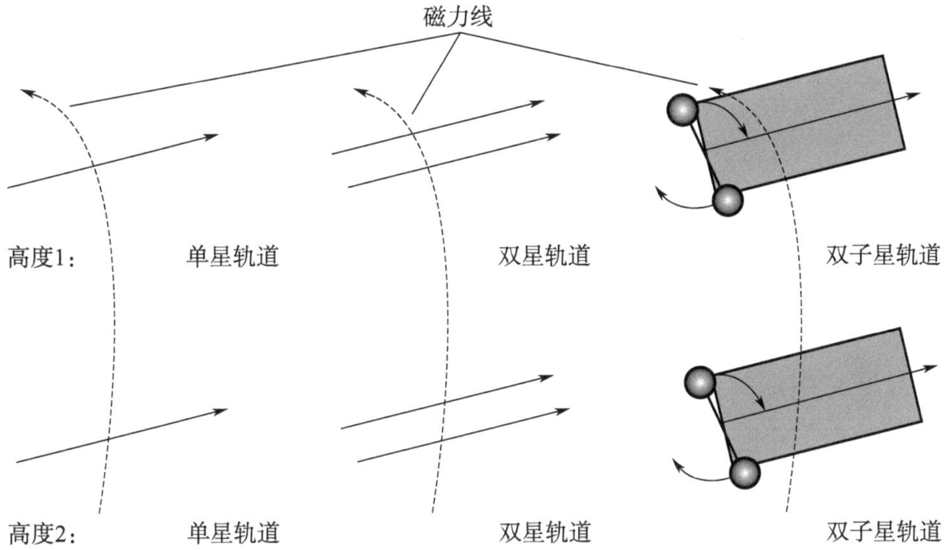

图 3－26　“双子之链”星座与单星、双星轨道对比

成果产出：

1）“双子之链”磁共轭辐射带风暴探测计划任务概念深化研究报告。

“双子之链”星座的主要科学目标：磁暴、磁层亚暴期间进入地球同步轨道以内的等离子体流是怎样进入电离层、热层的？其携带的物质和能量与磁尾地向流的比例是多少？外辐射带相对论电子沉降的宏观过程是怎样的？

该任务的有效载荷包括全能谱磁层带电粒子探测器、磁强计、波动探测仪、中性原子成像仪和电场探测仪。

2）代表性论文：

Ni B B，Hua M，Zhou R X，et al. Competition between outer zone electron scattering by plasmaspheric hiss and magnetosonic waves [J]. GRL，2017，44（8）：3465－3474.

后续应用： 支撑“双子之链”磁共轭辐射带风暴探测计划的立项实施。

3.2.3.4　自适应磁场重联显微计划

承担单位	中国科学院国家空间科学中心		
负责人	戴磊	研究周期	2017.3—2017.9
学科领域	空间物理	任务平台	科学卫星星座
关键词	磁场重联、显微计划、微纳卫星编队、空间探测		

任务概念： 研制自适应磁场重联显微计划卫星编队（Self - adaptive Magnetic Reconnection Explorer，AME），由 1 颗母星＋12 颗微纳卫星组成。编队具备自适应调节卫星空间距离和位型能力，能同时在电子-离子-宏观尺度形成多尺度空间探测，认知磁场重联到底是如何发生的。

研究内容： 开展科学探测目标的细化研究；小卫星编队探测方案研究，包括卫星编队构型设计（图 3 - 27）、星间定位方案论证、任务轨道设计、卫星系统组成等。

成果产出：

1）自适应磁场重联显微计划任务概念深化研究报告。

自适应磁场重联显微计划的主要科学目标是磁场重联中电子尺度的物理是什么，磁场重联中离子尺度的物理是什么，磁场重联的电子-离子-宏观尺度的物理过程的演化如何耦合等。

母星的有效载荷包括低能、中能、高能离子和电子探测仪，电场探测伸杆，磁强计，高频波动探测仪以及成像仪器；微纳卫星的有效载荷包括磁强计、低能电子和离子探测器。

2）代表性论文：

Dai L，Wang C，Cai Z M，et al. AME：a cross - scale constellation of cubesats to explore magnetic reconnection in the solar - Terrestrial Relation [J]. Frontiers in Physics，2020，8：89. doi：10.3389/fphy.2020.00089 .

后续应用： 该课题后续获得中国科学院“空间科学”（二期）先导专项空间科学预先研究项目支持、国家国防科技工业局民用航天预研支持。

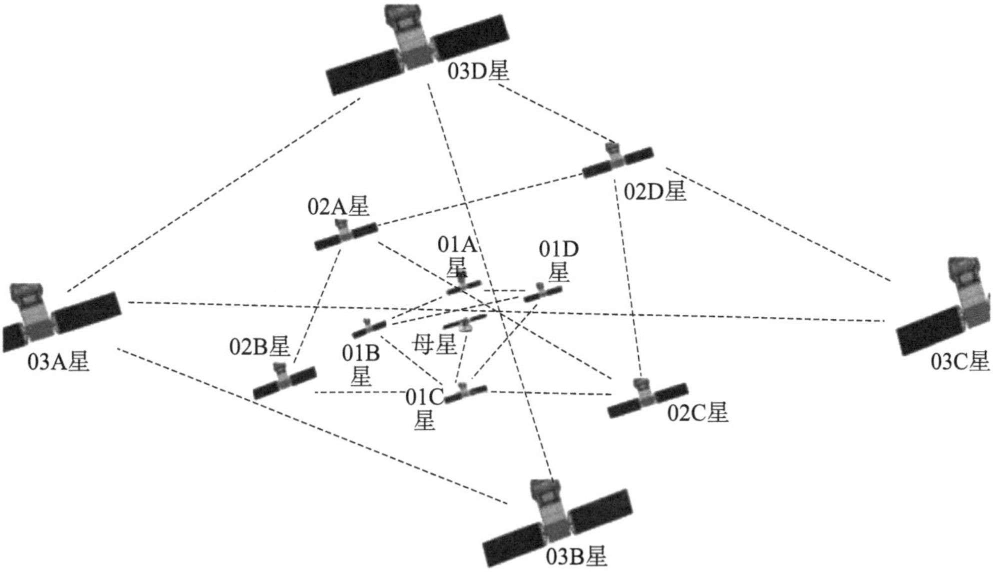

图 3－27　自适应磁场重联显微计划卫星编队构型

3.2.3.5　中高层大气透视卫星计划

承担单位	中国科学院国家空间科学中心		
负责人	胡雄	研究周期	2017.3—2017.9
学科领域	空间物理	任务平台	科学卫星
关键词	中高层大气、透视观测、临近空间、能量循环		

任务概念：研制两颗中高层大气透视卫星，采用微波临边扫描、激光/星光掩星、大气波动成像等探测技术，开展中高层大气的透视观测，掌握中高层大气要素的时空分布和变化特征，为了解地球系统能量循环、预测地球系统未来变化趋势、提升人类应对环境变化的能力等提供科学支持。

研究内容：开展地球大气能量循环观测的科学目标和探测需求研究、关键技术分析，以及卫星方案研究。

成果产出：

1）中高层大气透视卫星计划任务概念深化研究报告。

该科学卫星任务的主要科学目标是探测临近空间大气环境的时空分布和变

化过程（图 3－28），揭示临近空间平均状态和扰动状况，刻画临近空间能量循环特征，架起上下层大气能量循环的临近空间桥梁，促进全球气候变化研究。

其有效载荷包括大气折射激光掩星探测仪、气辉波动成像仪和微波临边探测仪。

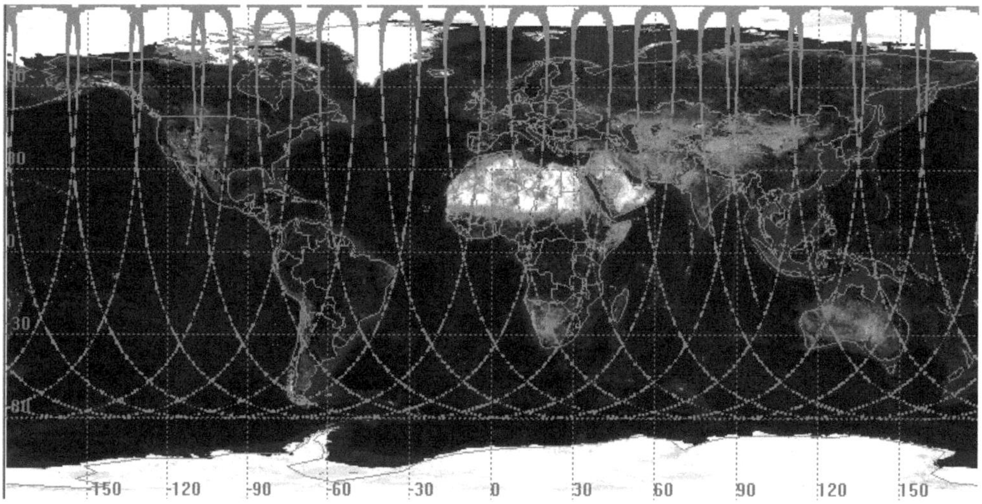

图 3－28　微波临边探测仪扫描一天的探测点分布

2）代表性论文：

[1] 孙明晨，吴小成，宫晓艳，等．基于三维射线追踪和 HITRAN 数据库的透过率仿真计算 [J]．光谱学与光谱分析，2020，40（7）：2092－2097.

[2] 张斯敏，吴小成，孙明晨，等．星光掩星剥洋葱法反演臭氧密度 [J]．光谱学与光谱分析，2022，42（1）：203－209.

后续应用：为推动地球能量循环观测科学卫星、临近空间环境探测卫星等提供输入和参考。

3.2.3.6　电离层双星探测计划

承担单位	中国科学院国家空间科学中心		
负责人	史建魁	研究周期	2017.3—2017.9
学科领域	空间物理	任务平台	科学卫星
关键词	电离层、双星探测、天地一体化		

任务概念： 研制电离层双星探测卫星，其由两颗小卫星组成，其中赤道星聚焦于低纬度地区电离层扰动变化，极轨星聚焦于地球极区以及沿经度方向的扰动变化。两颗卫星与地基监测链网相配合，可形成天地一体化的空间科学探测系统。

研究内容： 针对电离层探测卫星计划开展国内外研究现状分析，开展卫星探测方案初步论证研究，论证电离层双星探测的科学目标、卫星轨道（图 3-29）、有效载荷配置、卫星质量等。

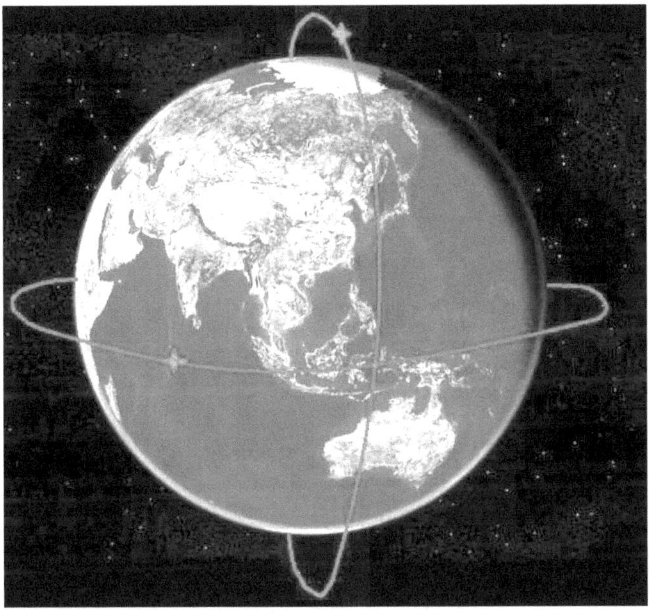

图 3-29　电离层双星探测计划卫星轨道

成果产出： 电离层双星探测计划任务概念深化研究报告、电离层探测双星计划初步方案。电离层探测双星计划的主要科学目标是致力于电离层顶部、原位和低能等离子体探测，为数字空间提供探测数据；赤道电离层不规则体形成和发展特性以及机制研究，极区电离层特性及电离层-磁层耦合研究，以及电离层扰动变化从高纬度地区向低纬度地区的传播研究提供了有效和高质量探测数据获取的途径。两星都携带电离层等离子体探测仪、大气参数探测仪、磁通门磁强计、三频信标，极轨星还携带了全方位电子探针，赤道星还携带了电离层掩星探测仪或电离层顶部探测仪。

后续应用： 为后续电离层双星探测计划的立项实施奠定了基础，也为在酝酿的“空间大脑”计划提供了基础。

3.2.3.7 磁层亚暴触发区分布式可重构探测

承担单位	中国科学院国家空间科学中心		
负责人	李磊	研究周期	2017.3—2017.9
学科领域	空间物理	任务平台	科学卫星
关键词	磁层过渡区、可重构探测		

任务概念： 研制 8 颗微小航天器，分别部署在磁尾过渡区和地球极区，通过分布式组网、重构，在不同尺度上探测磁尾和极区电磁场、等离子体，从而获取高速爆发性整体流、亚暴电流楔时空分布变化，揭示亚暴的触发机制并认识其演化过程。

研究内容： 梳理科学问题，凝练科学目标，开展总体探测方案、构型部署与自主保持控制、探测载荷规划、探测平台初步设计。

成果产出：

1）磁层亚暴触发区分布式可重构探测任务概念深化研究报告。

磁层亚暴触发区分布式可重构探测的主要科学目标是研究亚暴触发区的位置和触发区的空间范围，分析近地磁尾等离子体片中粒子高速爆发性整体流与地磁扰动的相关性；研究近地磁尾亚暴电流楔的时空尺度变化特征，从而从本质上揭示亚暴的起源、爆发及演化的物理机制（图 3 - 30）。

过渡区微小航天器群有效载荷包括磁强计、电场仪和超热粒子探测器，极区微小航天器群有效载荷包括磁强计、电场仪和等离子体探测包。

2）代表性论文：

Li L. Monitoring near earth space environment - measurement of the filed aligned currents [J]. Jeju：COSPAR Symposium，2017.

后续应用： 研究成果可作为进一步制订探测计划的基础。

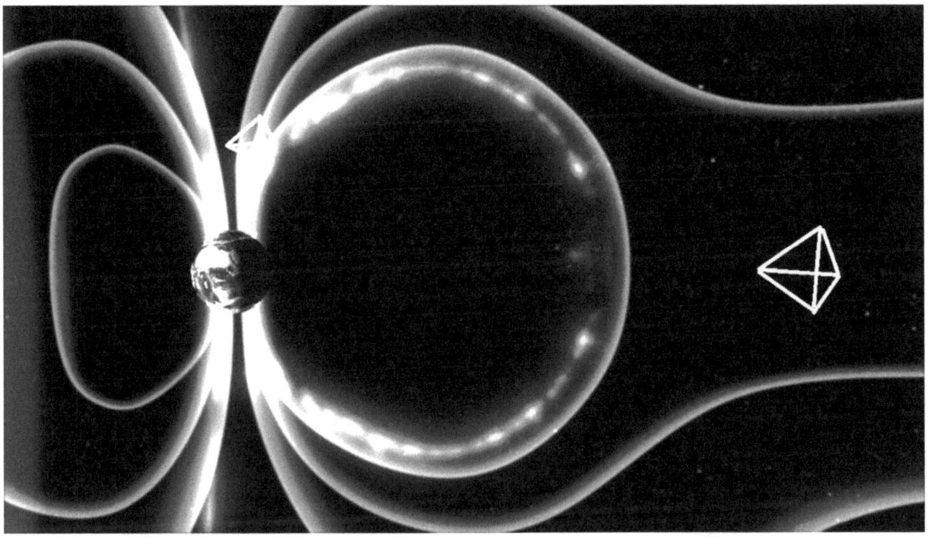

图 3-30　磁尾过渡区和极区的联合观测

3.2.3.8　地磁尾探测太阳帆飞行器星座

承担单位	上海宇航系统工程研究所		
负责人	景前锋	研究周期	2017.3—2017.9
学科领域	空间物理	任务平台	科学卫星
关键词	地磁尾、磁层亚暴、太阳帆		

任务概念：研制地磁探测太阳帆飞行器星座，由 8 颗分布在 6 个环绕地球飞行的轨道上的太阳帆飞行器组成，各太阳帆飞行器状态一致（图 3-31），在大尺度结构上对地磁尾进行地磁尾方向、晨昏方向、纬度方向等 3 个方向的联合立体探测，为地磁尾探测创造了极佳的探测条件。

研究内容：开展任务概念设计、有效载荷配置设计、星座方案设计、姿轨控一体化设计、飞行流程设计等。

成果产出：

1）地磁尾探测太阳帆飞行器星座任务概念深化研究报告。

研制地磁尾探测太阳帆飞行器星座的主要科学目标是探测磁尾和磁层顶的磁场重联现象，分析在亚秒时间分辨率下的等离子结构，研究太阳风对地球磁尾位形的控制和影响，研究磁尾电流片拍动的起源和运动方式。

其有效载荷包括等离子体探测包、粒子辐射探测器、磁通门磁强计、低频电磁波探测器、双球电场仪等。

2）代表性专利：

景前锋，王长焕，陈超云，等．一种用于地磁尾探测的太阳帆飞行器星座系统：CN201810267184.6［P］. 2018-11-16.

后续应用： 提出的太阳帆飞行器可扩展应用于太阳风暴探测、太阳极轨探测等空间科学计划。

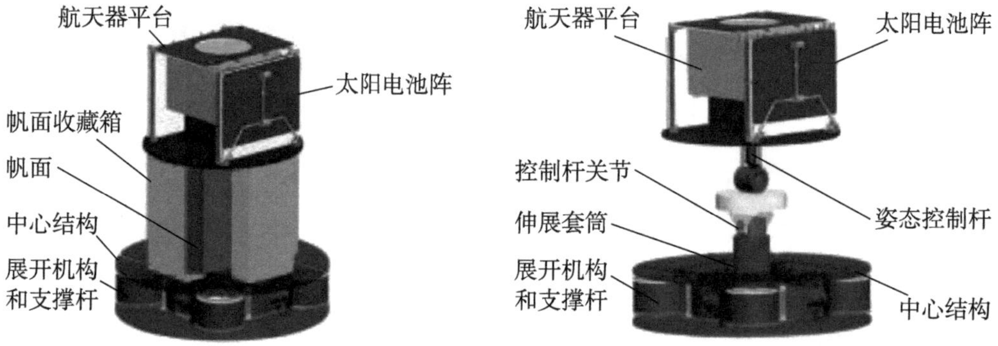

图 3-31　飞行器展开前

3.2.3.9　空间辐射小卫星计划

承担单位	中国科学院国家空间科学中心		
负责人	陈涛	研究周期	2017.3—2017.9
学科领域	空间物理	任务平台	科学卫星
关键词	空间辐射、中纬度中高轨道、卫星探测计划		

任务概念： 研制空间辐射小卫星，在特殊的轨道和特殊的姿态条件下始终观测太阳短波辐射的变化，以及近地空间的相对论电子辐射通量的投掷角变化，测量低能粒子密度以便确定等离子体波动的背景环境特征值，测量空间电磁场的分布和变化以便确定太阳活动对磁层全球性的波动的调控和局部暴发等。

研究内容： 开展空间辐射小卫星计划的观测方式、对应观测方式的最佳运行轨道、满足观测要求的有效载荷配置等研究。

成果产出：

1）空间辐射小卫星概念设计报告、空间辐射小卫星计划任务概念深化研究报告（图 3-32）。

空间辐射小卫星的主要科学目标是了解辐射带整体结构的动态变化、揭示中高轨道中纬度空间区域波动激发和传输以及波粒相互作用的过程、定量研究太阳活动改变近地空间辐射的环境变化等。

其有效载荷包括相对论电子测量仪器、磁强计、电场仪、低能粒子探测器、能量粒子探测器、能量粒子谱仪等。

图 3-32　七面五边形结构平台的后视图

2）代表性论文：

［1］Wu H，Chen T，Kalegaev V V，et al. Long-term dropout of relativistc electrons in the outer radiation belt during two sequential geomagnetic storms［J］. Journal of Geophysical Research：Space Physics，

2020，125（10）：1－15.

［2］李仁康，陈涛，王逌权，等．超低频波粒相互作用分析器［J］．地球物理学报，2017，60（7）：2513－2521.

3）代表性专利：

董伟，陈涛，罗静，等．一种卫星软伸杆同步释放装置：CN201810101340.1［P］．2018－8－28.

后续应用：该课题后续获得中国科学院“空间科学”（二期）先导专项空间科学预先研究项目支持。

3.2.3.10 驱动辐射带高能粒子沉降的“微磁层卫星”概念

承担单位	北京卫星环境工程研究所		
负责人	彭忠	研究周期	2017.3—2017.9
学科领域	空间物理	任务平台	科学卫星/卫星搭载/空间站/探空火箭
关键词	范艾伦辐射带、高能粒子、微磁层卫星		

任务概念：研制一颗磁膨胀形成微磁层卫星，利用等离子体注入卫星携带的偶极场，使得卫星磁场膨胀，研究辐射带高能粒子加速及分布规律；利用微磁层卫星与高能电子的相互作用，在辐射带区域实现“人工降雨”的目标（主要为电子沉降）。

研究内容：开展三维磁流体力学（Magneto Hydro Dynamics，MHD）数值模拟研究，对微磁层膨胀过程采用 MHD 描述，具体模型采用 PPMLR 模型；在地面真空系统，对等离子体注入引起偶极场膨胀做了初步的演示试验。

成果产出：

1）驱动辐射带高能粒子沉降的“微磁层卫星”概念任务概念深化研究报告。图 3－33 所示，通过三维 MHD 数值模拟发现，随着等离子体的注入，微磁层内部等离子体数密度不断增加，从而使得微磁层不断膨胀，与背景地球磁场相互耦合，最终卫星携带的微磁层半径可超过 100 m。地面演示试验发现，螺旋波放电产生等离子体，会引起偶极磁场的小幅度膨胀。

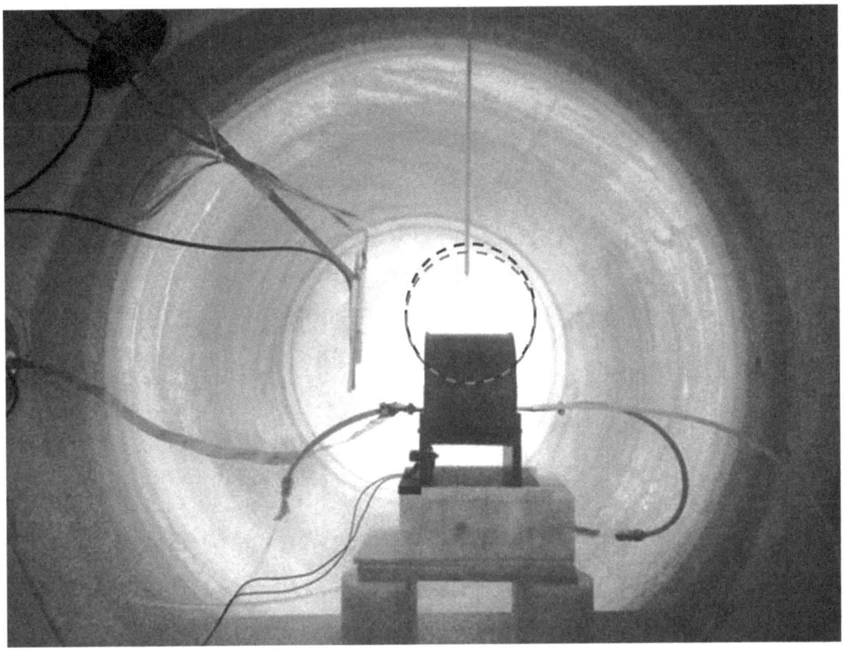

图 3-33 等离子体注入引起偶极场膨胀地面演示试验

2）代表性论文：

[1] Peng Z，Peng Y C，Ding L，et al. Global MHD simulation of the magnetic sail expansion by plasma injection，signal and information processing，networking and computers，LNEE628，2020：190-197.

[2] 彭忠 . 同步轨道卫星异常数据分析 [C]. 西昌：第三十届全国空间探测研讨会，2017.

后续应用：研究成果为后续的科学任务提供支持。

3.2.3.11 基于探空火箭的分布式空间探测机理研究与试验

承担单位	中国科学院国家空间科学中心		
负责人	杨震	研究周期	2017.3—2017.9
学科领域	空间物理	任务平台	探空火箭
关键词	探空火箭、分布式空间探测		

任务概念：利用探空火箭进行搭载试验，搭载并释放被动微波辐射计等分布式载荷，开展科学研究与方法验证。设计论证具有较大运载能力的探空火箭

系列，实现箭上服务设备一体化、姿态控制系统和回收系统。

研究内容： 开展基于探空火箭平台的分布式微波辐射计、声场成像等机理研究，支持分布式探测的探空火箭平台分析，利用探空平台开展分布式探测实验的实验方案设计。

成果产出：

1）基于探空火箭的空间探测机理研究与试验报告、基于探空火箭的空间探测机理研究与试验任务概念深化研究报告。通过开展分布式被动微波空间探测机理研究，建立了目标域与空间域映射关系；通过开展分布式声源探测机理研究，验证了干涉式被动声成像机理；通过开展载荷分离释放装置分析（图 3-34），设计了适用于探空火箭箭头平台的分离载荷夹紧分离释放装置；通过开展可用于分布式空间探测的探空火箭平台设计，设计了可广泛应用于分布式空间探测的探空火箭平台。

图 3-34　分离载荷空间释放效果

2）代表性论文：

彭晓东．行星声学应用与技术探讨［C］．西昌：第三十届全国空间探测学术研讨会，2017.

3）代表性专利：

邓丽，杨宜，段然．一种基于被动微波干涉成像的运动点目标的检测方法：CN201710474149.7 [P]. 2019-12-17.

后续应用： 基于探空火箭的分布式探测平台可以广泛应用于空间环境探测、光学探测，以及支持超高速飞行器试验等领域。

3.2.4　行星科学

3.2.4.1　主带彗星多目标多任务空间探测计划

承担单位	中国科学院紫金山天文台		
负责人	季江徽	研究周期	2017.3—2017.9
学科领域	行星科学	航天器平台	科学卫星
关键词	主带彗星、起源与演化、太阳系起源		

任务概念： 主带彗星多目标多任务空间探测计划拟探测多颗具有重大科学价值的彗星，飞越探测一颗近地彗星、活动性小行星或木星族彗星，揭示小行星和彗星演化上的关联；伴飞附着探测一颗主带彗星，并对彗发和彗核采样返回，获取其表面形态和成分、彗核活动特性、分析水和有机组分等。

研究内容： 开展探测对象的遴选、轨道参数和发射轨道分析，以及主带彗星的地面观测研究。

成果产出：

1）主带彗星多目标多任务空间探测计划任务概念深化研究报告。主带彗星多目标多任务空间探测计划的主要科学目标是研究彗星的活动性与喷发机制，揭示彗星的形成与演化过程；通过探测彗核的水和有机组分，揭示地球的生命起源；评估彗星对地球的碰撞威胁。发现了新彗星 C/2017 E2 (Tsuchinshan)，这是第 4 颗以紫金山命名的彗星，如图 3-35 所示。

2）代表性论文：

Hu S C，Ji J H. Using Chebyshev polynomials interpolation to improve the computation efficiency of gravity near an irregular - shaped asteroid [J]. Research in Astronomy and Astrophysics，2017，17（12）：120.

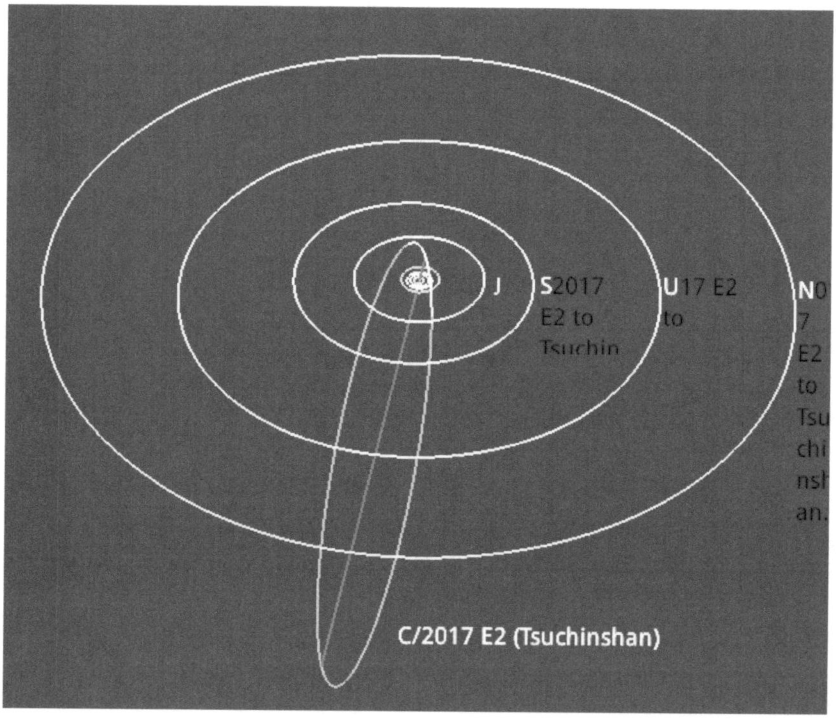

图 3 - 35　C/2017 E2（Tsuchinshan）轨道（J、S、U、N 分别是木星、土星、天王星和海王星）

后续应用：该课题的科学目标和探测方案牵引我国小天体深空探测计划（近地小天体采样返回和主带彗星环绕探测），所提出探测目标为候选主带彗星探测天体。

3.2.4.2　主小行星带的巡航探测

承担单位	中国科学院上海天文台		
负责人	黄乘利	研究周期	2017.3—2017.9
学科领域	行星科学	航天器平台	科学卫星
关键词	主带小行星、巡航探测、生命起源		

任务概念： 研制一颗飞行于火、木两星轨道间的探测器，对主带小行星进行长时期的巡航探测，将实现对大量主带小行星的近距离观测，获取主带小行星的海量信息，有利于更新现有的关于主带小行星的认知，为未来太阳系更远的柯伊伯带巡航探测计划奠定基础。

研究内容： 依据小行星带的天体分布情况（图 3－36），对探测器的轨道参数设定进行探讨；对探测器的探测过程进行数值模拟，得到模拟探测的结果，重点分析探测器参数设定对结果的影响。

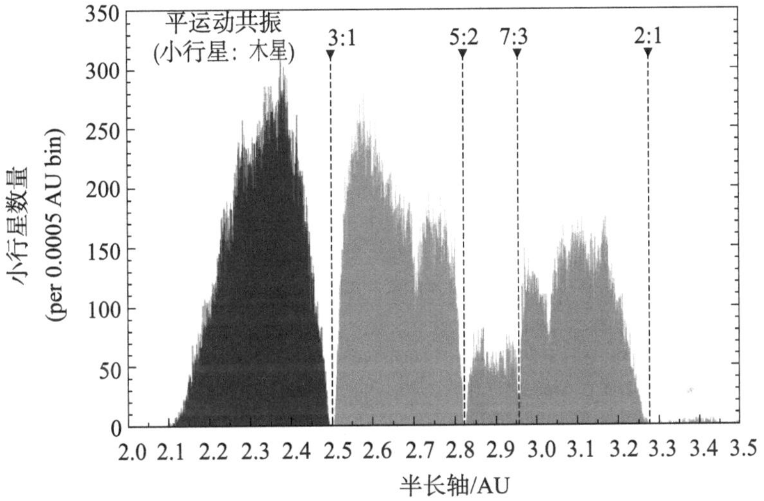

图 3－36　2.0～3.5 AU 间小行星分布直方图

成果产出： 主小行星带的巡航探测任务概念深化研究报告。

主小行星带的巡航探测任务的主要科学目标是建立一个大样本的主带小行星巡天数据库，研究水、有机物等在小行星带的分布情况，探测小行星的地质结构以及是否存在其他地质活动等。

其有效载荷包括大视场、高分辨率的 CCD 照相机，可见光和红外波段的光谱仪，伽马射线探测仪和中子探测仪，空间环境探测装置等。

后续应用： 为后续巡航探测的开展或其他类似的小行星探测提供相应的参考。

3.2.4.3　火星近地表电场和生命痕迹探测

承担单位	山东大学（威海）		
负责人	凌宗成	研究周期	2017.3—2017.9
学科领域	行星科学	航天器平台	科学卫星
关键词	火星近地表、电场和生命痕迹、火星着陆器		

任务概念：研制火星近地表电场和生命痕迹探测器，实施一次火星着陆探测任务，填补火星地表电场测量的空白，搜寻火星生命存在的证据。轨道器负责雷达成像和通信，着陆器将着陆于火星赤道附近富含水（冰）的区域，通过就位分析研究火星大气放电现象和次表层潜在的生命，为人类移居火星奠定基础。

研究内容：开展火星近地表电场和生命痕迹探测方案设计；初步研制相关电场载荷，利用火星舱开展火星模拟环境下的放电实验（图 3－37）；遴选火星着陆器的着陆区。

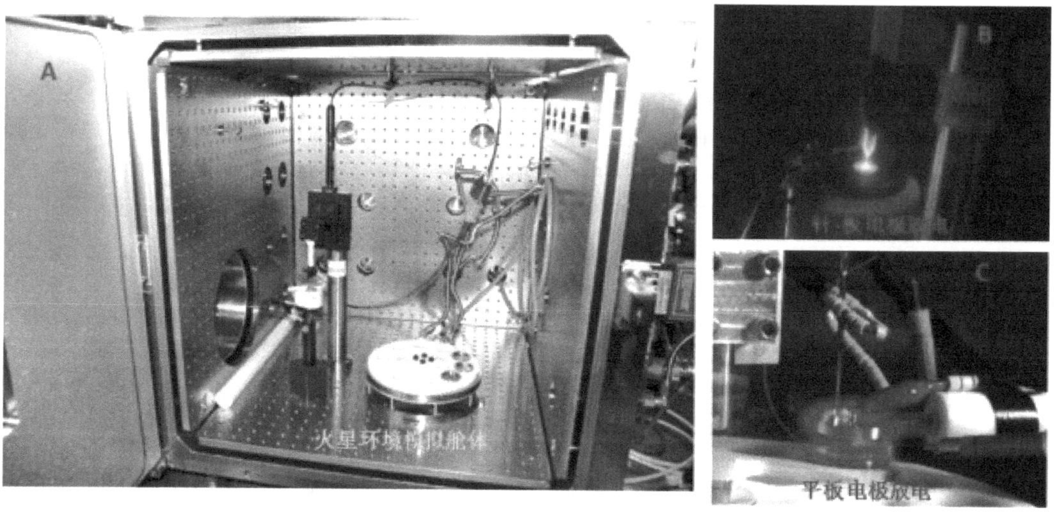

图 3－37　火星环境模型系统与放电实验

成果产出：

1）火星近地表电场和生命痕迹探测任务概念深化研究报告。

火星近地表电场和生命痕迹探测任务的主要科学目标是探测火星近地表电场、火星赤道 H 富集区域次表层水（冰）和生命痕迹。

其有效载荷包括电场仪、全景多/高光谱相机、钻机、质谱仪、拉曼光谱仪、LIBS 光谱仪和气象站。

2）代表性论文：

凌宗成．火星遥感探测 OMEGA & CRISM [C]．贵州：第二届地球与行星科学青年论坛暨 2017 火星科学暑期短训班，2017.

3）代表性专利：

凌宗成，武中臣，张江，等．火星环境模拟实验装置及实验方法：CN201710491009.0 [P]．2020-11-03.

后续应用：火星电场及生命痕迹的成功探测技术可以运用到其他天体的研究。

3.2.4.4　水的起源探测

承担单位	中国科学院地球化学研究所		
负责人	李雄耀	研究周期	2017.3—2017.9
学科领域	行星科学	航天器平台	科学卫星
关键词	水起源、太阳风、类地行星		

任务概念：水的起源探测主要拟解决硅酸盐尘埃颗粒在太阳风作用下形成水的问题、注入过程和吸积受热过程中的氢同位素分馏问题、太阳系早期的氢同位素组成问题等。为了获得在轨实验后的样品和收集宇宙尘，任务采用返回式在轨探测，探测轨道在拉格朗日 L1 点附近。

研究内容：开展标准矿物太阳风辐射实验、宇宙尘收集实验、太阳风组分测量实验和太阳风粒子采集实验。

成果产出：

1）水的起源探测任务概念深化研究报告。本课题完成了硅酸盐矿物中太阳风成因水的状态和含量研究、太阳风成因水的热稳定分析、PSRs 水冰的热稳定分析、氢同位素变化特征（图 3-38）、水的起源初步探讨。

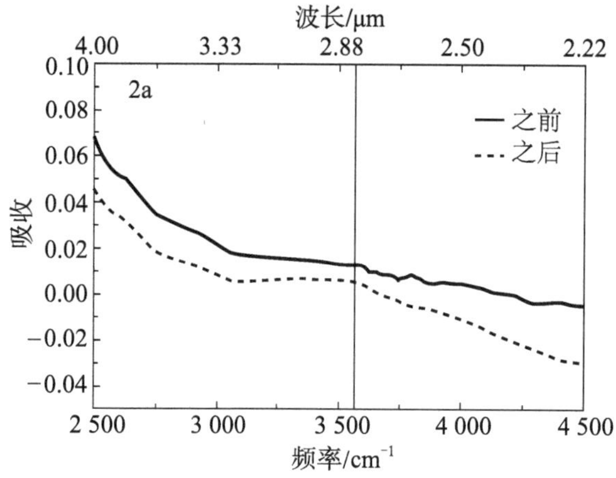

(a) 橄榄石在氢离子注入前后的红外光谱

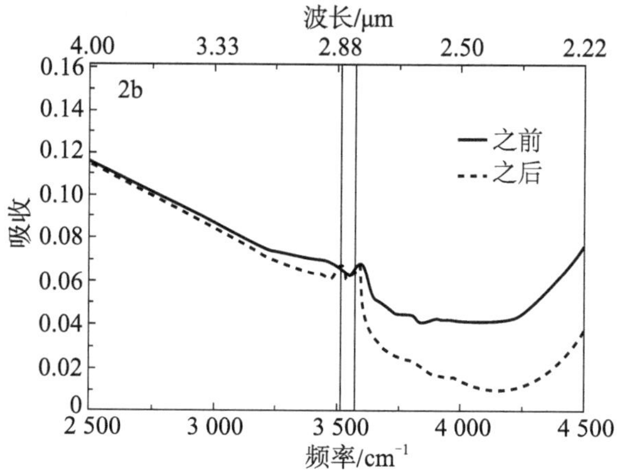

(b) 斜方辉石在氢离子注入前后的红外光谱

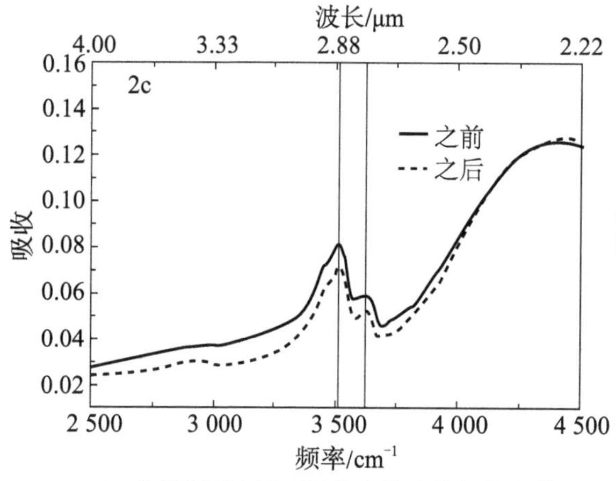

(c) 单斜辉石在氢离子注入前后的红外光谱

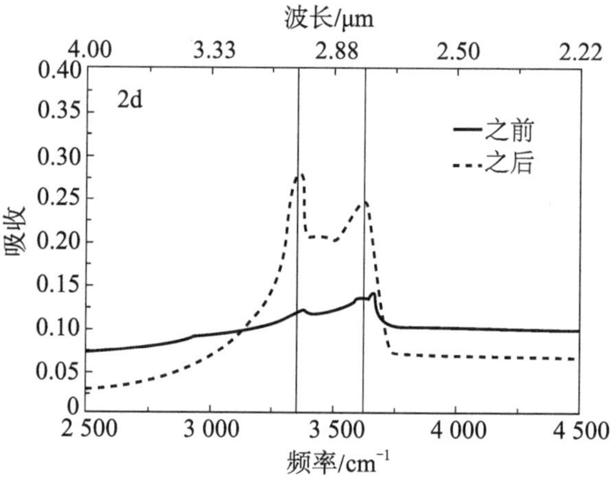

(d) 斜长石在氢离子注入前后的红外光谱

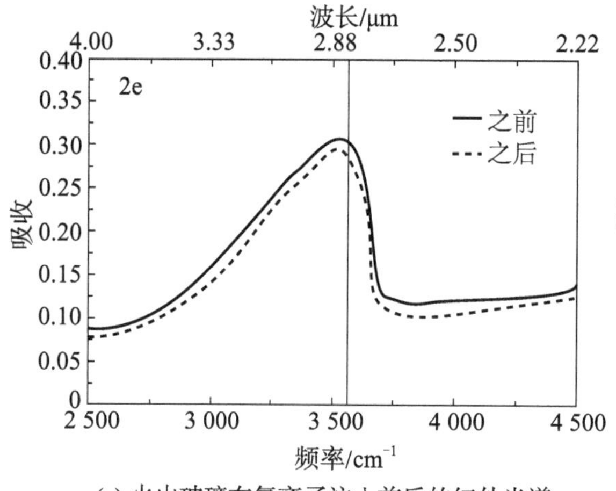

(e) 火山玻璃在氢离子注入前后的红外光谱

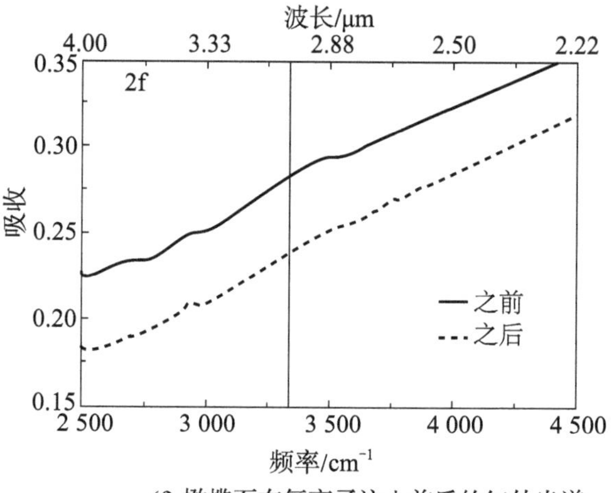

(f) 橄榄石在氦离子注入前后的红外光谱

图 3-38　氢离子和氦离子注入前后的红外光谱（3 300～3 700 cm^{-1}波段的吸收强度变化说明氢离子注入在不同矿物中形成的水存在差异）

2）代表性论文：

[1] Zeng X, Tang H, Li X, et al. Experimental investigation of OH/H_2O in H^+-irradiated plagioclase: implications for the thermal stability of water on the lunar surface [J]. Earth and Planetary Science Letters, 2021, 560 (1): 116806.

[2] Tang H, Li X, Zeng X, et al. Experimental investigation of structural OH/H_2O in different lunar minerals and glass via solar-wind proton implantation [J]. Icarus, 359, 114322. DOI: 10.1016/j.icarus.2021.114322.

后续应用：为后期太阳系水的起源探测的方案设计以及相关载荷设计提供依据和参考。

3.2.4.5　月球表层温度变化监测

承担单位	中国科学院地球化学研究所		
负责人	唐红	研究周期	2017.3—2017.9
学科领域	行星科学、空间地球科学	航天器平台	科学卫星/卫星搭载/空间站/探空火箭
关键词	月球表层温度、太阳辐射强度、在轨监测		

任务概念：利用微波和红外辐射计对月球表层温度和太阳辐射强度进行在轨监测，建立月球表面不同深度温度变化对太阳辐射强度变化的响应关系，获取几十至几百年时间范围内的太阳辐射强度变化信息和月球内部热流信息。

研究内容：开展 CE-1/2 微波探测数据热流信息、太阳活动信息解译研究，月球表面物质热力学和介电性质实验研究，月球表层温度剖面微波探测方案设计与验证试验研究等。

成果产出：月球表层温度变化监测任务概念深化研究报告。本课题完成了月表物质热导率（图 3-39）、次表层温度解译、月表物质热扩散系数等研究。研究结果表明，月表热导率较大区域主要分布在风暴洋、静海的大部分区域以及澄海和酒海的部分区域；月球次表层温度的分布变化主要受纬度影响；月表热扩散系数的不均一分布很好地解释了月表亮温昼夜变化的不一致性。

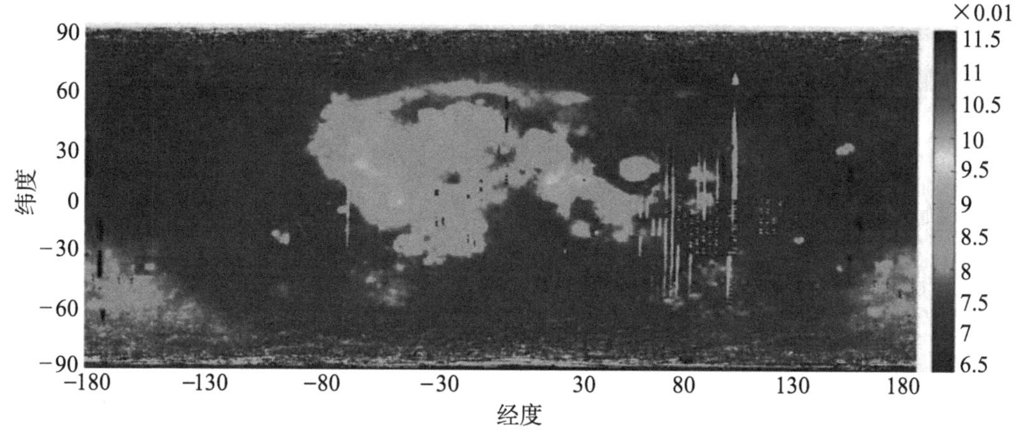

图 3－39　温度为233 K时月壤热导率分布（见彩插）

后续应用： 为后续月球表层温度变化监测任务提供了输入。

3.2.4.6　月球洞穴探测

承担单位	中国地质大学(武汉)		
负责人	肖龙	研究周期	2017.3—2017.9
学科领域	行星科学	航天器平台	科学卫星/深空探测器
关键词	洞察月球、月球洞穴、洞穴智能机器人、月球基地		

任务概念： 研制月球洞穴探测器，采用环绕器＋着陆器＋月球车＋机器人联合探测方式，对月球熔岩管开展综合探测。熔岩管洞穴是航天员月面活动的天然庇护所，也是月球表面最适合建立月球基地的场所，为未来人类移民月球奠定基础。

研究内容： 对美国LRO和日本SELENE环绕器目前的洞穴探测数据进行统计；围绕塌陷熔岩管洞穴就位探测，提出联合探测方案（图3－40），以及对探测器有效载荷初步规划。

成果产出：

1）月球洞穴探测任务概念深化研究报告。本课题总结了熔岩管探测的应用价值和科学意义，提出了围绕塌陷熔岩管洞穴采用环绕器＋着陆器＋月球

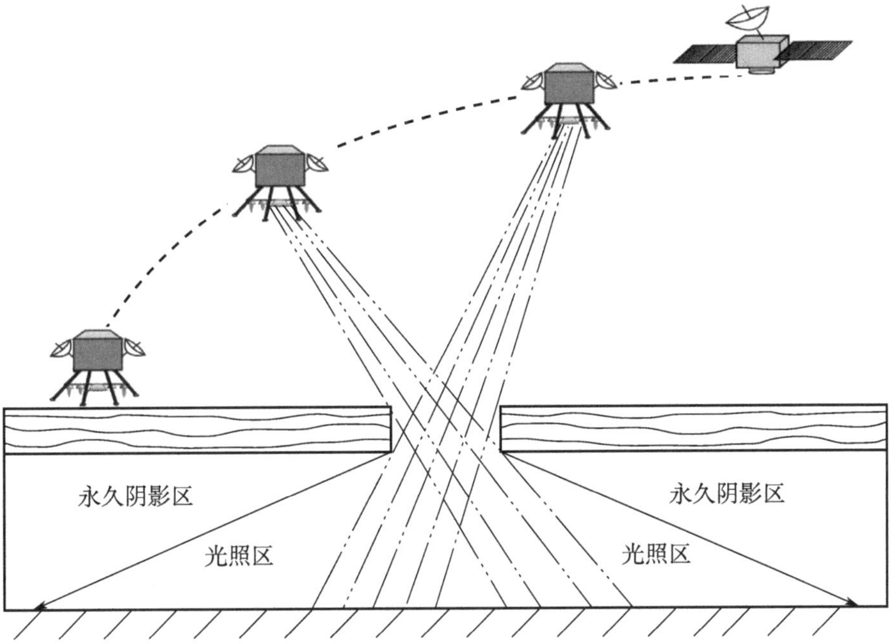

图 3-40　着陆器的降落相机对塌陷熔岩管近距离探测

车＋洞穴机器人联合探测的就位探测方案，给出了每个探测器的初步有效载荷配置。

2）代表性论文：

肖龙，黄俊，赵佳伟，等．月面熔岩管洞穴探测的意义与初步设想［J］．中国科学：物理学－力学－天文学，2018，48（11）：87－100。

后续应用：该设想被纳入未来载人月球探测和国际月球科研站等建设的论证内容，对熔岩管剖面和内部环境的探测方案正在深化论证中。

3.2.4.7　对地全球斯托克斯成谱成像遥感观测

承担单位	中国科学院云南天文台		
负责人	屈中权	研究周期	2017.3—2017.9
学科领域	行星科学	航天器平台	卫星搭载
关键词	系外行星、斯托克斯成谱成像、遥感观测		

任务概念：对地球拍摄实时多波段辐射强度和偏振（斯托克斯）光谱信息

的“全球快照”，建立起用于证认系外类地行星所需要的“指纹”信息库。利用小卫星搭载有效载荷，在拉格朗日 L1 点相对静止不动或者月球基地观测，对地球进行全球每间隔约一小时偏振成谱成像遥感观测。

研究内容：开展望远镜的设计和验证，以及杂散光分析、探测方式、载荷分析、运行轨道和位置、望远镜目标搜寻和跟踪技术、偏振和光谱定标等分析研究。

成果产出：

1）对地全球斯托克斯成谱成像遥感观测任务概念深化研究报告。本课题完成了望远镜整体初步设计（图 3-41），包括光学、机械、电控等。对地斯托克斯成谱成像望远镜采用折射式望远镜，光学部分包括望远镜引导光学系统、准直系统、偏振测量系统和成像系统等，机械结构主要由集成仪器舱、机架转台、太阳能电源附属设备等组成。

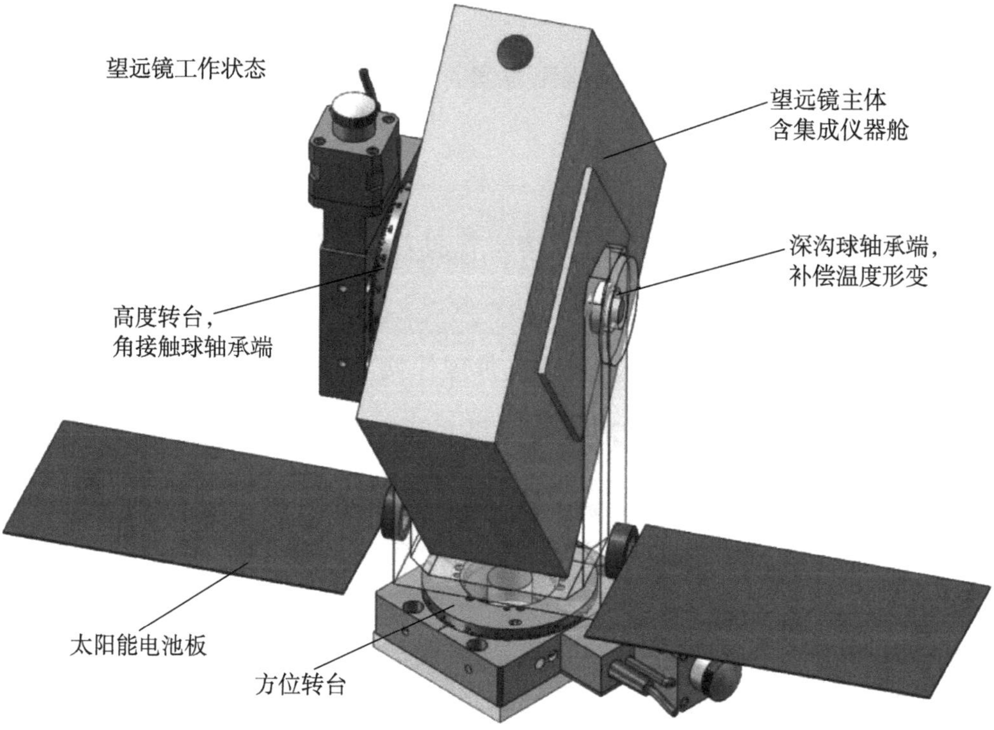

图 3-41　望远镜机械结构总体初步设计

2）代表性论文：

屈中权，行星磁场-类地行星探测，系外行星与生命探测卫星项目［R］．2017.4.11，特邀报告

后续应用：为后续对日地进行全球斯托克斯成谱成像遥感观测任务的立项实施提供基础。

3.2.4.8　木卫一勘察者

承担单位	中国地质大学（武汉）		
负责人	黄俊	研究周期	2017.3—2017.9
学科领域	行星科学	航天器平台	科学卫星（立方星）
关键词	木卫一、火山作用、内部结构		

任务概念：利用我国计划发射的木星系统探测器搭载并发射若干立方星探测器，聚焦木卫一火山作用、内部结构、浅部地壳地质特征等科学问题，有望解决行星地质领域的多项基本而重大的科学问题，提升深空探测飞行器控制水平。

研究内容：进一步凝练科学目标，优化木卫一勘察者的探测方案。

成果产出：木卫一勘察者任务概念深化研究报告。木卫一勘察者的主要科学目标是揭示类地行星火山喷发的物理过程、岩浆成分的变化范围、大型火山的活动特征、火山喷发柱的特征和形成机制等。运行轨道和有效载荷配置分为 3 类，分别是从木卫一临近空间下降至特定的活火山口，搭载热红外成像光谱仪（图 3－42）和相机；穿越正在活动的火山喷发柱，搭载质谱仪和尘埃探测器；分别沿经线和纬线方向以较低高度飞越木卫一表面，搭载磁力仪。

后续应用：为木卫一勘察者的立项实施提供了重要输入，也为我国其他深空探测任务提供一些思路。

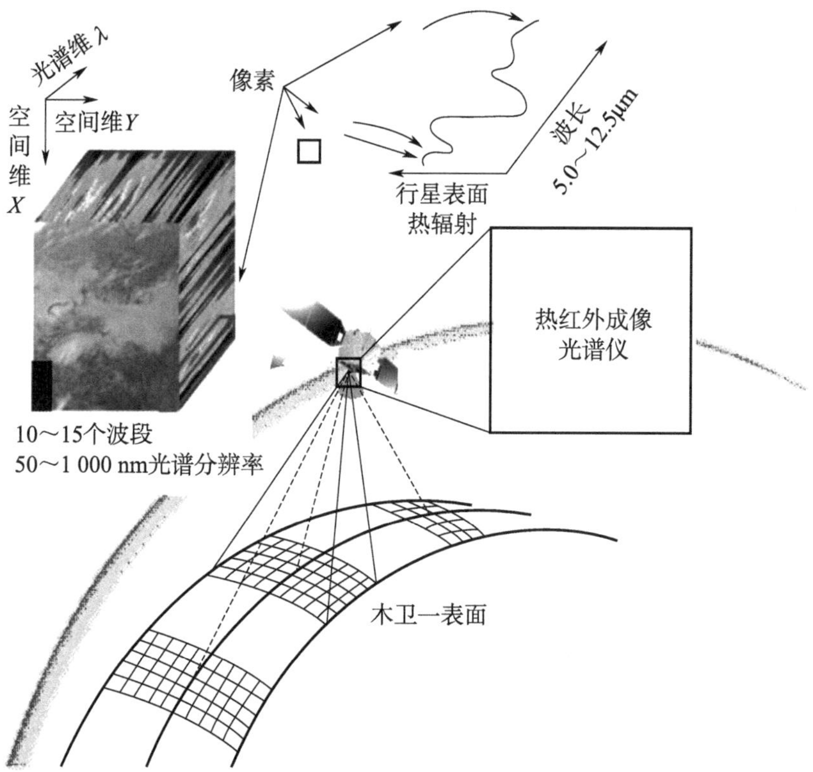

图 3-42　热红外成像光谱仪

3.2.5　空间地球科学

3.2.5.1　全球气候与大气成分监测科学实验卫星

承担单位	中国科学院大气物理研究所		
负责人	吕达仁	研究周期	2017.3—2017.9
学科领域	空间地球科学	航天器平台	科学卫星
关键词	全球气候、大气成分、观测系统		

任务概念： 研制全球气候与大气成分监测科学实验卫星星座，主要采用微波掩星、红外激光掩星和成像探测技术相结合的方式，获取全球大气的温压湿风垂直精细结构，以及多种大气成分的垂直与三维分布。

研究内容： 开展轨道构型及星座构型（图 3-43）、卫星平台等设计，以及微波掩星（LEO－LEO Microwave Occulation，LMO）探测仿真与反演技术研究、红外激光掩星（LEO－LEO Infrared Occulation，LIO）原理与探测技术研究等。

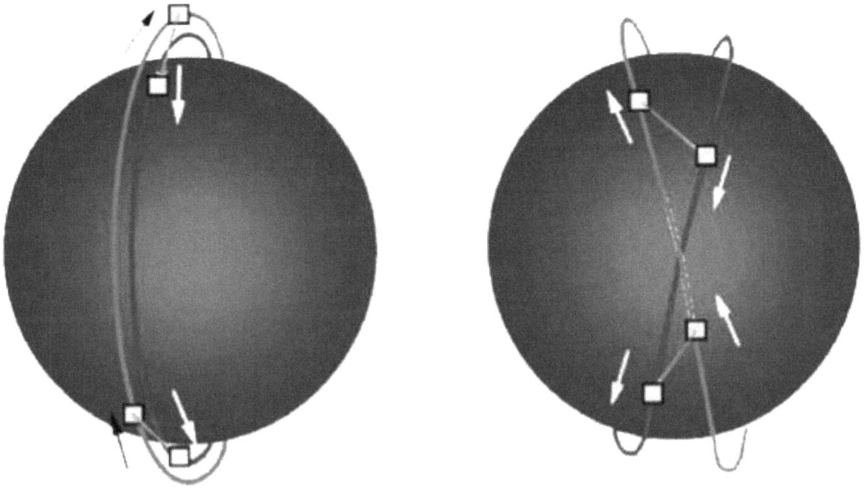

图 3－43　全球气候与大气成分监测科学实验卫星星座轨道构型

成果产出：

1）全球气候与大气成分监测科学实验卫星任务概念深化研究报告。

本课题初步形成了科学任务的总体方案，星座由 4 颗低轨小卫星组成，分为发射卫星和接收卫星两组，每组各 2 颗。

其有效载荷包括微波掩星探测仪、红外激光掩星探测仪和红外成像探测仪。

本课题研制了星载 LMO 掩星原理样机。

2）代表性论文：

Liu C L，Kirchengast G，Syndergaard S，et al. A review of low Earth orbit occultation using microwave and infrared－laser signals for monitoring the atmosphere and climate [J]. Advances in Space Research，2017，60（12）：2776－2811.

后续应用：该课题后续获得中国科学院战略性先导科技专项“空间科学”（二期）空间科学预先研究项目、空间科学背景型号项目，以及国家自然科学基金面上项目支持。

3.2.5.2 全球能量平衡观测卫星计划

承担单位	中国科学院遥感与数字地球研究所		
负责人	柳钦火	研究周期	2017.3—2017.9
学科领域	空间地球科学	航天器平台	科学卫星
关键词	全球能量平衡、地球系统辐射、人类活动		

任务概念： 研制全球能量平衡观测卫星，利用毫米波太赫兹观测技术，针对地球系统能量收支分配的不确定性，开展高时空分辨率成像、多角度观测，全波段、主被动、多模式观测，为全球气候变化研究提供数据和技术基础。

研究内容： 开展总体方案设计、卫星平台与轨道设计，明确有效载荷的任务要求、主要性能指标，并开展初步方案设计等。

成果产出：

1）全球能量平衡观测卫星计划任务概念深化研究报告（图 3 - 44）。

该科学卫星任务的主要科学目标是提出适用于地球能量平衡研究数据的新型观测模式，研发地球能量平衡及要素的反演方法，生产高精度地球能量平衡要素产品，解决全球变化研究热点问题。

其有效载荷包括宽幅多角度多光谱偏振成像仪、多角度多波段红外成像仪，以及毫米波太赫兹云探测仪。

2）代表性论文：

［1］Peng S，Wen J G，Xiao Q，et al. Multi - staged NDVI dependent snow - free land - surface shortwave albedo narrowband - to - broadband (NTB) coefficients and their sensitivity Analysis ［J］. Remote Sensing，2017，9 (1)：93.

［2］李彬，辛晓洲，张海龙，等．复杂地形云阴影识别［J］. 遥感学报，2017，21 (2)：263 - 272.

后续应用： 该课题后续获得中国科学院战略性先导科技专项“空间科学”

（二期）空间科学预先研究项目支持。

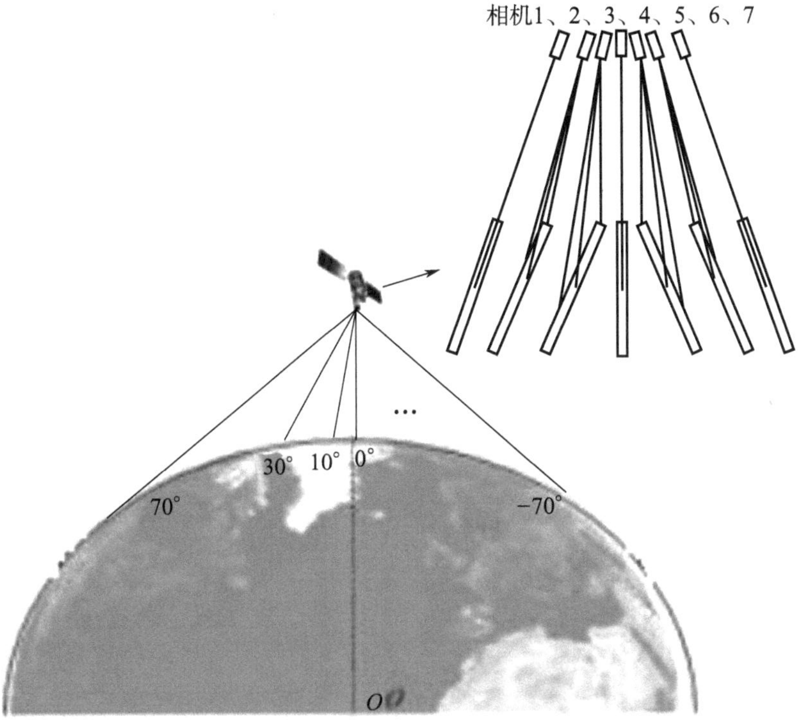

图 3－44　全球能量平衡观测卫星多角度探测原理

3.2.5.3　生物地球化学循环遥感综合观测与新型卫星背景型号预研

承担单位	中国科学院遥感与数字地球研究所		
负责人	牛铮	研究周期	2017.3—2017.9
学科领域	空间地球科学	航天器平台	科学卫星
关键词	生物地球化学循环、碳源汇、遥感观测		

任务概念：研制一颗生物地球化学循环遥感综合观测与新型卫星，探测全球陆地碳源汇分布特征，厘清陆地生态系统碳汇及其对全球变化的响应与反馈，为全球尺度碳循环模型的改进提供依据。

研究内容：开展理论模型模拟、有效载荷方案设计和原型试验。

成果产出：

1）生物地球化学循环遥感综合观测与新型卫星背景型号预研任务概念深化研究报告。

该科学卫星任务的主要科学目标是开展高精度森林火灾干扰状况制图、工业与能源消耗排放源的提取，探测陆地排放源时空分布；开展植被光能利用率、叶绿素含量、冠层结构和地上生物量等碳循环要素随时间变化的立体分布特征的监测。

它的有效载荷包括先进碳排放热源扫描仪和植被立体探测仪（图 3－45）。

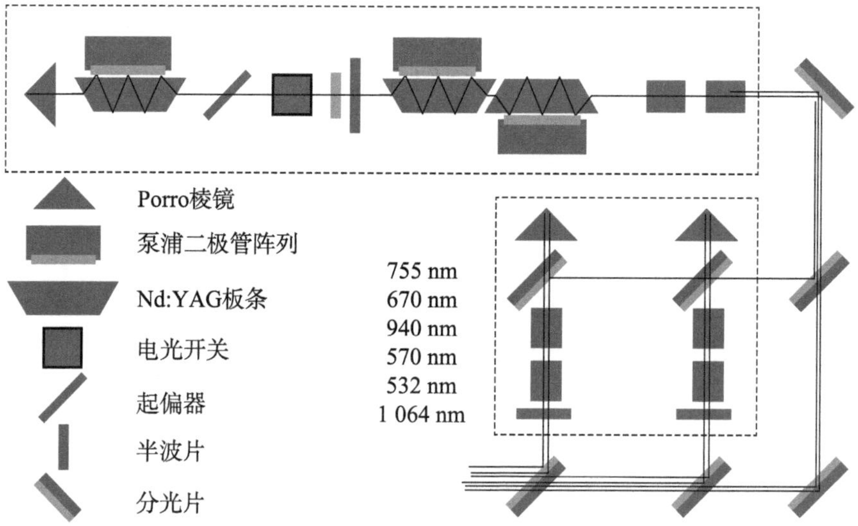

图 3－45　植被立体探测仪传感器设计

2）代表性论文：

[1] 高帅，牛铮，孙刚，等．高光谱激光雷达的植被生化组分垂直分布提取研究 [J]. 遥感学报，2018，22（5）：737－744.

[2] Bi K Y，Gao S，Niu Z，et al. Estimating leaf chlorophyll and nitrogen contents using active hyperspectral LiDAR and partial least square regression method [J]. Journal of Applied Remote Sensing. 2019，13（03）：1－14.

后续应用：该课题后续获遥感科学国家重点实验室科研仪器设备经费的支持，研制了地基植被立体探测仪载荷原型，开展了室内外植被探测试验。

3.2.6　空间基础物理

3.2.6.1　广义相对论中惯性拖拽效应的实验检验

承担单位	中国科学院数学与系统科学研究院		
负责人	刘润球	研究周期	2017.3 — 2017.9
学科领域	空间基础物理	航天器平台	科学卫星
关键词	广义相对论、惯性拖拽效应、实验检验		

任务概念：研制两颗全球同步地球轨道卫星，在星间构建绕地飞行的激光环路，通过锁相技术和相应的光路设计实现对相应信号的放大，以空间激光干涉读出正向和逆向的环路的差分相位信号，最终通过相应数据后处理方法实现主要科学目标。

研究内容：针对主要科学目标开展任务方案设计、载荷需求分析、测量原理及信号与噪声分析，以及次要科学目标的任务方案设计（图 3-46）。

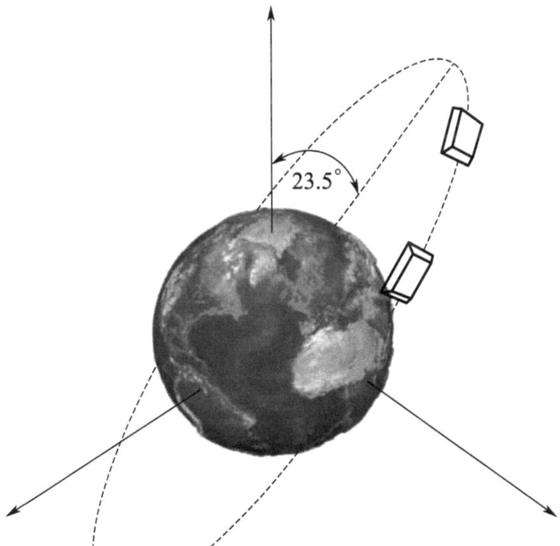

图 3-46　卫星轨道

成果产出：广义相对论中惯性拖拽（Frame - Dragging）效应的实验检验任务概念深化研究报告。

本任务主要科学目标为实现地球磁型引力场精度优于 1%的测量，以及引力相互作用中宇称破缺效应的实验性探测。

每颗卫星的有效载荷包括高精度外差空间激光干涉仪、时钟系统、三轴静电悬浮加速度计、星敏感器、GPS 信号接收机等。

两颗卫星以卫卫跟踪构型沿 1 000 km 地球近圆轨道飞行，星间距 200 km。

后续应用：对未来空间引力波探测验证卫星的设计起到指导作用，还将推动我国空间激光精密测量、无拖曳航天控制、微推技术等的发展，对重力卫星、等效原理的空间验证等项目也将提供支持和参考。

3.2.6.2 利用空间光钟开展时空结构测量的研究

承担单位	中国科学院国家空间科学中心		
负责人	苏建峰	研究周期	2017.3—2017.9
学科领域	空间基础物理	航天器平台	科学卫星/卫星搭载/空间站/探空火箭
关键词	低频引力波、光钟、汞离子钟		

任务概念：将一台高精度光钟放于地-月拉格朗日点，另一台小型化汞离子钟飞向深空，大约若干天文单位距离，超过所测量引力波的波长，开展持续比对，探测引力波和可能的暗物质引起的时钟快慢的变化。

研究内容：开展空间多普勒测量低频引力波技术方案设计（图 3 - 47）。

成果产出：利用空间光钟开展时空结构测量的研究任务概念深化研究报告。本课题提出了空间多普勒测量低频引力波技术方案，并初步分析了引力波探测精度，预计优于 10^{-20} 量级，可实现探测低频引力波。

后续应用：为后续空间低频引力波探测计划提供输入。

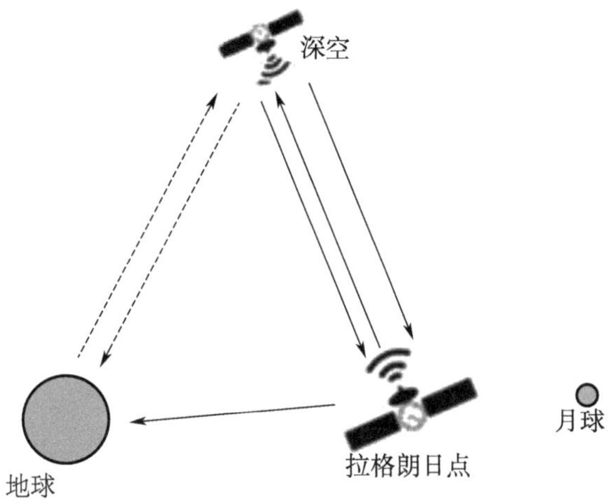

图 3-47　空间多普勒引力波实验

3.3　有效载荷前沿技术

3.3.1　太阳物理——日冕磁场的高精度测量研究

承担单位	中国科学院国家天文台南京天文光学技术研究所		
负责人	郭晶	研究周期	2017.3—2017.9
学科领域	太阳物理	任务平台	科学卫星
关键词	日冕磁场、偏振、近红外、液晶可变相位延迟器		

任务概念：将首次在空间平台利用近红外波段的日冕禁线（Fe XIII 1074.7 nm）实现对日冕磁场的高精度测量，研究成果有望与国际上 SDO 等卫星在极紫外波段获得的日冕磁场观测结果形成相互补充和交叉验证。

研究内容：开展基于液晶可变相位延迟器（Liquid Crystal Variable Retarders，LCVR）的近红外偏振测量（图 3-48）和基于内掩式透射光路的日冕观测两项关键技术攻关。

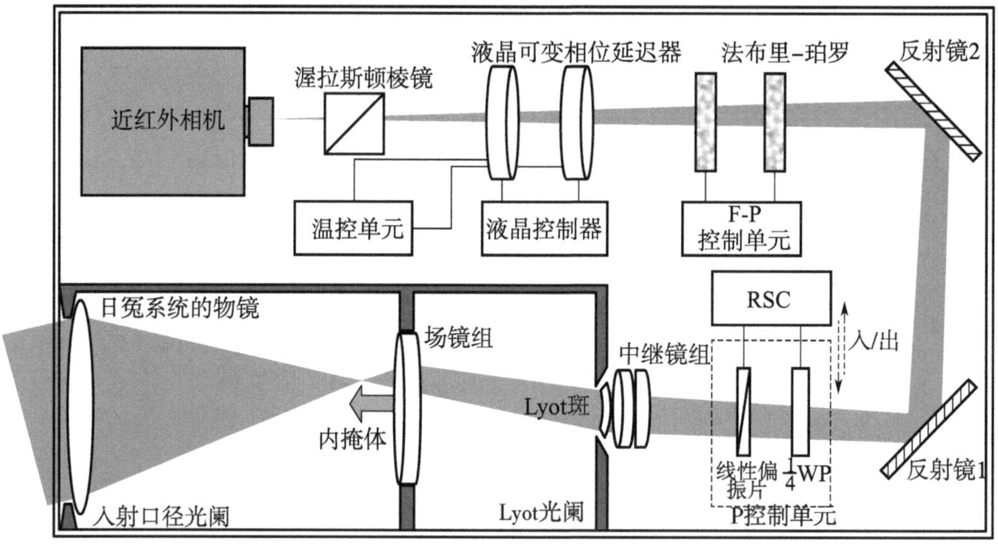

图3-48　基于空间平台的日冕磁场近红外偏振测量系统

成果产出：

1）太阳日冕磁场的高精度测量研究任务概念深化研究报告。空间平台可运行于地球同步轨道，通过精确测量1074.7 nm日冕禁线的光谱偏振信息（Stokes参数）来获取和分析日冕磁场强度。在相关技术攻关成果的基础上，日冕磁场空间近红外测量（Space-based Infrared Magnetic Field Measurement for Solar Corona，SIMC）关键技术将能够实现高偏振精度、高测量速度、良好的观测范围和杂散光抑制水平。

2）代表性论文：

Guo J，Ren D Q，Liu C C，et al. Design and calibration of a high-sensitivity and high-accuracy polarimeter based on liquid crystal variable retarders [J]. Research in Astronomy and Astrophysics，2017，17（1）：8.

后续应用： 该课题后续获得中国科学院“空间科学”（二期）先导专项空间科学预先研究项目支持，并于2021年利用我国地面望远镜对部分关键技术完成了前期测试、分析与验证，为未来基于空间科学卫星开展的日冕磁场观测研究奠定技术基础并铺平道路。

3.3.2　空间物理——中高层大气温度与重力波高光谱成像探测技术

承担单位	中国科学院合肥物质科学研究院		
负责人	罗海燕	研究周期	2017.3—2017.9
学科领域	空间物理	任务平台	科学卫星
关键词	中高层大气、重力波、高光谱成像		

任务概念：大幅宽分视场同时成像技术与空间外差干涉光谱技术相结合，获取高精度的中高层大气温度与重力波探测数据，丰富和完善全球气候模型。有望定量地回答全球中高层大气温度、重力波分布及其与大气活动的相互关系，加强人类对全球大气热力学和大气环流结构变化的理解和认识。

研究内容：开展分视场成像空间外差技术机理研究、试验装置设计及仿真、光谱稳定性和系统响应度机理研究。

成果产出：

1）中高层大气温度与重力波高光谱成像探测技术任务概念深化研究报告（图 3-49）。

本课题旨在利用大气环流模式中的重力波参量，解析参与光化学反应的大气组分密度、大气背景温度和大气动力学（重力波）结构的相互关系。

中高层大气温度与重力波高光谱探测仪包括柱面系统、准直系统、空间外差干涉仪、成像系统等。

2）代表性论文：

[1] 罗海燕，熊伟，施海亮，等．空间外差干涉光谱仪信噪比研究［J］．光学学报，2017，37（6）：110-116.

[2] Luo H Y，Fang X J，Xiong W，et al. Optical design and simulation of spatial heterodyne spectroscopy（SHS）for mesospheric temperature［C］：Delft，The Nethertande，October 16-18，2017.10.1007/978-3-319-96707-3-1. Springer Proceedings in Physics，v 209，p1-10，2018，4th International Symposium of Space Optical Instruments and Applications-2017.

后续应用： 该探测设备有望填补我国中高层大气探测星载微小型载荷空白，对诸多用户单位开展临近空间大气多参量探测、保障飞行器轨迹、精准着落等具有重要支撑作用。

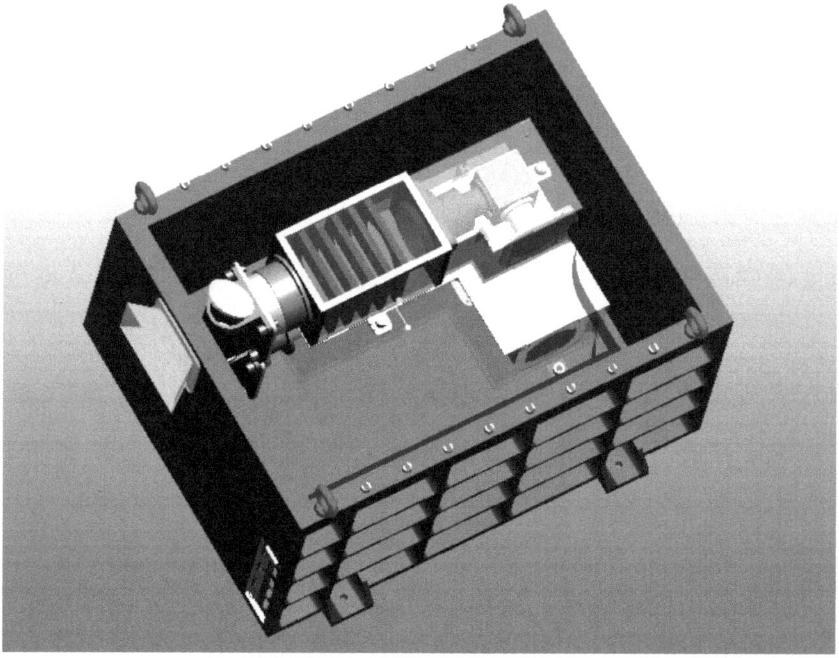

图 3－49 近红外重力波成像与中高层大气垂直廓线探测仪

3.3.3 行星科学——基于四旋翼无人机的火星三维磁场探测技术

承担单位	北京卫星环境工程研究所		
负责人	唐振宇	研究周期	2017.3—2017.9
学科领域	行星科学	航天器平台	卫星搭载
关键词	四旋翼无人机、火星三维磁场、精确测量		

任务概念： 基于四旋翼无人机的火星次表层磁异常探测技术，实现火星表面附近三维空间的探测和较大范围内磁场的测量，绘制三维空间内的磁力线分布，获得非常丰富的立体空间的数据，为后续火星无人机平台的研制奠定基础。

研究内容： 采用四旋翼无人机平台开展火星磁场三维探测的可行性研究，明确科学目标，针对总体参数进行建模和计算。开展动力系统、自主导航系统和小型化、轻量化磁场探测传感器关键技术攻关。

成果产出：

1）基于四旋翼无人机的火星三维磁场探测技术任务概念深化研究报告（图 3-50）。火星表面磁场的探测用于反演火星壳体中的地质分布状态，研究其内部结构，有助于分析火星历史上可能存在的产生行星磁场的磁流体发电机制；确定了无人机平台的总体参数、质量分配方案和分系统方案；突破了一系列技术难题，为无人机平台的实现和火星磁场的探测奠定了技术基础。

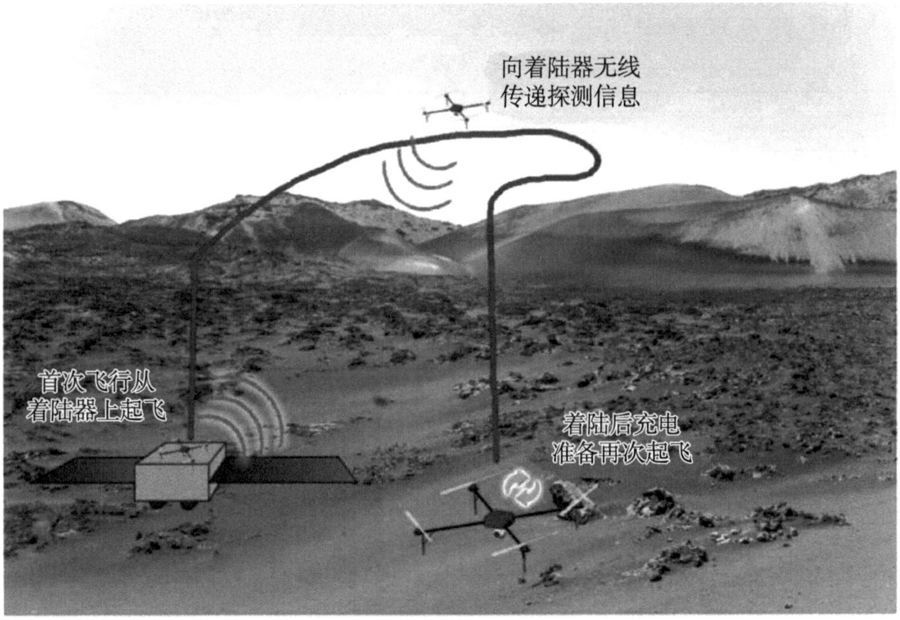

图 3-50　火星四旋翼无人机探测平台工作方式

2）代表性论文：

[1] 唐振宇．火星四旋翼无人机总体方案设计及关键技术研究［C］．西昌：第三十届全国空间探测学术研讨会．2017-08.

[2] Tang Z Y, Li H, Wang J F, et al. Design and test of the propulsion system of a Mars quadrotor UAV [C] //International Conference on Signal and Information Processing, Networking and Computers, 2019. In: Wang Y,

Fu M, Xu L, et al. (eds) Signal and Information Processing, Networking and Computers. Lecture Notes in Electrical Engineering, vol 628. Springer, Singapore.

后续应用：为后续火星无人机平台的研制、火星磁场三维探测的实现以及火星三维磁场数据在地质研究中的应用奠定了理论基础和工程技术基础。

3.4 空间环境下的科学实验

3.4.1 微重力科学

3.4.1.1 等效原理的空间检验实验

承担单位	中国科学院武汉物理与数学研究所		
负责人	詹明生	研究周期	2017.3—2017.9
学科领域	微重力科学	航天器平台	科学卫星
关键词	等效原理、空间检验、微重力环境		

任务概念：弱等效原理是广义相对论的理论基石之一，太空中微重力环境具有引力的本底大、环境扰动小、实验时间长等优势，为检验弱等效原理提供了理想的实验平台。

研究内容：提出微观原子检验、宏观物体检验、宏观旋转物体检验 3 个实验方案，针对各实验方案开展指标分析。

成果产出：

1）等效原理的空间检验实验任务概念深化研究报告（图 3－51）。

本课题提出了等效原理微观和宏观检验实验的方案，对实验过程和实验中的参数提出了明确的要求。

其有效载荷包括超冷双组分原子干涉仪载荷、静电差分陀螺-加速度计实验载荷、静电差分加速度计-激光外差干涉计实验载荷。

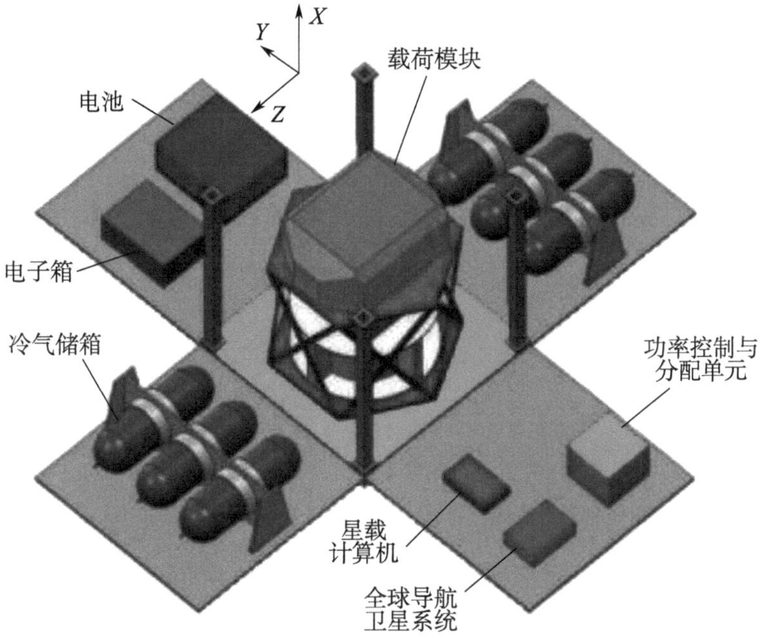

图 3－51　卫星星内布局

2）代表性论文：

Hu J G，Chen X，Fang J，et al. Analysis and suppression of wave front aberration phase noise in weak equivalence principle tests using dual－species atom interferometers [J]. Physical Review A，2017（96）：023618.

3）代表性专利：

方杰，陈曦，胡建功，等．一种用于冷原子干涉仪的集成化光学装置：CN201721119330.8 [P]. 2018－04－03.

后续应用：该课题后续获得中国科学院战略性先导科技专项“空间科学”（二期）空间科学预先研究项目支持。

3.4.1.2　燃烧科学前沿问题的空间微重力实验及地基预先研究

承担单位	中国科学院力学研究所、清华大学		
负责人	王双峰、张　海	研究周期	2017.3—2017.9
学科领域	微重力科学	航天器平台	科学卫星
关键词	湍流燃烧、煤的冷焰燃烧、微重力实验、地基预研		

任务概念： 针对湍流燃烧和煤的冷焰燃烧两大前沿问题，拟利用返回式卫星实验平台开展系列微重力实验，并进行相关的地基预先研究，以期在未来 10 年左右时间内获得燃烧科学的突破性认识。

研究内容： 凝练利用空间飞行器进行实验的科学问题，初步设计空间实验方案，识别关键技术，提出后续空间实验和地基预先研究的需求，形成较为完整的空间实验任务概念。

成果产出：

1）燃烧科学前沿问题的空间微重力实验及地基预先研究任务概念深化研究报告。空间实验拟利用新型返回式卫星进行，可重复使用次数不少于 15 次，从而大大节约实验成本，缩短实验周期。携带 2 台空间实验载荷，分别用于湍流扩散火焰和煤的冷焰燃烧研究（图 3－52），载荷设备可重复使用。预计共进行 6～7 次空间实验，实验内容循序渐进。

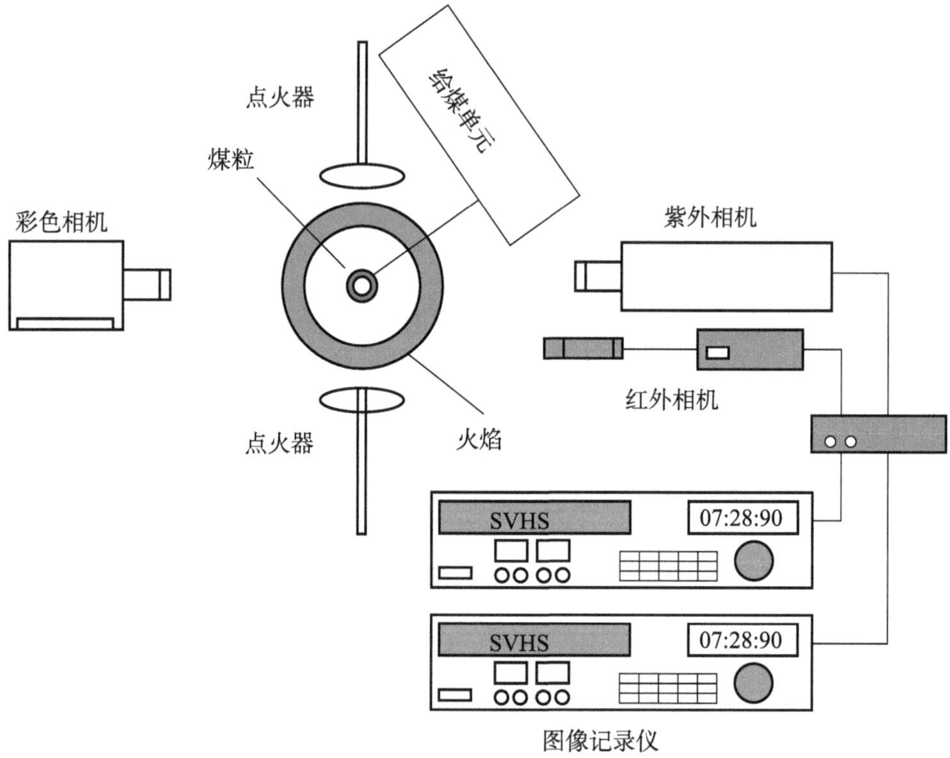

图 3－52　煤粒冷焰燃烧的实验段和测量装置

2）代表性论文：

[1] Li D，Wang S F，Wang Q. Experimental investigation of buoyant laminar jet diffusion flames in an inverted configuration [J]. Microgravity Science and Technology，2018，30（6）：877－883.

[2] 李丹，王双峰．浮力效应对射流扩散火焰转捩特性影响的实验研究 [J]. 空间科学学报，2018，38（2）：227－233.

后续应用：“湍流扩散火焰的结构特性、稳定机理及污染物生成过程”和“煤冷焰燃烧的基础研究”作为微重力燃烧科学优先发展方向，列入中国学科发展战略《空间科学》（科学出版社，2019）。微重力湍流火焰研究得到国家重点研发计划项目支持。

3.4.1.3　长时间高温液滴挥发及液滴冷火焰系列微重力研究

承担单位	清华大学		
负责人	刘有晟	研究周期	2017.3—2017.9
学科领域	微重力科学	航天器平台	空间站
关键词	液滴冷火焰、高温液滴挥发、微重力燃烧		

实验简介：针对冷火焰及高温液滴和液滴群挥发实验，通过数值模拟得到冷火焰的引燃和模态转变条件、主要的反应路径等，为未来探索喷雾冷火焰在发动机中的应用提出合理的理论模型。

研究内容：基于一维的液滴（群）燃烧数值模拟方法，对不同的冷火焰形成条件展开初步的模拟（图 3－53），包括温度压力相图边界和冷火焰模态转变。

成果产出：

1）长时间高温液滴挥发及液滴冷火焰系列微重力研究任务概念深化研究报告。本课题模拟了在高温蒸发条件下以及室温直接引燃条件下冷火焰的稳态发展，得到冷火焰总体反应路径、液滴冷火焰的引燃过程、火焰结构、传热分析、温度分布、主要的燃烧产物等初步结果。

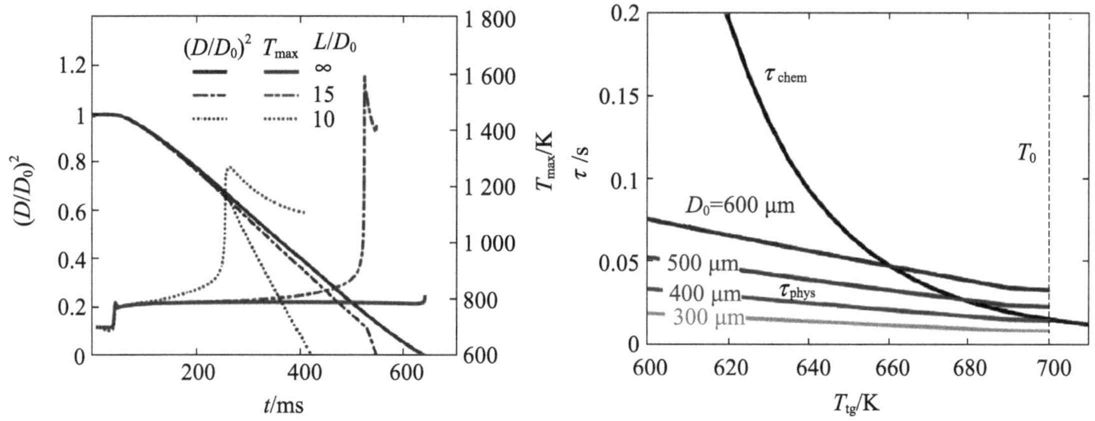

(a) 液滴多火焰模态　　(b) 物理化学竞争关系

图 3 - 53　液滴多火焰模态和物理化学竞争关系（见彩插）

2）代表性论文：

Zhou H，Zhang W，Liu Y C. A cell model analysis for droplets inside non - dilute n - heptane droplet clouds near autoignition limit [C]. International Journal of Heat and Mass Transfer 175. 121189. 10. 1016/j. ijheatmassfransfer. 2021. 121189.

后续应用： 为持续发展液滴冷火焰的实验条件以及侦测手段提供了可靠的依据，对进一步发展单液滴冷火焰理论或者喷雾中的稳态液滴冷火焰模型有指标性的作用。

3.4.1.4　微重力下金属材料快速熔凝过程中的基础科学问题

承担单位	中国科学院重庆绿色智能技术研究院		
负责人	段宣明	研究周期	2017.3—2017.9
学科领域	微重力材料科学	航天器平台	卫星搭载/空间站
关键词	微重力、金属材料、快速熔凝、基础科学问题		

实验简介： 利用近地轨道科学卫星平台长时微重力条件，研究重力影响凝固过程热输运及熔体对流物理机制，探究微重力对金属快速凝固过程晶核形成、固液界面行为、材料组织结构影响等规律，为微重力环境制备高性能、新

型材料奠定基础。

研究内容： 开展微重力金属材料快速熔凝实验关键技术分析、实验有效载荷方案设计，以及金属材料快速熔凝过程地面前期准备性科学实验研究（图 3－54）。

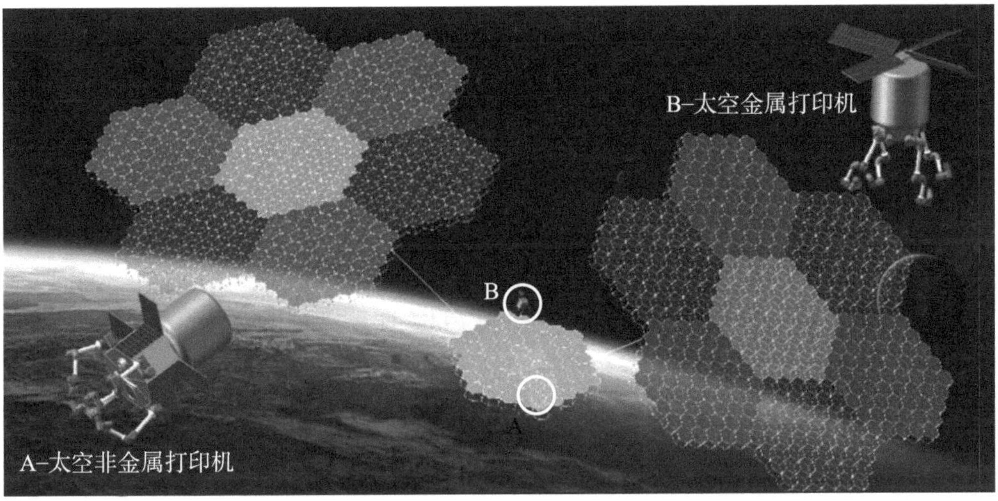

图 3－54　空间制造中心与空间基地拓展建设概念

成果产出：

微重力下金属材料快速熔凝过程中的基础科学问题任务概念深化研究报告。本课题创新性地提出了环列式激光金属丝材料熔化技术，完成了微重力金属材料快速熔凝原理样机研制；提出了可实现微重力条件下金属材料快速熔凝过程关键物理参数原位、实时探测的科学实验载荷方案；提出了空间在轨制造中心与空间基地拓展建设概念，发展空间在轨制造能力、建设空间制造中心。

后续应用： 该课题后续获得中国科学院战略性先导科技专项“空间科学”（二期）空间科学预先研究项目支持。本课题成果被纳入“科技创新 2030 重大项目——深空探测及空间飞行器在轨服务与维护系统”。

3.4.1.5 7XXX 超高强铝合金凝固动力学及关键影响因素研究

承担单位	中国科学院金属研究所		
负责人	江鸿翔	研究周期	2017.3—2017.9
学科领域	微重力科学	航天器平台	科学卫星/卫星搭载/空间站/探空火箭
关键词	7XXX 铝合金、凝固机理、制备技术		

实验简介：对 7XXX 铝合金开展定向/连续凝固实验，并结合深入的建模与模拟研究，揭示 7XXX 铝合金凝固热力学与动力学特性，为有效控制 7XXX 铝合金凝固过程与组织奠定理论基础。

研究内容：建立 7XXX 铝合金凝固过程模型，模拟研究 7XXX 铝合金凝固过程以及稳恒磁场、微量化合物形成元素等对合金凝固过程的影响。

成果产出：

1）7XXX 超高强铝合金凝固动力学及关键影响因素研究任务概念深化研究报告。本课题建立了细化处理条件下 7XXX 铝合金凝固组织演变过程模型（图 3－55），研究了 7XXX 铝合金地面定向/连续凝固行为及凝固速度、稳恒磁场、微量表面活性元素、微量化合物形成元素（Ti、B、C 等）和细化方式等的影响。

2）代表性论文：

[1] Sun Q，Jiang H X，Zhao J Z，et al. Microstructure evolution during the liquid－liquid phase transformation of Al－Bi alloys under the effect of TiC particles [J]. Acta Materialia，2017（129）：321－330.

[2] Jiang H X，Sun Q，Zhang L L，et al. Al－Ti－C master alloy with nano－sized TiC particles dispersed in the matrix prepared by using carbon nanotubes as C source [J]. Journal of Alloys and Compounds，2018（748）：774－782.

后续应用：该课题后续获得中国科学院战略性先导科技专项“空间科学”（二期）空间科学预先研究项目支持。

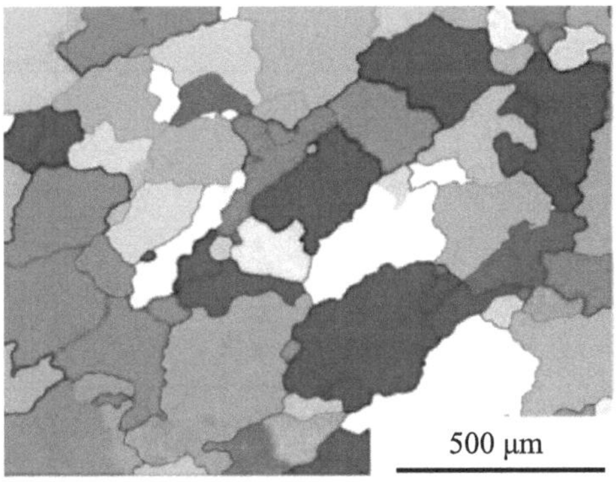

(a) 细化剂添加量0.05 wt%的实验结果

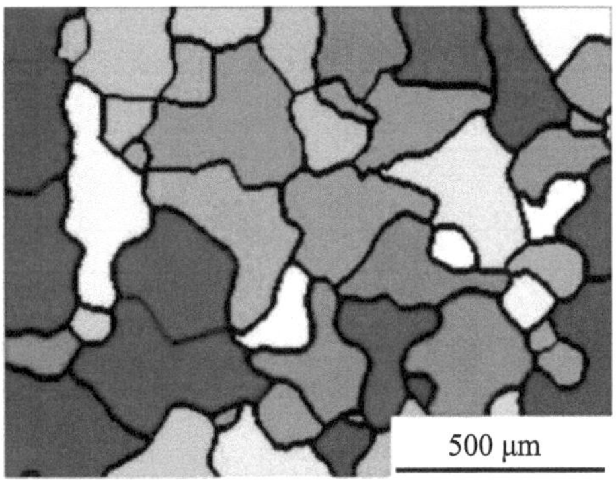

(b) 细化剂添加量0.05 wt%的模拟结果

(c) 细化剂添加量0.2 wt%的实验结果

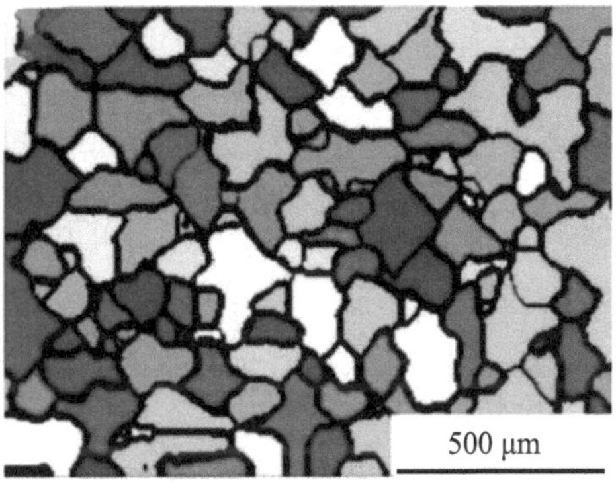

(d) 细化剂添加量0.2 wt%的模拟结果

(e) 细化剂添加量0.3 wt%的实验结果

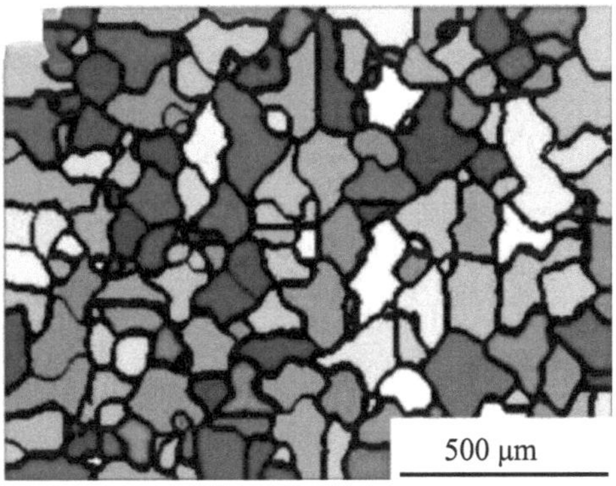

(f) 细化剂添加量0.3 wt%的模拟结果

图 3－55　细化处理下 Al－6.9 wt%Zn－2.7 wt%Mg－2.2 wt%Cu 合金凝固组织形貌的实验结果和模拟结果

3.4.1.6　二维原子晶体黑磷的空间制备

承担单位	武汉大学		
负责人	丰敏	研究周期	2017.3—2017.9
学科领域	微重力科学	航天器平台	卫星搭载
关键词	二维原子晶体、黑磷单晶、化学气相传输法		

实验简介： 利用空间微重力条件，采用闭管化学气相传输法进行黑磷基二维原子晶体的生长研究，从原子尺度上理解并得到控制晶体生长和缺陷形成的关键参数，得到大面积和高质量的黑磷单晶，为我国空间长时间微重力实验平台制备新型二维晶体材料提供技术和知识储备。

研究内容： 采用化学气相传输方法，生长高质量和大尺寸的黑磷原子晶体材料；通过气相生长引入其他元素原子，以得到理论预测的新型黑磷基奇异量子材料；利用得到的大尺寸高性能的黑磷晶体材料研发新型黑磷基量子光电器件等。

成果产出：

1）二维原子晶体黑磷的空间制备任务概念深化研究报告。地面重力环境利用化学气相沉积（Chemical Vapor Transport，CVT）方法生长黑磷单晶及通过化学掺杂调制探索制备理论预测的新型黑磷基原子晶体的实验研究，结果表明闭管 CVT 是一种生长黑磷晶体的有效方法（图 3－56），开展二维原子晶体黑磷的空间制备研究，实验方案科学可行。

2）代表性论文：

Guo H L，Cui X X，Zhou W Q，et al. Linear scanning tunneling spectroscopy over a large energy range in black phosphorus［J］. Journal of Applied Physics，2018（124）：045301.

后续应用： 初步建立原子晶体材料设计、制备的优化参数数据库和计量学，为空间材料物理和空间应用材料技术研发提供知识储备；实现大尺寸高质量黑磷单晶的制备，为研发黑磷基量子光电器件（如室温高性能红外探测器）

提供完美材料。

图 3 - 56　闭管化学气相传输法生长的黑磷单晶

3.4.1.7　基于地面-空间站频率信号链路的高精度引力红移实验检验

承担单位	武汉大学		
负责人	申文斌	研究周期	2017.3—2017.9
学科领域	微重力科学	航天器平台	空间站
关键词	空-地频率信号链路、高精度、引力红移		

实验简介： 测量空间站时频信号传递到地面接收站之间的引力红移，利用空间站高精度时频信号建立空-地频率信号链路模型，以更高的精度水平检验引力红移效应，拓展广义相对论应用范围，催生高精度测定重力位新方法。

研究内容： 研究测量空间站与地面站之间引力红移效应的方法，设计实验方案，评估测量精度水平。

成果产出：

1）基于地面-空间站频率信号链路的高精度引力红移实验检验任务概念深化研究报告。本课题提出了通过星-地时频链路确定重力位差的方法，完成了系列模拟实验（图 3 - 57）。利用空间站与地面台站之间的高精度频率信号，采用三频组合法消除多普勒效应、对流层及电离层影响，提取地面站与空间站之间的重力位差信息，再与用经典方法确定的对应的重力位差进行比对，给出检验引力红移效应的精度指标。

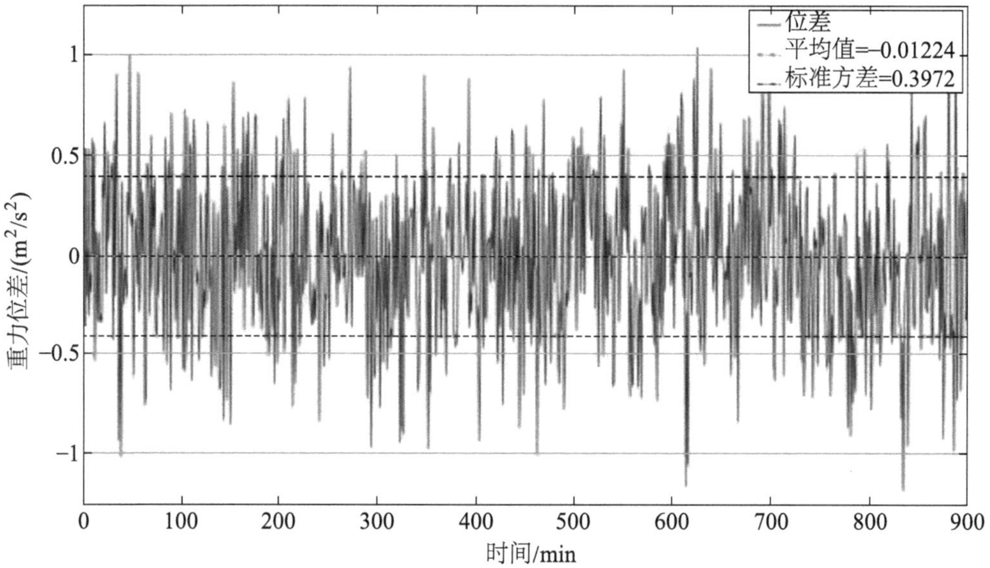

图 3-57 重力位差的模拟实验观测值与真值之差

2）代表性论文：

Shen Z Y，Shen W B，Zhang S X. Determination of gravitational potential at ground using optical - atomic clocks on board satellites and on ground stations and relevant simulation experiments [J]. Surveys in Geophysics，2017，38 (4)：757-780.

后续应用：为开展地面-空间站频率信号链路的高精度引力红移实验检验提供了输入。

3.4.1.8 基于我国自主开发的滑动剪切技术在空间环境下的精密测量液态金属原子扩散

承担单位	合肥工业大学		
负责人	张博	研究周期	2017.3—2017.9
学科领域	微重力材料科学	航天器平台	空间站
关键词	滑动剪切技术、液态金属、原子扩散		

实验简介：建立基于 X 射线的滑动剪切技术原位测量液态金属扩散平台，进行典型合金体系的熔体扩散系数测量，获得一般合金熔体和非晶液态金属在微观扩散行为和机制上的异同，为探索合金微观动力学行为对玻璃形成能力的影响寻找实验证据。

研究内容：开展基于 X 射线的多层滑动剪切技术原位测量液态金属扩散平台建设方案研究，基于该平台进行两个典型合金体系的熔体扩散系数的测量。

成果产出：

1）基于我国自主开发的滑动剪切技术在空间环境下的精密测量液态金属原子扩散任务概念深化研究报告。建立基于 X 射线的滑动剪切技术原位测量液态金属扩散平台；地面测量和研究 AlCu 和 CeAlCu 两个合金体系的熔体化学扩散，探索其微观扩散机制。

2）代表性论文：

[1] Zhong L X，Hu J L，Geng Y L，et al. A multi - slice sliding cell technique for diffusion measurements in liquid metals [J]. Review of Scientific Instruments，2017，88（9）：093905.

[2] 钟浪祥，胡金亮，张博 . 空间环境下金属熔体扩散研究进展 [J]. 中国材料进展，2017，36（Z1）：492 - 502.

后续应用：为在空间站建立基于 X 射线成像技术的原位液态金属扩散测量平台提供支撑。

3.4.1.9　非平衡等离子体辅助微重力点火燃烧的动力学机理

承担单位	北京交通大学		
负责人	陈琪	研究周期	2017.3—2017.9
学科领域	微重力科学	航天器平台	空间站/落塔等地基设施
关键词	非平衡等离子体、微重力环境、点火燃烧		

实验简介：借助微重力地基设施及其空间站，开展微重力环境下等离子体

点火助燃动力学参数的测量，验证动力学机理及模型，揭示助燃过程中的物理化学机制，为载人航天器防火安全提供一种新的措施。

研究内容： 开展微重力环境下等离子体助燃地面模拟实验及模型建立（图 3－58），搭建地面模拟实验平台；研究固体材料在微重力及其非平衡等离子体作用下的着火和燃烧特性等。

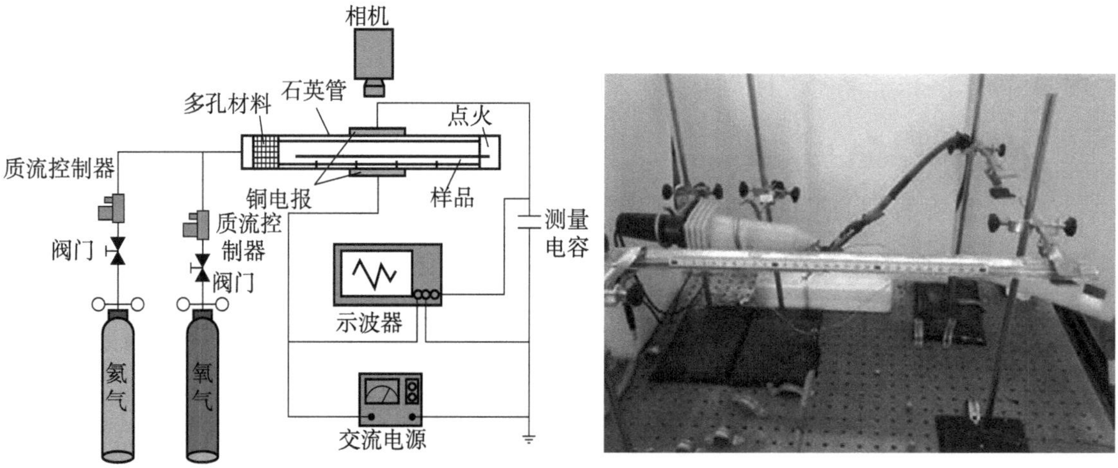

图 3－58　火焰传播特性实验系统

成果产出：

1）非平衡等离子体辅助微重力点火燃烧的动力学机理任务概念深化研究报告，包括：微重力/等离子体环境下可燃混合气中炭黑生成机理；微重力/等离子体环境下炭黑分布及迁移规律；微重力条件下等离子体辅助低温着火燃烧机理；等离子体/电场对固体材料表面火焰传播的阻滞机理。

2）代表性论文：

[1] Chen Q. Non－equilibrium plasma assisted methane pyrolysis and oxidation：experiment and modeling [C]. Kumamoto：PLASAS－9. 2017－08.

[2] Chen Q. Dry reforming of methane by vibrational excitation in a non－equilibrium plasma：kinetic modeling [C] //2018 AIAA Aerospace Sciences Meeting. 2018. DOI：10. 251416. 2018－0135.

后续应用： 等离子体/电场对固体材料表面火焰传播有阻滞作用，这为载人航天器防火安全提供了一种新的措施和思路。

3.4.1.10　微重力下火焰热扩散不稳定性研究

承担单位	清华大学		
负责人	高扬	研究周期	2017.3—2017.9
学科领域	微重力科学	航天器平台	空间站
关键词	热扩散不稳定性、微重力、火焰基础理论		

实验简介： 设计落塔球形火焰实验，直接拍摄球形火焰速度的振荡行为，研究振荡临界条件、熄火条件等影响；空间对冲火焰实验重点研究振荡熄火行为，以及火焰振荡模式转变的其他影响因素等，为发动机的近极限燃烧工况设计、固体材料火焰合成的过程优化等提供支撑。

研究内容： 开展实验装置设计、工况设计；控制变量，分别研究 Ze 和 Le① 单独的变化对起振、振荡模式和熄火的影响。

成果产出：

1）微重力下火焰热扩散不稳定性研究任务概念深化研究报告。本课题确定了实验采用的燃料，通过使用 4 种不同的燃料改变 Zel'dovich 数，通过改变稀释气体和当量比改变 Lewis 数，分别实现对火焰热-扩散振荡中这两个控制因素的单参量研究。与清华大学燃烧能源中心合作者共同完成了落塔双腔球形火焰燃烧装置实验方案（图 3－59）。

2）代表性论文：

Xing G Z，Zhao Y B，Modestov M，et al. Thermal－diffusional instability in white dwarf flames：regimes of flame pulsation [J]. The Astrophysical Journal，2017，841 (1)：21.

后续应用： 可以应用于相关发动机的近极限燃烧工况设计、固体材料火焰合成的过程优化，以及超新星爆炸火焰加速的研究等。

---

① Zeldovich 数 Ze 是无量纲的反应活化能，Lewis 数 Le 是热扩散与质量扩散率之比。

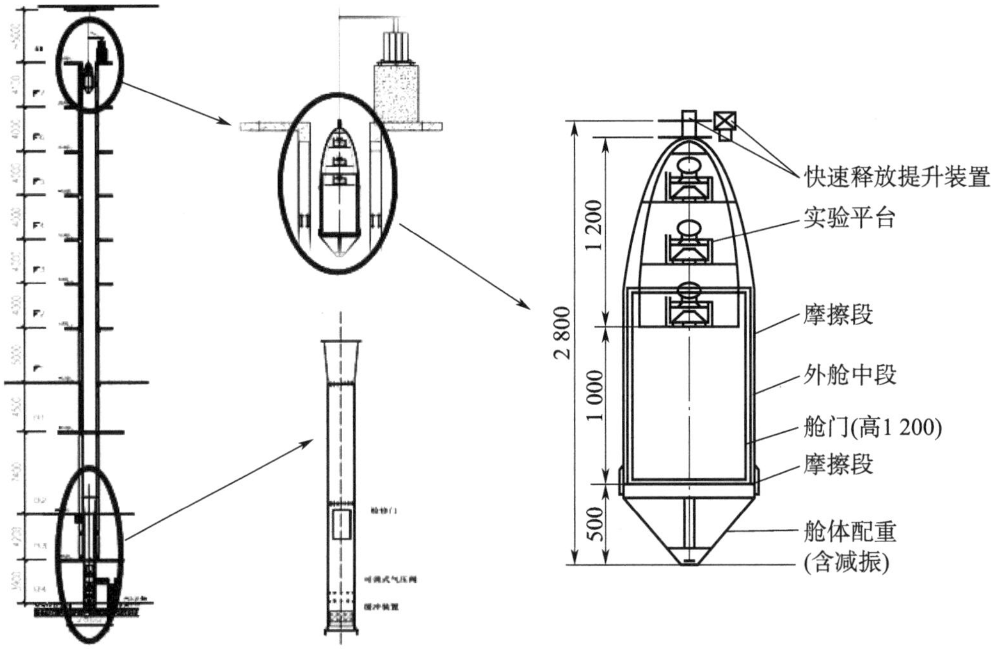

图 3 - 59　清华大学落塔实验方案系统

3.4.1.11　大尺寸高折射掺 Lu^{3+} 氧化钛基玻璃的空间制备和光学性能研究

承担单位	中国科学院上海硅酸盐研究所		
负责人	张明辉	研究周期	2017.3—2017.9
学科领域	微重力科学	航天器平台	卫星搭载/空间站
关键词	微重力、氧化钛基玻璃、高折射、无容器技术		

实验简介：优化悬浮无容器激光加热技术的工艺参数，制备常规条件无法获得的重金属氧化物玻璃，直径大于 3mm，实现不同浓度的 Lu^{3+} 掺杂。研究不同 Lu^{3+} 掺杂浓度对光学玻璃的折射率、色散、力学、热学等性能的影响规律，为远期空间微重力制备实验奠定基础。

研究内容：利用无容器激光加热技术制备大体积、高均匀性、耐高温和高强度的 La_2O_3 - TiO_2 - Lu_2O_3 玻璃（图 3 - 60），研究 Lu^{3+} 掺杂浓度对玻璃的热稳定性和玻璃形成能力的影响，研究玻璃的密度、力学等性能。

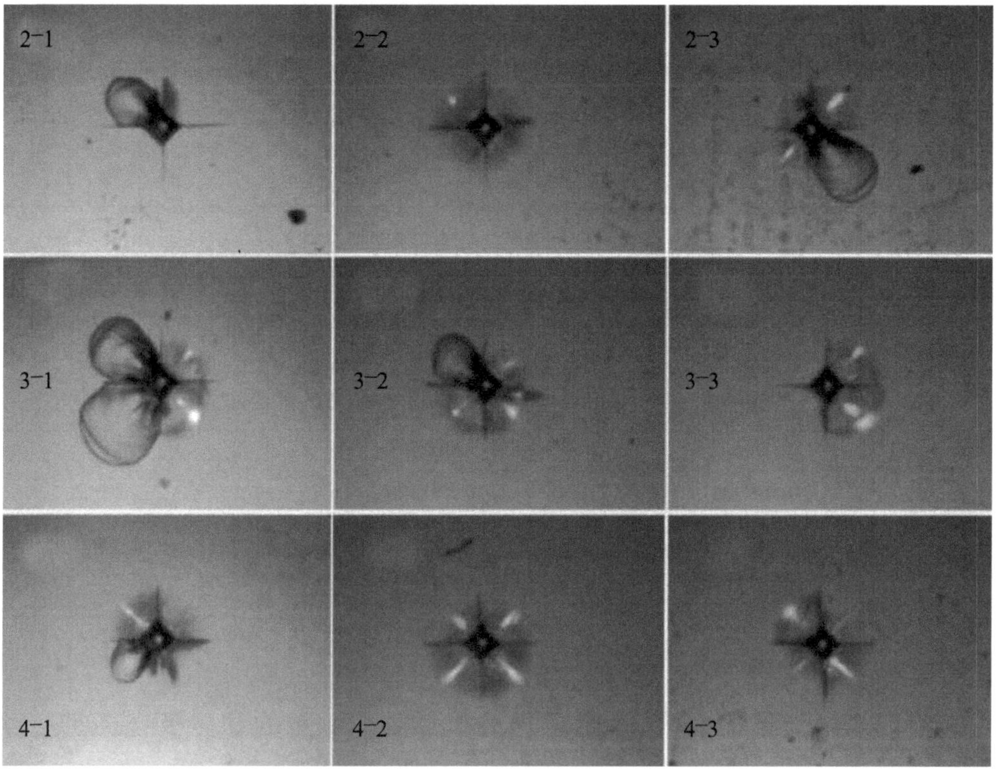

图 3-60　LLT 玻璃的显微压痕

成果产出：

1）大尺寸高折射掺 Lu^{3+} 氧化钛基玻璃的空间制备和光学性能研究任务概念深化研究报告。通过调整气悬浮无容器实验技术的工艺参数，成功地制备了直径大于 3.5mm 的 $La_2O_3-TiO_2-Lu_2O_3$ 玻璃球，而且掺杂了不同浓度的 Lu_2O_3，在玻璃中实现了 Lu^{3+} 离子的高浓度掺杂。

2）代表性论文：

[1] Zhang M H, Yu J D, Liu Y, et al. Bright white upconversion luminescence from $Er^{3+}/Tm^{3+}/Yb^{3+}$ - doped titanate - based glasses prepared by aerodynamic levitation method [J]. Optical Materials, 2017 (72): 447 - 451.

[2] Zhang M H, Wen H Q, Yu J D, et al. Investigation of upconversion luminescence in Er^{3+}/Yb^{3+} co - doped Nb_2O_5 - based glasses prepared by aerodynamic levitation method [J]. Optical Materials Express, 2017, 7 (9): 3222 - 3230.

后续应用： 为后续空间实验样品的制备提供研究基础，以及拓展高折射玻璃材料在光通信、红外窗口等领域的应用。

3.4.1.12 基于无容器技术的高温熔体质扩散系数测量新方法的研究

承担单位	中国科学院上海硅酸盐研究所		
负责人	钟秋	研究周期	2017.3—2017.9
学科领域	微重力科学	航天器平台	空间站
关键词	无容器技术、高温熔体、质扩散系数		

实验简介： 利用静电悬浮技术中试样的独特球形结构，结合 Fick 第二定律，建立新的质扩散系数测量物理模型，推导出适用于该测量方法的理论计算方程，实现空间环境高温熔体本征质扩散系数的测量新方法的研究，为熔体的扩散理论研究提供新的思路和依据。

研究内容： 推导可以用于无容器样品扩散系数测量的球体极坐标扩散方程和原理方程。

成果产出： 基于无容器技术的高温熔体质扩散系数测量新方法的研究任务概念深化研究报告。结合 Fick 第二定律，根据直角坐标系下扩散方程，推导出了用于无容器样品扩散系数测量的球体极坐标扩散方程；提出适用于无容器样品的合理假设，推导得到可以用于测量无容器样品扩散系数的原理方程。在已知某一时刻样品内部浓度分布的情况下，可以计算得到材料的扩散系数。

后续应用： 利用无容器技术，为高温熔体质扩散系数的测量提供了一种新的方法和方向。

3.4.1.13 空间晶体生长临界效应研究

承担单位	中国科学院上海硅酸盐研究所		
负责人	潘秀红	研究周期	2017.3—2017.9
学科领域	微重力科学	航天器平台	卫星搭载/空间站
关键词	空间环境、晶体生长、临界效应		

实验简介： 设计了 Bo 数≪1 的高温熔体结晶工况，从而降低重力场对熔体对流的作用，通过光学显微镜实时成像和观察，探索等效微重力条件下晶体生长界面形态的演化规律。

研究内容： 研究高温熔体晶体生长过程中界面非稳定性行为，包括界面临界尺寸研究、速度对界面稳定性的影响研究、微重力对晶体生长的影响研究等（图 3－61）。

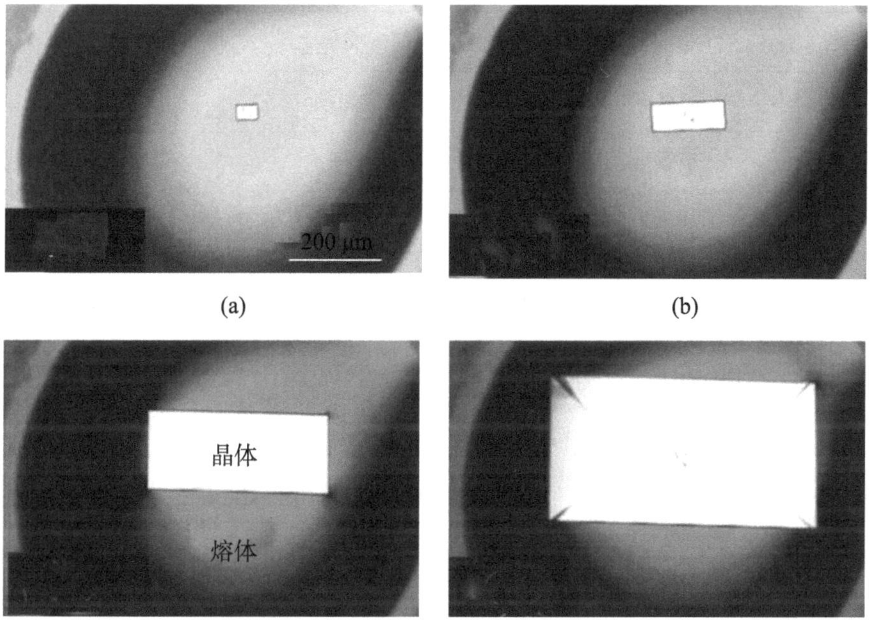

(a)　(b)　(c)　(d)

图 3－61　铌酸钾（$KNbO_3$）单晶体生长过程中界面形态的演化过程

成果产出：

1）空间晶体生长临界效应研究任务概念深化研究报告。高温熔体晶体生长过程中存在临界效应，当晶体生长尺寸大于某临界值后，生长界面会发生非稳定性形变。临界尺寸的大小与材料体系有关，对于某固定材料体系来说，临界尺寸大小还受生长速度影响，生长速度的提高会减小临界尺寸的数值。通过快速降温来提高晶体生长速度，从而研究生长速度对晶体形态的影响。快速降温进一步地削弱了对流效应，凸显了微重力扩散的作用，结果显示扩散条件下界面更容易失稳，形成枝晶状形貌。

2）代表性论文：

Li S H，Pan X H，Liu Y，et al. Interfacialmorphology evolution of KTa1 - xNbxO_3 crystal growth [J]. Journal of Crystal Growth，2017（467）：77 - 81.

后续应用：在中国空间站科学任务中，提出了“氧化物晶体生长界面形态稳定性及熔体导热性研究”，已被列入空间站第二批材料科学项目。

3.4.1.14 微重力下电活性聚合物材料的科学机理研究

承担单位	西安交通大学		
负责人	朱子才	研究周期	2017.3—2017.9
学科领域	微重力科学	航天器平台	卫星搭载
关键词	电活性聚合物、微重力环境、科学机理		

实验简介：通过地面模拟实验、在轨测试实验，探索电致动聚合物（Electroactive Polymer，EAP）在空间环境中可能出现的新现象及其机理，研究 EAP 应用于空间环境的可行性。

研究内容：调研 EAP 人工肌肉材料的驱动性能现状、应用可行性及其微重力环境特性；提出 EAP 材料在轨实验分步研究方案，并开展初步实验探索。

成果产出：

1）微重力下电活性聚合物材料的科学机理研究任务概念深化研究报告（图 3 - 62）。本课题挑选了具有太空应用潜力的 EAP 材料，如 IPMC（Ionic Polymer - Metal Composites，离子聚合物-金属复合材料）、BGA 材料等；完成了典型 EAP 材料试样的制备，如水体系的 IPMC 材料、离子液体体系的 BGA 材料和非水 PVCG 凝胶材料等；EAP 动态电致变形特性的独立测试平台和在轨实验研究方案。

2）代表性论文：

陈花玲，罗斌，朱子才，等. 4D 打印：智能材料与结构增材制造技术研究进展 [J]. 西安交通大学学报，2018，52（2）：1 - 12.

后续应用：EAP 材料作为一种轻质高效的驱动器，在机器人柔性末端、微重力柔性操作、液体操控和微重力扑翼飞行等方面具有重要的应用价值，为开发 EAP 的太空应用打下材料基础。

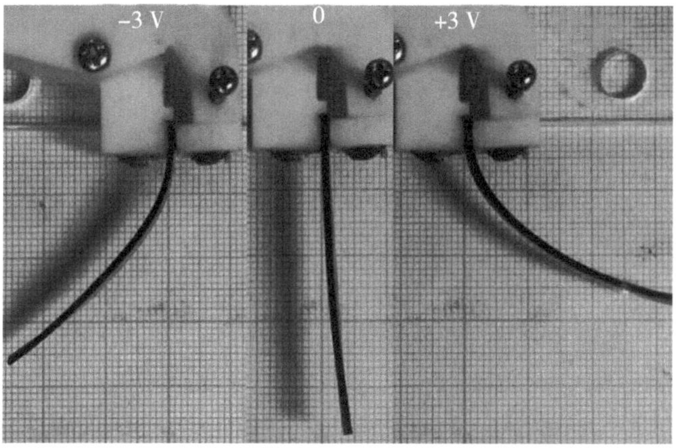

(a) 低压IPMC试件

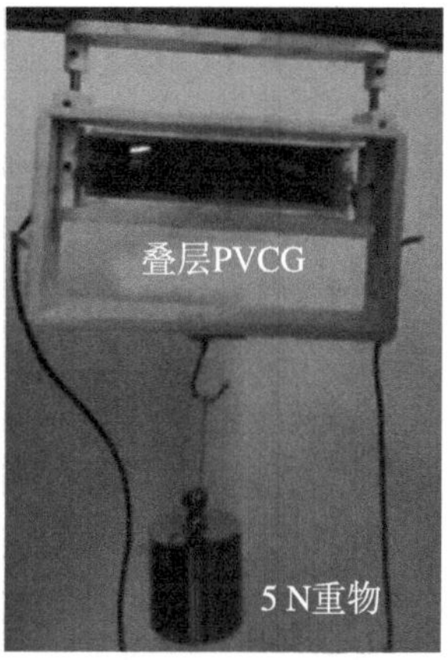

(b) 多层叠加的PVCG型柔性驱动器

图 3-62　低压 IPMC 试件和多层叠加的 PVCG 型柔性驱动器

3.4.2　空间生命科学

3.4.2.1　空间微生理系统的 3D 打印构建及应用

承担单位	清华大学		
负责人	孙伟	研究周期	2017.3—2017.9
学科领域	空间生命科学	航天器平台	卫星搭载/空间站
关键词	3D 打印、生物制造 、三维体外组织芯片模型、三维微生理系统		

任务概念： 基于细胞三维（3D）打印技术，直接在空间站或载人航天器中打印三维体外组织芯片模型，检测空间环境下的生物特性，应用于空间病理及药理模型，为进一步药物研发和空间生命科学研究奠定基础。

研究内容： 开展空间细胞 3D 打印及体外生物结构体构建成形、细胞 3D 打印与微生理系统制造集成及空间制造、零重力环境下体外微生理系统的生物特性及检测、细胞/微器官芯片在空间组织工程及病/药理模型和检测中的应用等。

成果产出：

1）空间微生理系统的 3D 打印构建及应用任务概念深化研究报告。整合微流控技术的细胞 3D 打印设备研发（图 3－63），自循环器官芯片装置的研发；生物 3D 打印参数研究与优化，工艺参数对多种细胞的存活及生理功能的影响规律，新型材料及其打印工艺的研发。

2）代表性论文：

Li Y，Li L，Chen Z N，et al. Engineering－derived approaches for iPSC preparation，expansion，differentiation and applications [J]. Biofabrication，2017，9（3）：032001.

后续应用：该课题后续获得中国科学院战略性先导科技专项“空间科学”（二期）空间科学预先研究项目支持。

3.4.2.2　神经系统对空间亚磁场-微重力复合环境的响应和机制

承担单位	中国科学院生物物理研究所		
负责人	赫荣乔	研究周期	2017.3—2017.9
学科领域	空间生命科学	航天器平台	空间站
关键词	神经系统、空间亚磁场环境、微重力		

实验简介：微重力、宇宙线辐射、极弱磁场（亚磁场，Hypo－geomagentic Field，HGMF/HMF）是地外空间 3 种主要的环境特征。构建适用于空间亚磁-微重力环境耦合生物效应研究的空间站（及地面对照）试验研究方案，揭示神经细胞结构和功能的变化及其机制，为神经干细胞和瘤细胞相关的发育、肿瘤发生风险评估等提供理论支持。

研究内容：在空间亚磁场-微重力环境下，开展神经干细胞的形态、干性（增殖和分化潜能）的变化及相关分子机制研究；开展神经瘤细胞形态、增殖、迁移的变化及相关分子机制研究。

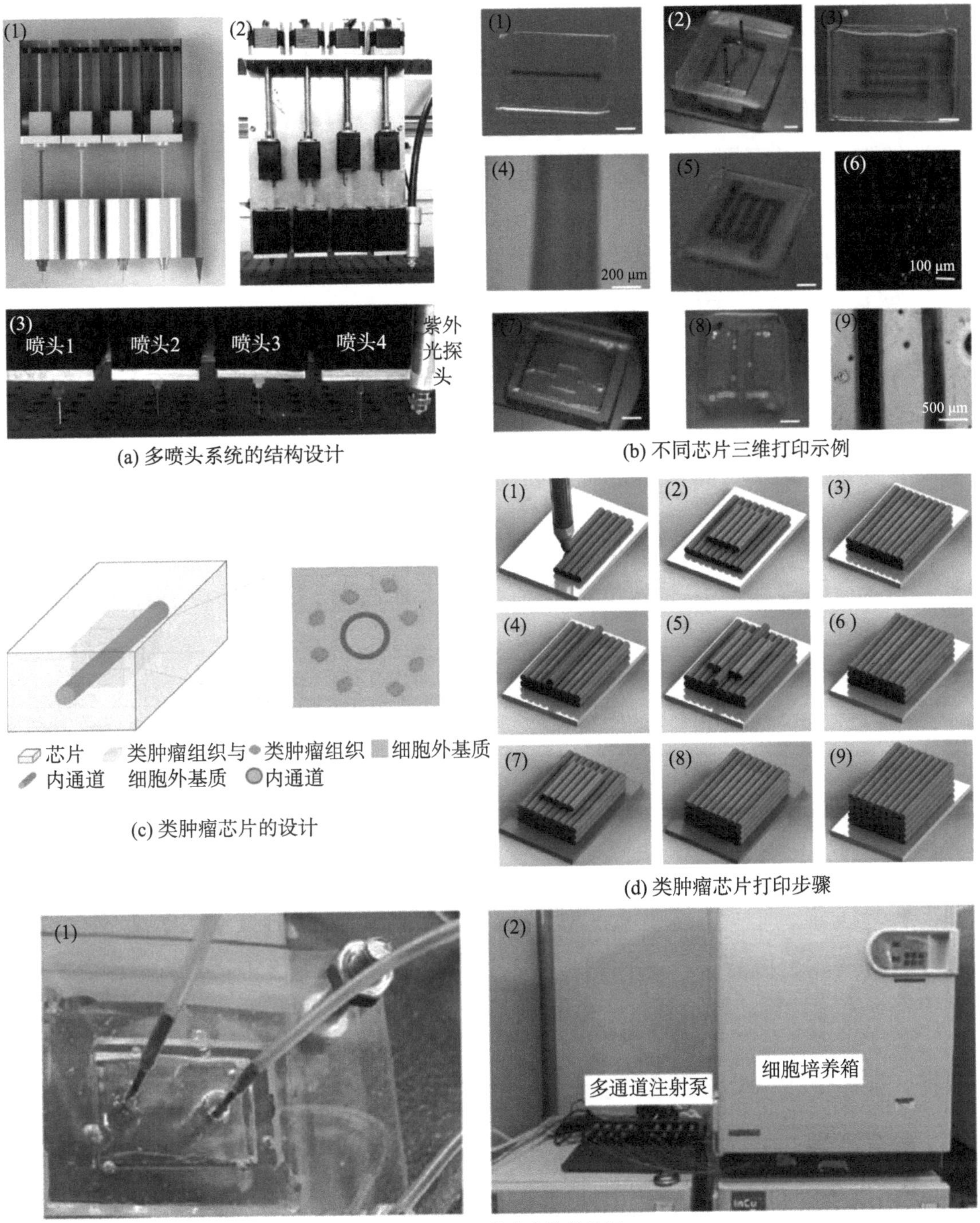

(a) 多喷头系统的结构设计

(b) 不同芯片三维打印示例

(c) 类肿瘤芯片的设计

(d) 类肿瘤芯片打印步骤

(e) 类肿瘤芯片及其灌流培养装置

图 3-63　类组织/器官芯片集成制造 3D 打印研究成果

成果产出：

1）神经系统对空间亚磁场-微重力复合环境的响应和机制任务概念深化研究报告。明确多种瘤细胞和干细胞的增殖可以响应亚磁环境处理，亚磁对不同种类细胞增殖及不同生长状态肿瘤细胞增殖的作用存在差异，对生长快速的细胞促增殖作用更显著，并可促进 DNA 损伤所致的细胞死亡。

2）代表性论文：

范士超，等．Effect of hypogeomagnetic field on cell proliferation and death [C]. 上海：第十五次中国暨国际生物物理大会，2017.

后续应用：为空间站亚磁场-微重力复合效应应用项目研究方案的可行性和初步确定提供了实验依据，支持利用模拟空间磁场约束条件辅助肿瘤治疗的方法。

3.4.2.3　评估空间辐射风险的新生物分子标志物

承担单位	中国科学院近代物理研究所		
负责人	王菊芳	研究周期	2017.3—2017.9
学科领域	空间生命科学	航天器平台	卫星搭载/空间站
关键词	空间辐射、新生物标志物、风险评估、载人航天		

实验简介：面向长时间载人航天飞行，开展新辐射生物分子标志物研究，建立有效的辐射风险评估模型和评估体系。

研究内容：开展辐照后血清中微小核糖核酸（miRNA）和蛋白质的表达谱检测，候选 miRNA 的筛选及验证，辐射风险预测模型的建立及验证。

成果产出：

1）评估空间辐射风险的新生物分子标志物任务概念深化研究报告。本课题获得了不同剂量高能碳离子射线照射下，循环血辐射敏感 miRNA 表达谱（图 3－64），以及相应的 X 射线照射下的蛋白质表达谱；建立并验证了基于 5 种候选 miRNA 的辐射风险预测普适模型；首次提出了结合多种标志物建立多元模型进行辐射风险预测的新方法。

2）代表性论文：

[1] Wei W J，He J P，Wang J F，et al. Serum microRNAs as early indicators for estimation of exposure degree in response to ionizing trradiation [J]. Radiation Research，2017，188（3）：342－354.

[2] Wei W J，Wang J F，He J P，et al. Serum microRNA as noninvasive indicator for space radiation [J]. Acta Astronautica，2018（152）：101－104.

	1	2	3	4	5	6	7	8	9	10	11	12
A	A1	A2	A3	A4	A5	A6	A7	A8	A9	A10	A11	A12
B	B1	B2	B3	B4	B5	B6	B7	B8	B9	B10	B11	B12
C	C1	C2	C3	C4	C5	C6	C7	C8	C9	C10	C11	C12
D	D1	D2	D3	D4	D5	D6	D7	D8	D9	D10	D11	D12
E	E1	E2	E3	E4	E5	E6	E7	E8	E9	E10	E11	E12
F	F1	F2	F3	F4	F5	F6	F7	F8	F9	F10	F11	F12
G	G1	G2	G3	G4	G5	G6	G7	G8	G9	G10	G11	G12
H	H1	H2	H3	H4	H5	H6	H7	H8	H9	H10	H11	H12

(a) 板子的孔位编号

Plate position	Mature miRNA ID	Function comment	Expected Direction
A1–A6	Cel–miR–39	内参(用于循环血检测)	
A7–A12	mmu–miR–23a	溶血控制	
B1–B6	mmu–miR–451	溶血控制	
B7–B12	mmu–miR–183	目标miRNA	Up
C1–C6	mmu–miR–9	目标miRNA	Up
C7–C12	mmu–miR–155	目标miRNA	Down
D1–D6	mmu–miR–342	目标miRNA	Down
D7–D12	mmu–miR–574	目标miRNA	Down
E1–E6	mmu–miR–223	目标miRNA	Up
E7–E12	mmu–miR–148	目标miRNA	Up
F1–F6	mmu–let–7a	目标miRNA	Up
F7–F12	mmu–miR–21	目标miRNA	Up
G1–G6	mmu–miR–150	目标miRNA	Down
G7–G12	mmu–miR–34a	目标miRNA	Up
H1–H6	mmu–miR–200b	目标miRNA	Up
H7–H12	RUN6	内参(用于细胞样本)	

(b) 不同空位包埋的引物明细

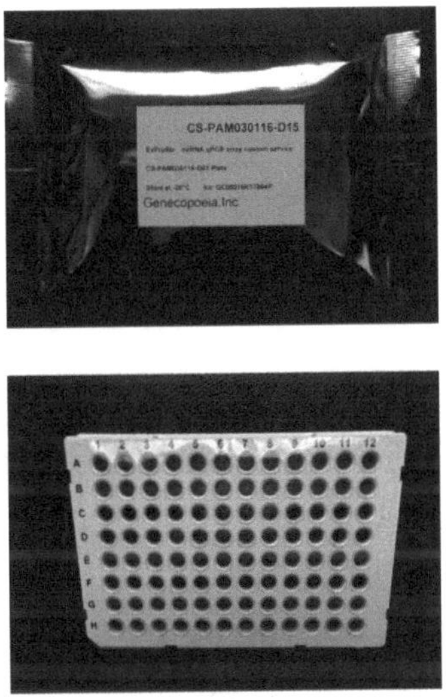

(c) 检测套装的成品

图 3－64　基于辐射敏感 miRNA 制成的辐射损伤检测套装

后续应用：该课题后续获得中国科学院战略性先导科技专项“空间科学”（二期）空间科学预先研究项目支持。

3.4.2.4 基于“三明治”空间辐射探测装置的水稻空间诱变分子变异机制研究

承担单位	华南农业大学		
负责人	陈志强	研究周期	2017.3—2017.9
学科领域	空间生命科学	航天器平台	空间站
关键词	空间辐射探测装置、空间诱变分子、变异机制		

实验简介： 拟研发“三明治”空间辐射装置，为分析空间环境诱变的剂量及类型奠定基础；同时，利用高通量测序分析部分空间诱变水稻突变体的全基因组分子突变频谱，为空间诱变育种提供理论支持。

研究内容： 开展空间辐射探测系统研制，利用热释光剂量片（Thermo Luminescent Dosimetry，TLD）和核径迹探测器与种子贴合，构成空间辐射探测系统；开展空间环境诱发水稻突变体的分子频谱研究。

成果产出：

1）基于“三明治”空间辐射探测装置的水稻空间诱变分子变异机制研究任务概念深化研究报告。本课题初步设计了“三明治”结构的水稻空间辐射探测装置（图 3－65）。基于重测序数据，首次发现空间环境诱发突变的不均匀分布，阐述了一个从基因组测序分析到特定位点跟踪验证的有效途径。

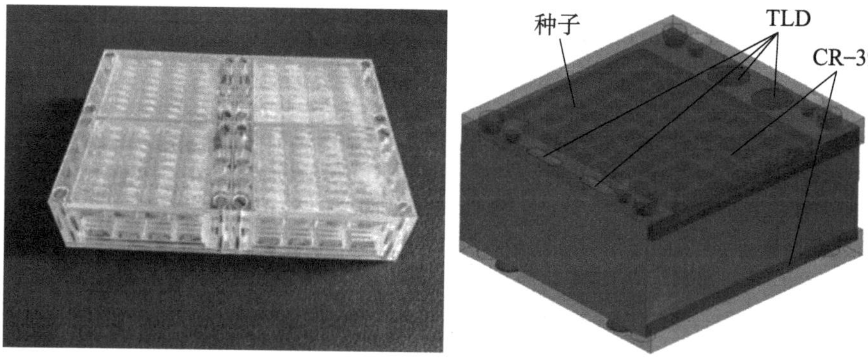

图 3－65　空间辐射探测装置样品设计

2）代表性论文：

郭涛，罗文龙，陈淳，等．基于高通量测序的水稻航天诱变频谱分析和突变基因挖掘［C］//中国作物学会学术年会，2019.

后续应用： 为利用空间站开展基于精确定位的重离子击打生物变异效应研究奠定了基础。

3.4.2.5　太空微重力环境对精原干细胞自我更新和分化的影响及作用机制研究

承担单位	国家卫生健康委科学技术研究所		
负责人	王彬彬	研究周期	2017.3—2017.9
学科领域	空间生命科学	航天器平台	卫星搭载/空间站
关键词	空间生命、精原干细胞、自我更新和分化、微重力		

实验简介： 通过精原干细胞体外培养，并结合体外诱导分化技术，将细胞置于空间密闭培养体系中，研究微重力对精原干细胞自我更新及分化的作用。

研究内容： 结合各种组学的方法，研究微重力对精原干细胞自我更新、分化潜能的影响。

成果产出： 太空微重力环境对精原干细胞自我更新和分化的影响及作用机制研究任务概念深化研究报告。本课题研究了撤去 CO_2 对精原干细胞培养、分化的影响（图 3 - 66），为未来微重力环境下精原干细胞培养、分化奠定基础。在诱导分化中，无 CO_2 组细胞相对正常的诱导培养有更多的损失，但仍有足够的细胞存在，可用于后续的组学分析。

后续应用： 为在空间实验条件下完成各项精原干细胞实验奠定基础。

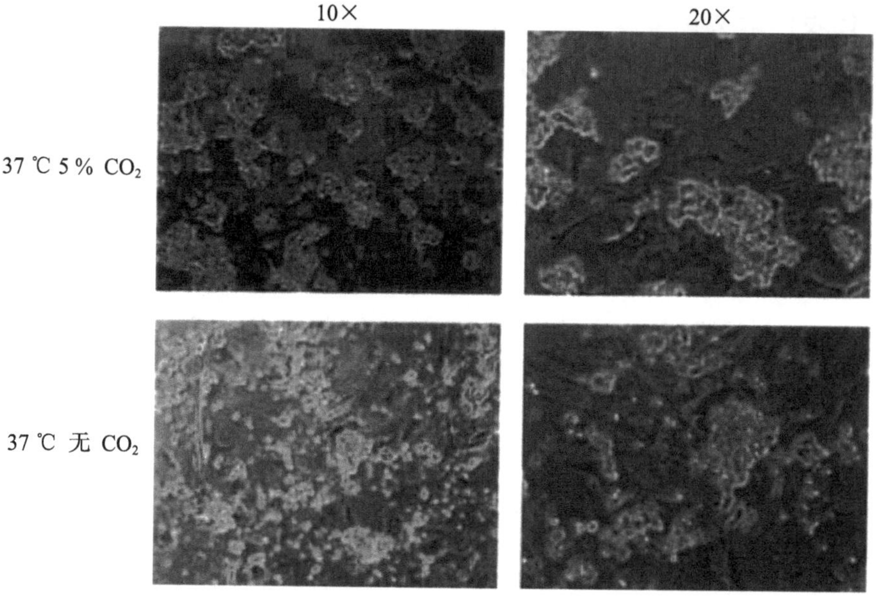

图 3 - 66 细胞培养 4 天时的对比

3.4.2.6 微重力对啮齿类动物认知功能的影响及机制探讨

承担单位	南开大学		
负责人	张涛	研究周期	2017.3—2017.9
学科领域	微重力科学	航天器平台	卫星搭载
关键词	微重力、啮齿类动物、认知功能		

实验简介：基于动物实验，探究模拟失重引起海马自噬改变与突触可塑性损伤之间的关系，研究重复经颅磁刺激（Repetitive Transcranial Magnetic Stimulation，rTMS）如何改善微重力引起的认知障碍及其机制。

研究内容：包括空间在轨实验和地面实验，实验分为两组，一组小鼠随航天任务进行空间微重力环境处理；一组小鼠在实验室进行饲养，作为对照组。微重力环境结束后，依次开展行为学实验、电生理实验、生化分子实验等。

成果产出：

1）微重力对啮齿类动物认知功能的影响及机制探讨任务概念深化研究报告。微重力降低了突触相关蛋白表达、自噬活动和氧化应激水平，造成突触可塑性损伤，导致了焦虑样情绪。rTMS 恢复了微重力造成的海马 CA1 区与齿状回（Dentate Gyrus，DG）树突棘密度下降（图 3 - 67），增强了突触可塑性和认知功能，显示 rTMS 是改善微重力导致损伤的途径之一。

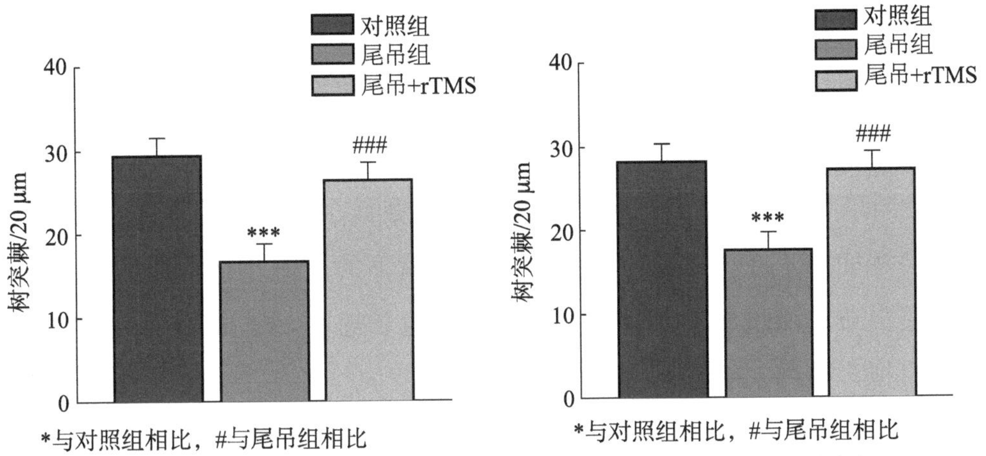

(a)小鼠海马角CA1(边内回)的响应　　(b)小鼠海马DG的响应

图 3－67　rTMS 对微重力小鼠 CAl 与 DG 树突棘密度的作用

2）代表性论文：

［1］Shang X L，Xu B，Li Q，et al. Neural oscillations as a bridge between glutamatergic system and emotional behaviors in simulated microgravity－induced mice［J］. Behaviors Brain Research，2017（317）：286－291.

［2］Xiang S T，Zhou Y，Fu J X，et al. rTMS pre－treatment effectively protects against cognitive and synaptic plasticity impairments induced by simulated microgravity in mice［J］. Behaviors Brain Research，2019（359）：639－647.

后续应用：为保障航天员在空间飞行时的身心健康提供了重要的理论和实践指导，为开发新的航天员生命维持系统开拓了一条新思路。

3.4.2.7　空间环境下蛋白质结晶机理的研究

承担单位	中国科学院力学研究所		
负责人	李凯	研究周期	2017.3—2017.9
学科领域	微重力科学	航天器平台	卫星搭载/空间站
关键词	空间环境、蛋白质结晶机理、流场、落塔试验		

实验简介：在地面利用微通道模拟微重力环境，对蛋白质结晶机理进行分

析；初步获得了空间环境对蛋白质结晶动力学的影响，建立了新理论模型。

研究内容：开展空间实验技术方案设计，形成空间蛋白质结晶的实验方法。针对拟解决的科学问题，提出了一套空间蛋白质结晶机理研究系统方案。

成果产出：

1）空间环境下蛋白质结晶机理的研究任务概念深化研究报告。

本课题完成了在微通道中模拟微重力环境下的蛋白质结晶研究，系统分析了空间蛋白质结晶过程中晶体的形貌及晶面生长速率，完成了蛋白质晶体生长的数值模拟、落塔实验（图3-68）。

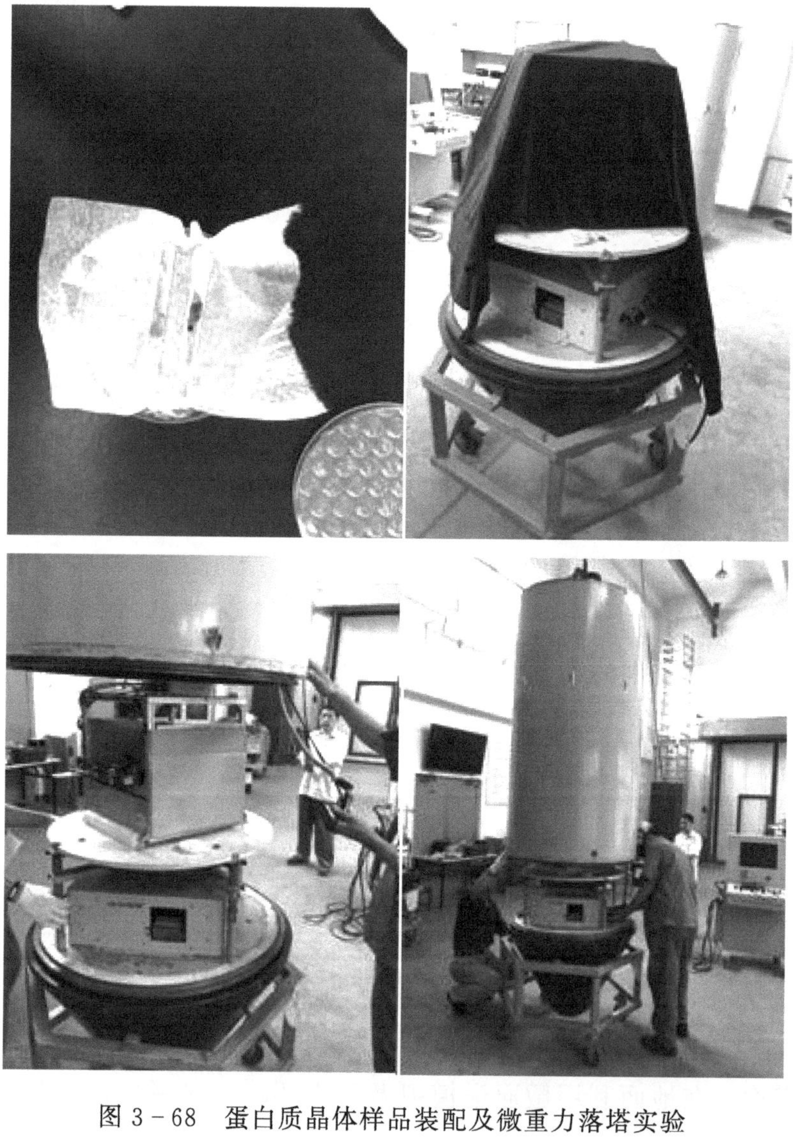

图3-68 蛋白质晶体样品装配及微重力落塔实验

在一定过饱和度范围内，对流对晶体生长具有损害作用，而扩散环境有利于蛋白质晶体的生长；当超过某一饱和度阈值时，扩散环境下的蛋白质结晶会呈现另一种机理，此环境下生长的蛋白质晶体质量反而下降。

2）代表性论文：

[1] 于泳，李凯，林海，等．强制对流对溶菌酶晶体生长影响的模拟计算[C]．银川：第十届全国微重力科学学术会议，2017.

[2] Yu Y，Li J C，Li K，et al. The study of the mechanism of protein crystallization in space by using microchannel to simulate microgravity environment [C]. Zhuhai：12th Asian Microgravity Symposium，2018.

后续应用：为深入开展空间微重力环境下蛋白质结晶机理研究奠定了基础。

3.4.2.8　外层空间中微生物细胞的休眠与存活及其光学分析

承担单位	东莞理工学院		
负责人	黎永青	研究周期	2017.3—2017.9
学科领域	空间生命科学	航天器平台	卫星搭载/空间站/探空火箭
关键词	拉曼光镊技术、外层空间、微生物细胞、休眠与存活		

实验简介：研制单细胞拉曼光谱分析、分子成像及微生物样品飞船搭载系统，在单细胞水平上实时观测微生物细菌芽孢在空间或地外环境中的休眠及复苏情况，探索微生物是否存活，以及生命存在的形式、分子结构和功能等。

研究内容：开展基于驻波场的单细胞拉曼光镊实验系统的设计；干热对细菌芽孢失活及萌发影响研究；微重力条件下培养的芽孢分子拉曼光谱及对营养萌发剂的响应，以及单细胞萌发过程曲线研究。

成果产出：外层空间中微生物细胞的休眠与存活及其光学分析任务概念深化研究报告。

本课题研制了基于驻波场的单细胞拉曼光镊实验系统（图 3-69），可以有效地应用于空间环境中单细胞或空间颗粒的拉曼光谱分析。

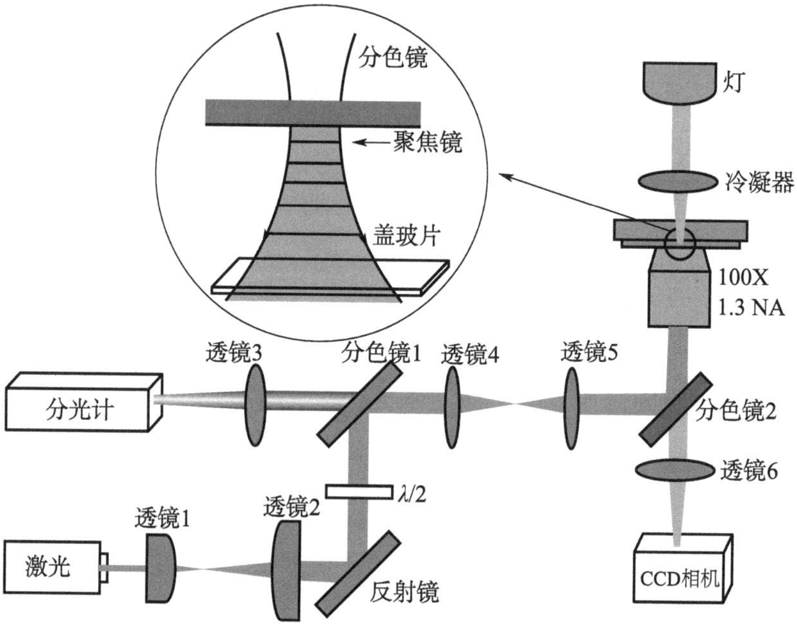

图 3-69　单细胞拉曼光镊实验系统设计

干热对芽孢的影响可以应用于指导食品和空间用品的消毒处理，以保证航天员在空间环境的生物安全。本课题揭示了微重力下芽孢萌发速率更快，说明芽孢保持了对外界环境更灵敏的感应。

后续应用：为下一步实现单细胞拉曼光镊实验系统的轻小型化、低能耗，以及空间搭载奠定了基础。

3.4.2.9　以微生物为核心的生命保障系统构建

承担单位	中国科学院成都生物研究所		
负责人	李大平	研究周期	2017.3—2017.9
学科领域	空间生命科学	航天器平台	空间站
关键词	微生物、微重力、生命保障系统		

实验简介：通过建立高效的CO_2嗜热生物催化甲烷化系统、单细胞蛋白合成系统，以尿液氨氮为氮源，将甲烷氧化合成蛋白质，为构建以微生物为催化核心、适于狭小空间和微重力环境的空间站生命保障系统提供支撑。

研究内容： 开展甲烷合成系统、单细胞蛋白合成系统、三相传质与分离系统研究，以及生命保障系统技术集成等。

成果产出：

1）以微生物为核心的生命保障系统构建任务概念深化研究报告。本课题简化了氢气（H_2）还原 CO_2、直接合成单细胞蛋白（Single Cell Protein，SCP）的工艺路线，初步开发了以中空纤维膜为核心的气体扩散生物发酵罐；构建了管式阳极（膜）嵌入式生物电合成系统（图 3－70），可用于甲烷与单细胞蛋白的合成过程。

2）代表性论文：

Zhu X Y，Zhou Y，Wang Y，et al. Production of high－concentration n－caproic acid from lactate through fermentation using a newly isolated ruminococcaceae bacterium CPB6［J］. Biotechnology for Biofuels，2017，10（1）：102.

后续应用： 避开了甲烷合成与氧化环节，开发了氢氧化利用 CO_2 高效合成单细胞蛋白的系统技术，大规模发酵可直接为人类提供高蛋白食品，也可替代养殖鱼粉和豆粕。

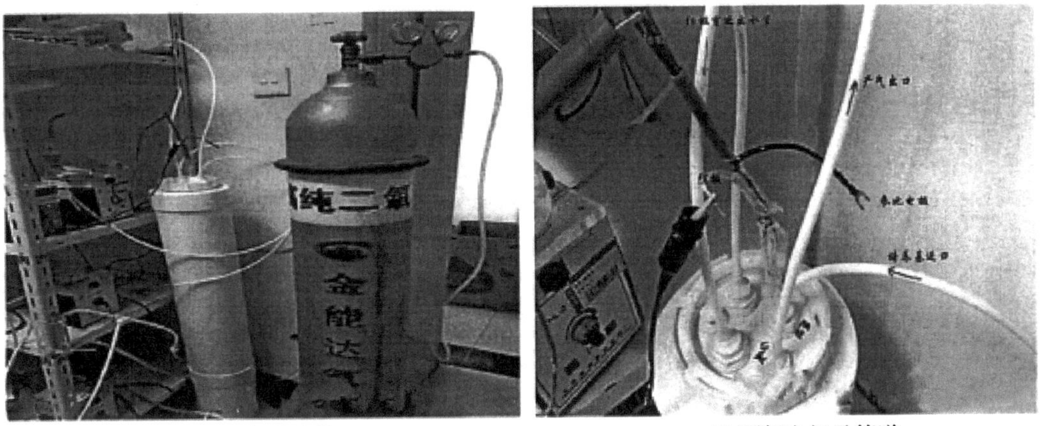

(a) 反应器整体　　(b) 顶部电极及管道

图 3－70　甲烷与单细胞蛋白生物电合成系统

3.4.2.10 太空辐射与生物进化

承担单位	大连海事大学		
负责人	孙野青	研究周期	2017.3—2017.9
学科领域	空间生命科学	航天器平台	返回式卫星、空间站
关键词	空间辐射、基因突变、生物进化		

实验简介：利用返回式卫星搭载的模式动植物材料和定性定量空间辐射分析技术，从表型到基因组水平研究了空间辐射诱发的突变率、遗传学和表观遗传学机制。

研究内容：研发空间辐射生物探测盒，用于定性定量获取模式生物接受的空间辐射参数；开展空间辐射环境引起水稻基因组不稳定机制及其特征的研究；构建辐射生物物理模型，评估空间辐射品质因子。

成果产出：

1）太空辐射与生物进化任务概念深化研究报告。

本课题论证了地磁场偏转时空间高能粒子等进入地球表面，对地球生命进化起到推动作用研究的必要性；论证了利用空间飞行平台重现弱磁环境，进而模拟磁场偏转时的地表环境；以模式动植物为受试生物，研究进化过程的“启动”环节的可行性。

本课题研发了可定性定量分析模式生物个体接受空间辐射的生物探测盒（图3-71），通过“实践十号”返回式卫星，进行了动植物的空间暴露；研究了空间辐射环境下，不同LET（Linear Energy Transfer，线性能量传递）值的重离子引起的基因组突变的特点，分析了生物体在突变效应中的遗传规律。

2）代表性论文：

[1] Zhao L, Mi D, Sun Y Q. A novel multitarget model of radiation - induced cell killing based on the Gaussian distribution [J]. Journal of Theoretical Biology, 2017 (420): 135 - 143.

[2] Zhao L, Wu D, Mi D, et al. Radiosensitivity and relative biological

effectiveness based on a generalized target model [J]. Journal of radiation research，2017，58 (1)：8－16.

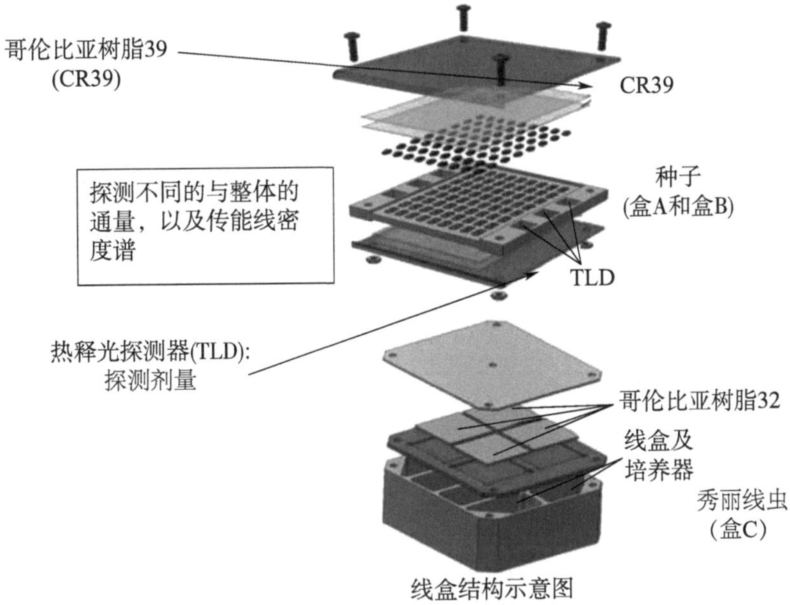

图 3－71　置于“实践十号”返回式卫星舱内盒 A\B\C 三维空间的空间辐射生物探测盒的结构

后续应用：该课题后续获得中国科学院战略性先导科技专项“空间科学”（二期）空间科学预先研究项目支持，为进一步借助中国空间站暴露平台，利用动植物、微生物等模式生物，模拟地磁场偏转时空间辐射对生物进化的作用打下了基础。

3.4.2.11　新辐射微重力相关 micro－RNA 性质研究

承担单位	中国科学院近代物理研究所		
负责人	党秉荣	研究周期	2017.3—2017.9
学科领域	空间生命科学	航天器平台	卫星搭载/空间站/探空火箭
关键词	离子辐射、微重力、生物技术		

实验简介：研究新微小核糖核酸（miRNA）在真实空间辐射的微重力环境下的表达状况，证实调控新 miRNA 能够像地面实验一样，起到对辐射损伤的防护作用，以及对微重力辐射损伤复合作用的抑制。

研究内容：利用已获得地面模拟辐射微重力结果的新 miRNA，合成新 miRNA 及干扰实验所需的各种试剂；将细胞实验分为对照组、新 miRNA 导入组和干扰组；人 B 淋巴母细胞（Hmy2. CIR 细胞）作为实验细胞，进行地面验证试验和空间搭载实验。

成果产出：

1）新辐射微重力相关 micro - RNA 性质研究任务概念深化研究报告。

将新 miRNA 分别导入 HeLa 细胞（一种宫颈癌细胞）和 A549 细胞（一种人肺癌上皮细胞），发现其可以明显抑制它们的细胞增殖，如图 3 - 72 所示。

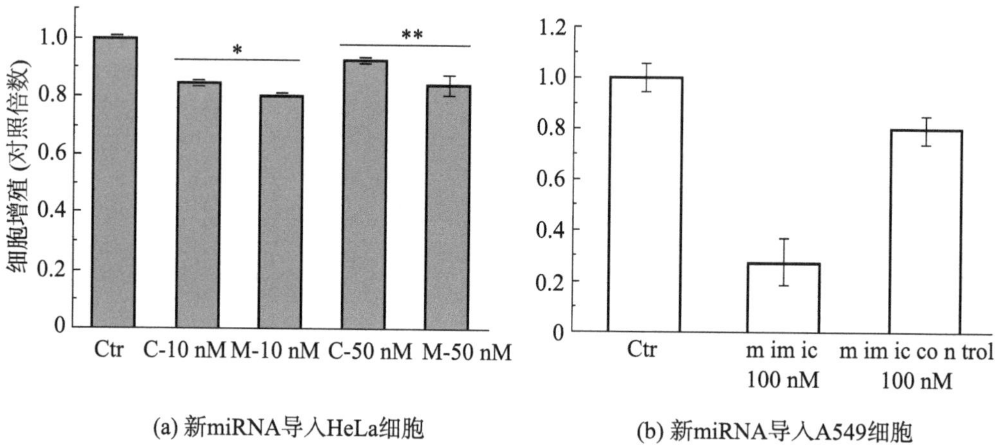

图 3 - 72　新 miRNA 导入 HeLa 细胞和 A549 细胞，明显抑制细胞增殖

小鼠接种肿瘤实验，在第 10 天处理瘤块称重，瘤块质量减少一半。

本课题提出了生物精准免疫治疗肿瘤的思想。

2）代表性论文：

胡松玲，王卫平，陆玉莹，等．X 射线辐照对 CAL - 27 细胞株 microRNA 表达谱影响的生物信息学分析 [J]. 辐射研究与辐射工艺学报，2017，35（2）：020202.

后续应用：新发现的 miRNA 明显具有杀死肿瘤的作用，有望成为治疗肿瘤的新途径。

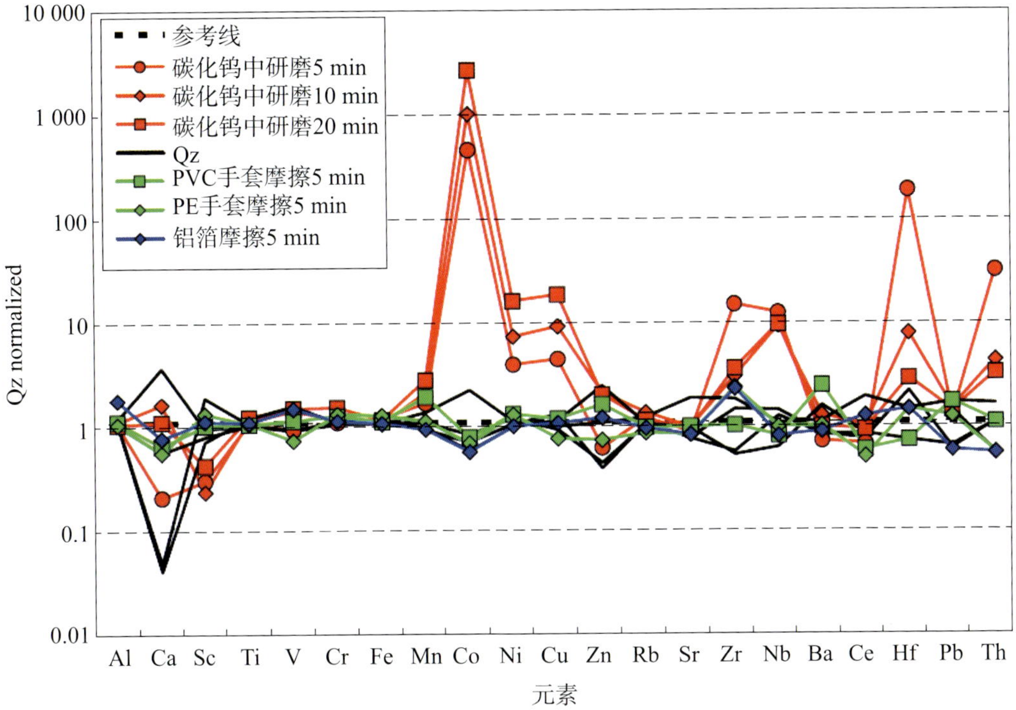

图 1－20　月岩样品制备污染模拟实验（P36）

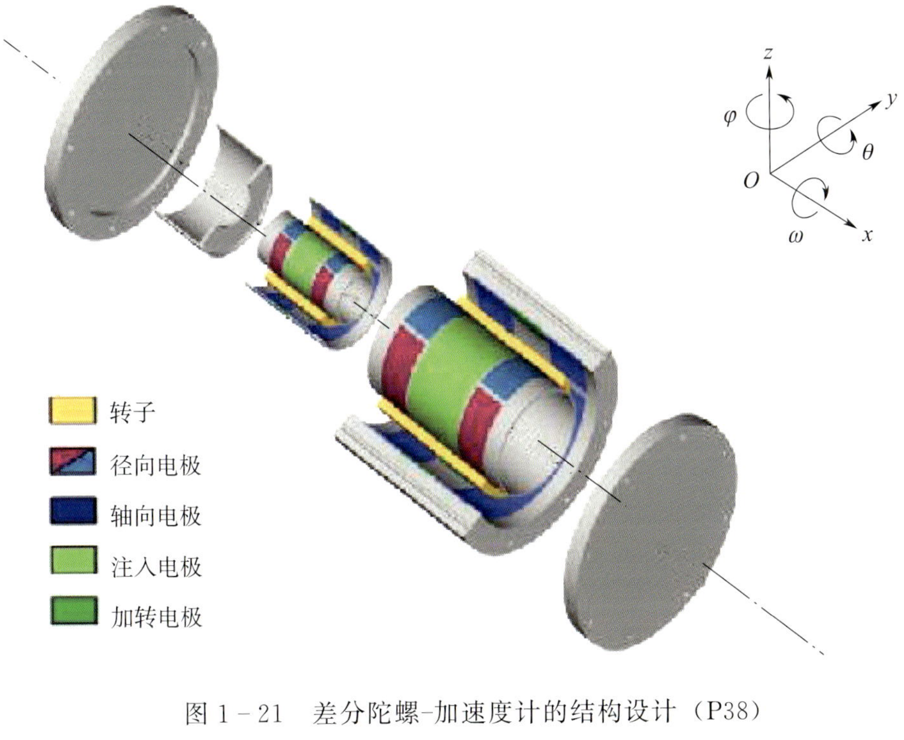

图 1－21　差分陀螺-加速度计的结构设计（P38）

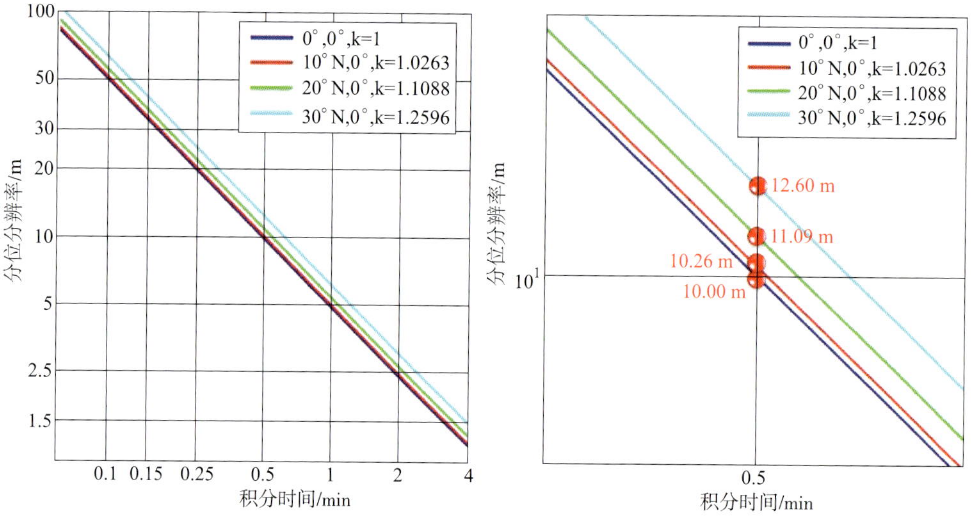

(a) 不同积分时间下的方位分辨率(一)　(b) 不同积分时间下的方位分辨率(二)

图 1-95　面向全球变化的月基雷达传感器特性（P159）

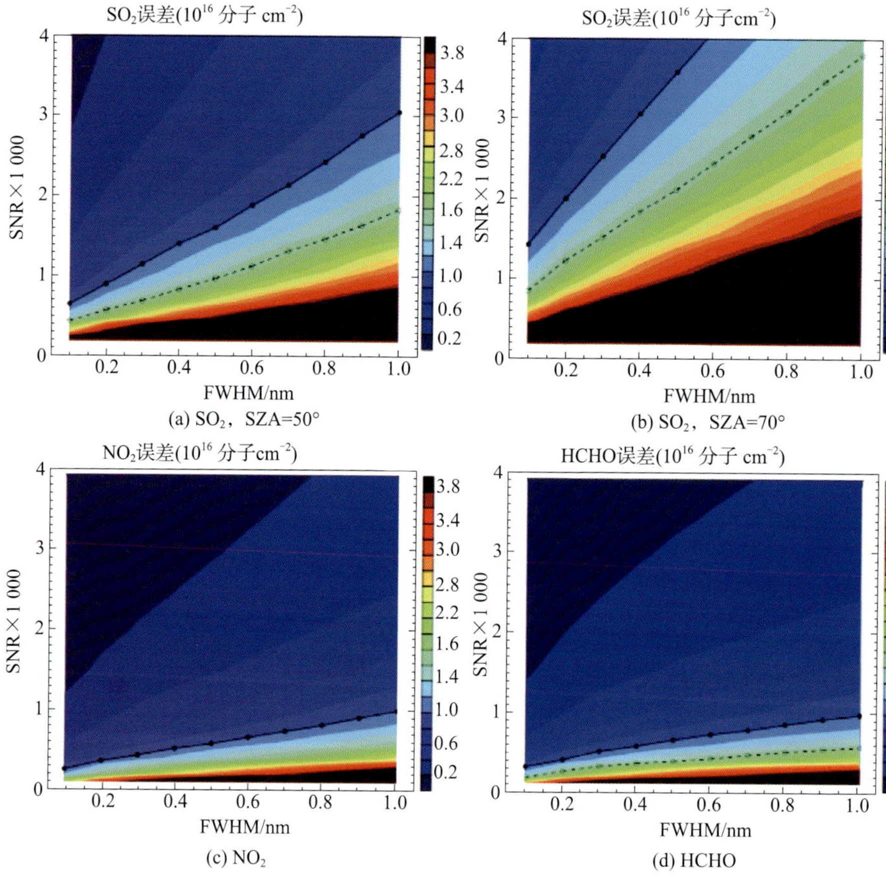

(a) SO_2，SZA=50°　(b) SO_2，SZA=70°　(c) NO_2　(d) HCHO

图 1-109　大气成分反演误差随光谱分辨率（Fullwidth at Half Maximum，FWHM）和信噪比（Signal Noise Ratio，SNR）的变化（P183）

（黑色实线和虚线分别表示 1 h 和 3 h 分辨率下目标气体反演精度的要求）

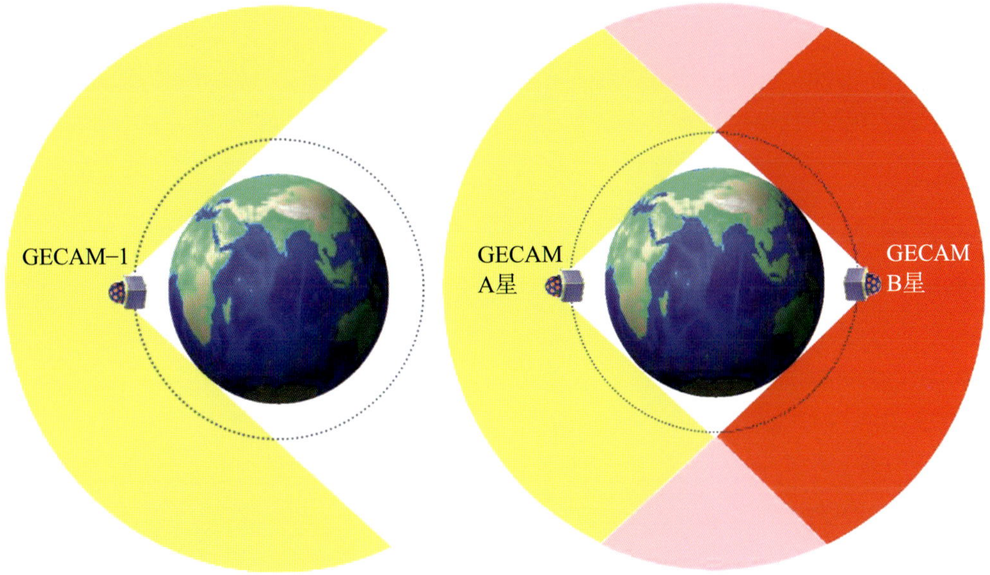

(a) 单星视场(因地球遮挡，在低地球轨道上，单星视场最多只能覆盖约70 %全天）

(b) 双星视场(可覆盖100 %全天，其中粉红色为双星视场重合区域)

图 3-9　GECAM 视场（P268）

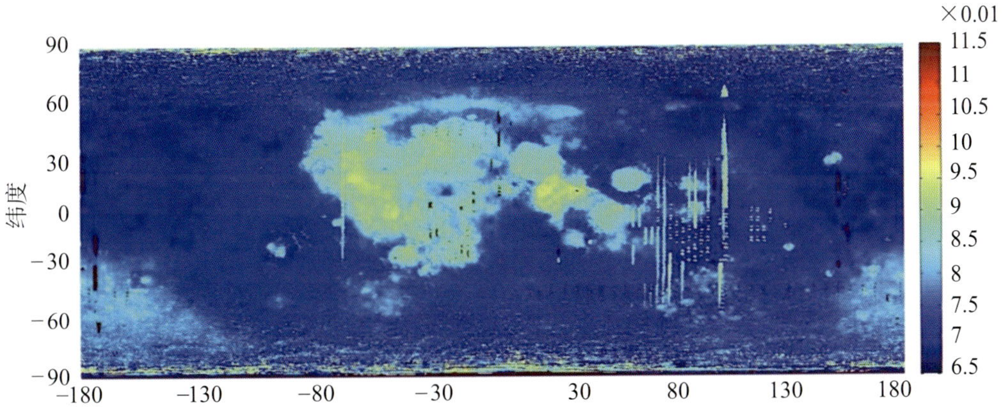

图 3-39　温度为 233 K 时月壤热导率分布（P310）

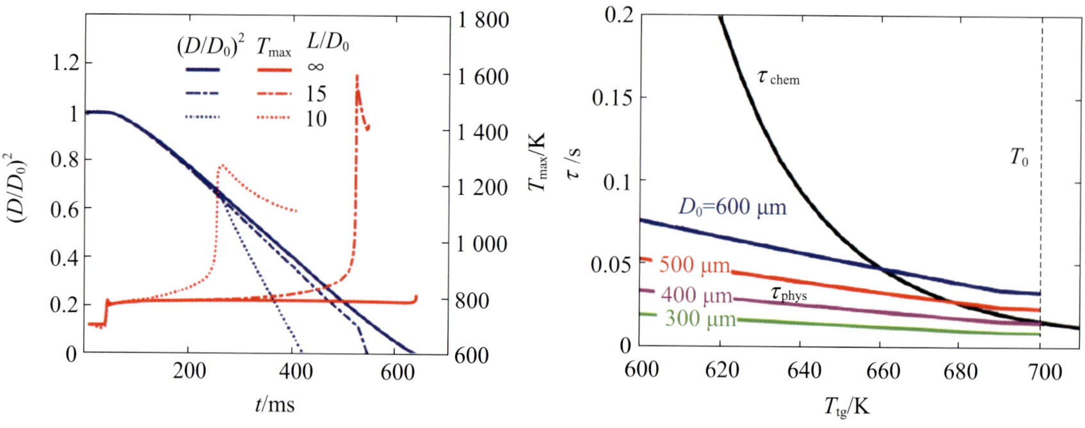

(a) 液滴多火焰模态

(b) 物理化学竞争关系

图 3－53　液滴多火焰模态和物理化学竞争关系（P330）